高等职业教育土建类"教、学、做"理实一体化特色教材

建设工程施工组织

主　编　闫超君　李人元

中国水利水电出版社
www.waterpub.com.cn
·北京·

内 容 提 要

　　本书适应现代建设工程发展的需要，对建设工程施工过程中进度计划编制、施工组织编制、进度控制的常用方法、常见问题加以介绍。全书共十个学习项目，主要包括建设工程施工组织与进度控制概述、施工准备工作、流水施工组织原理、网络计划技术、进度计划的编审、单位工程施工组织设计、工程进度计划实施中的比较、工程施工阶段的进度控制、工程索赔、案例等内容。

　　本书可供土木工程类专业高职学生使用，也可以作为各类成人高校培训教材，同时对建设监理单位、建设单位、勘察设计单位、施工单位等工作者也有参考价值，也可作为参加建造师、监理工程师、造价工程师等执业考试参考书。考虑到双证融通，编写一些考证试题，对学生将来考施工员、监理员、建造师等提供帮助。

图书在版编目（ＣＩＰ）数据

建设工程施工组织 / 闫超君，李人元主编. -- 北京：
中国水利水电出版社，2017.1(2021.7重印)
　高等职业教育土建类"教、学、做"理实一体化特色
教材
　ISBN 978-7-5170-5142-8

　Ⅰ．①建… Ⅱ．①闫… ②李… Ⅲ．①建筑工程—施
工组织—高等职业教育—教材 Ⅳ．①TU721

中国版本图书馆CIP数据核字(2017)第007327号

书　　名	高等职业教育土建类"教、学、做"理实一体化特色教材 **建设工程施工组织** JIANSHE GONGCHENG SHIGONG ZUZHI	
作　　者	主编　闫超君　李人元	
出版发行	中国水利水电出版社 （北京市海淀区玉渊潭南路 1 号 D 座　100038） 网址：www.waterpub.com.cn E-mail：sales@waterpub.com.cn 电话：（010）68367658（营销中心）	
经　　售	北京科水图书销售中心（零售） 电话：（010）88383994、63202643、68545874 全国各地新华书店和相关出版物销售网点	
排　　版	中国水利水电出版社微机排版中心	
印　　刷	清淞永业（天津）印刷有限公司	
规　　格	184mm×260mm　16 开本　18.25 印张　456 千字	
版　　次	2017 年 1 月第 1 版　2021 年 7 月第 2 次印刷	
印　　数	2001—4000 册	
定　　价	**59.00 元**	

本书是安徽省地方技能型高水平大学建设项目重点建设专业——工程监理专业建设与课程改革的重要成果，是"教、学、做"理实一体化的特色教材。我国工程建设越来越兴旺，为此，借助高水平大学的平台编写《建设工程施工组织》为广大土木类专业的学生提供一本综合教材，旨在拓宽学生的知识面，实现学生零距离就业。

"建设工程施工组织"是高等职业教育工程监理专业的一门专业核心课程，主要讲述建筑工程施工组织和施工进度控制的规律和方法。

本书将依据高职高专的教学规律、土木类专业的专业标准和人才培养模式、"建设工程施工组织"课程标准和教学组织设计，以适应社会和市场需求、培养具有编制施工组织设计和工程管理能力为目标，本着理论"必需够用"为度、技术应用能力突出、服务能力强的要求来设计教材结构与教材基本内容，并力求注重内容实用、案例典型。《建设工程施工组织》更应积极体现"基于工作过程"的课程体系特色，"以项目为载体，以工作过程为导向"开发出真正能体现能力培养的学习项目和学习情境，从教材内容的先进性、适用性、合理性、灵活性、可读性和准确性出发，把好质量关，以满足工程监理学生的学习需要；本教材理论与实践紧密结合，既巩固了理论知识，又锻炼了实践能力；本教材坚持以培养建筑工程施工组织编制能力和进度控制能力为主线，以培养关键能力为核心，将职业岗位标准融入课程之中，实现专业理论知识与专业实践、职业岗位标准有机结合，满足工学结合教学要求；本书适用面广，教材内容丰富，有助于学生学习和推广，辐射范围更广。

本教材适用于道路与桥梁工程专业、工程造价、工程监理、市政工程技术、建筑工程技术等专业，适用面广，同时也考虑到双证融通，编写一些考证试题，对学生考施工员、监理员、建造师等提供帮助。

本教材的特色是为教材的使用者——学生着想：第一是让学生更好地掌握知识要点，搞得清楚、弄得明白；第二为更好地提高学生职业技能和动手本领，学得会、用得上，到了工作岗位能够很快上手；第三是为了方便学生应对在校时、毕业后的各种考试或考证，使之取得好成绩

本书适应现代建设工程发展的需要，对建设工程施工过程中的施工组织编制的方法、依据、原则等问题加以介绍，对如何进行进度比较、进度控制、索赔等问题作了更全面的介绍。全书共10个学习项目，包括建筑工程施工组织概述、施工准备工作、流水施工组织原理、网络计划技术、单位工程施工组织设计、工程进度计划实施中的比较、工程施工阶段的进度控制、工程索赔、案例等内容。

本书由闫超君、李人元任主编，蒋红、王慧萍、王文利、倪宝燕、倪桂玲任副主编，具

体章节编写分工如下：学习任务 1 由安徽水利水电职业技术学院王慧萍编写；学习任务 2 由安徽水利水电职业技术学院倪桂玲老师编写；学习任务 3 由安徽水利水电职业技术学院闫超君老师编写；学习任务 4 由安徽水利水电职业技术学院闫超君老师编写；学习任务 5 由安阳市河道管理处李人元高级工程师编写；学习任务 6 由安徽水利水电职业技术学院蒋红老师编写；学习任务 7 由焦作市公路管理局王文利高级工程师编写；学习任务 8 由安徽水利水电职业技术学院倪宝艳老师编写；学习任务 9 由安徽水利水电职业技术学院倪桂玲老师编写；学习任务 10 由安徽水利水电职业技术学院王慧萍老师、安阳市河道管理处李人元高级工程师、焦作市公路管理局王文利高级工程师编写；全书由闫超君老师统稿。

　　本书的编写，参考和引用了一些相关专业书籍的论述，编著者也在此向有关人员致以衷心的感谢！

　　由于时间仓促，加上编者水平有限，不足之处在所难免，恳请广大读者批评指正。

编者

2016 年 7 月

学习项目1　建设工程施工组织概述

【学习目标】　通过本项目的学习，掌握建筑产品及其生产的特点；掌握建设施工组织的概念、作用和分类；了解建设工程施工组织设计的任务和目标，施工组织的作用；了解建设工程施工组织的编制内容和编制程序；了解建设工程进度控制的概念与必要性。

学习情境1.1　建筑产品及其生产的特点

1.1.1　建筑产品的特点

由于建筑产品的使用功能、平面与空间组合、结构与构造形式等特殊，以及建筑产品所用材料的物理力学性能的特殊性，决定了建筑产品的特殊性。其具体特点如下。

1. 空间上相对固定

一般的建筑产品均由自然地面以下的基础和自然地面以上的主体两部分组成（地下建筑全部在自然地面以下）。基础承受主体的全部荷载（包括基础的自重），并传给地基；同时将主体固定在地球上。任何建筑产品都是在选定的地点上建造和使用，与选定地点的土地不可分割，从建造开始直至拆除均不能移动。所以，建筑产品的建造和使用地点在空间上是固定的。

2. 类型多样

建筑产品不但要满足各种使用功能的要求，而且还要体现出地区的民族风格、物质文明和精神文明，同时也受到地区的自然条件诸因素的限制，使建筑产品在规模、结构、构造、型式、基础和装饰等诸方面变化纷繁，因此建筑产品的类型多样。

3. 形体庞大，结构复杂

无论是复杂的建筑产品，还是简单的建筑产品，为了满足其使用功能的需要，并结合建筑材料的物理力学性能，都需要大量的物质资源，占据广阔的平面与空间，因而建筑产品的体形庞大。

1.1.2　建筑产品生产的特点

由于建筑产品地点的固定性、类型的多样性和体形庞大等三大主要特点，决定了建筑产品生产与一般工业产品生产相比较具有自身的特殊性。其具体特点如下。

1. 生产的流动性

建筑产品地点的固定性决定了产品生产的流动性。一般的工业产品都是在固定的工厂、车间内进行生产，而建筑产品是在不同的地区，或同一地区的不同现场，或同一现场的不同单位工程，或同一单位工程的不同部位组织工人、机械围绕着同一建筑产品进行生产。因此，使建筑产品的生产在地区与地区之间、现场之间和单位工程不同部位之间流动。

2. 生产的单件性

建筑产品地点的固定性和类型的多样性决定了产品生产的单件性。一般的工业产品是在一定的时期里，以统一的工艺流程中进行批量生产，而具体的一个建筑产品应在国家或地区的统一规划内，根据其使用功能，在选定的地点上单独设计和单独施工。即使是选用标准设计、通用构件或配件，由于建筑产品所在地区的自然、技术、经济条件的不同，也使建筑产品的结构或构造、建筑材料、施工组织和施工方法等也要因地制宜加以修改，从而使各建筑产品生产具有单件性。

3. 生产的地区性

建筑产品的固定性决定了同一使用功能的建筑产品因其建造地点的不同必然受到建设地区的自然、技术、经济和社会条件的约束，使其结构、构造、艺术形式、室内设施、材料、施工方案等方面均各异，因此建筑产品的生产具有地区性。

4. 生产的周期长

建筑产品的固定性和体形庞大的特点决定了建筑产品生产周期长。因为建筑产品体形庞大，使得最终建筑产品的建成必然耗费大量的人力、物力和财力。同时，建筑产品的生产全过程还要受到工艺流程和生产程序的制约，使各专业、工种间必须按照合理的施工顺序进行配合和衔接。又由于建筑产品地点的固定性，使施工活动的空间具有局限性，从而导致建筑产品生产具有生产周期长、占用流动资金大的特点。

5. 露天作业多

建筑产品地点的固定性和体形庞大的特点，决定了建筑产品生产露天作业多。因为形体庞大的建筑产品不可能在工厂、车间内直接进行施工，即使建筑产品生产达到了高度的工业化水平的时候，也只能在工厂内生产部分的构件或配件，仍然需要在施工现场内进行总装配后才能形成最终建筑产品。因此建筑产品的生产具有露天作业多的特点。

6. 高空作业多

建筑产品体形庞大，决定了建筑产品生产具有高空作业多的特点。特别是随着城市现代化的发展，高层建筑物的施工任务日益增多，使得建筑产品生产高空作业的特点日益明显。

7. 多专业、工种协同作业

由上述建筑产品生产的诸特点可以看出，建筑产品的生产涉及面广。在建筑企业的内部，它涉及工程力学、建筑结构、建筑构造、地基基础、水暖电、机械设备、建筑材料和施工技术等学科的专业知识，要在不同时期、不同地点和不同产品上组织多专业、多工种的综合作业。在建筑企业的外部，它涉及各不同种类的专业施工企业。如城市规划、征用土地、勘察设计、消防、"七通一平"、公用事业、环境保护、质量监督、科研试验、交通运输、银行财政、机具设备、物质材料、电、水、热、气的供应、劳务等社会各部门和各领域的复杂协作配合，从而使建筑产品生产的组织协作关系综合复杂。

学习情境 1.2 建设工程施工组织的概念、作用及分类

1.2.1 施工组织设计的概念

施工组织设计是针对建设工程施工的复杂性，研究工程建设的统筹安排与系统管理的客观规律，制定建设工程施工最合理的组织与管理方法的一门科学。是加强现代化施工管理的核心。

施工组织设计是用来指导拟建工程施工全过程中各项活动的技术、经济和组织的综合性

文件。施工组织设计，是土木工程施工组织管理工作的核心和灵魂，是指导拟建工程项目进行施工准备和正常施工的基本技术经济文件，是对拟建工程在人力和物力、时间和空间、技术和组织等方面所作的全面、合理的安排。

如何以更快的施工速度、更科学的施工方法和更经济的工程成本完成每一项土木工程施工任务，是工程建设者极为关心并不断为之努力追求和奋斗的工作目标。

施工组织设计作为指导拟建工程项目的全局性文件，应尽量适应施工安装过程的复杂性和具体施工项目的特殊性，并且尽可能保持施工生产的连续性、均衡性和协调性，以实现生产活动的最佳经济效果。

1.2.2　建设施工组织研究的对象与任务

建设施工组织研究的对象具体指在建筑施工的过程中，施工人员必须从技术和经济统一的全局出发，选取合理的施工方案。即对人员、机械、材料、工艺、环境、工期、资金等作出全面、科学的规划和部署，以达到质量、进度、投资、安全的预期目标。

施工组织设计的任务：从施工的全局出发，根据具体的条件，以最优的方式解决施工组织的问题，对施工的各项活动作出全面的，科学的规划和部署。使人力、物力、财力、技术资源得以充分利用，达到优质、低耗、高速地完成施工任务。

1.2.3　施工组织设计的分类

1. 按编制阶段的不同分类

建设工程施工组织设计，按编制阶段的不同，可分为设计阶段的施工组织设计和施工阶段的施工组织设计。

（1）设计阶段的施工组织按照设计阶段的不同可以分为两阶段设计和三阶段设计。施工组织设计按两个阶段设计进行分为施工组织总设计和单位工程施工组织设计两种。施工组织设计按三阶段设计进行分为施工组织设计大纲、施工组织总设计和单位工程施工组织设计3种。

（2）施工阶段的施工组织在施工组织计划的基础上，由施工单位负责编制，它的特点是现实、深入、具体、可行。施工阶段的施工组织文件的内容与施工图设计阶段的施工组织计划基本相似，但更具体、更详细。

2. 按照编制时间的不同分类

施工组织设计按编制时间不同可分为投标前编制的施工组织设计（标前施工组织设计）和签订工程承包合同后编制的施工组织设计（实施性施工组织设计）两种。

（1）标前施工组织设计。在投标之前施工单位在深入了解和研究招标文件、设计文件和设计图纸以及调查和复核施工现场之后，结合本单位的具体情况进行编制的施工组织文件。工程施工单位为了使投标具有竞争力，必须根据业主对投标书所要求的内容编制标前设计，标前设计的好坏既是能否中标的关键，又是总承包单位进行分包的依据，同时还是承包单位与发包单位进行合同签约谈判，拟订合同文本中相关条款的基础资料。标前施工组织应根据招标文件的具体要求，施工单位的技术经济条件和施工现场的实际情况进行编制。

（2）中标后施工组织设计。在设计阶段编制的施工组织计划和投标时编制的标前施工组织的基础上，为了确保和落实标前施工组织按期或提前实现，施工单位签订合同后要编制施工组织文件。它是施工单位在充分研究设计图纸、文件、合同条款以及现场反复调查复核的基础上，对标前施工组织文件内容进行进一步的分析和研究、重新进行补充、完善和落实的过程。标后施工组织作为具体指导施工全过程的技术文件，其内容必须十分具体，对各项分项工程、各工序和各施工班组都要进行施工进度的日程安排和具体操作的设计。

3. 按编制对象范围的不同分类

施工组织设计按编制对象范围的不同分为施工组织总设计、单位工程施工组织设计和分部分项工程施工组织设计三种。

（1）施工组织总设计。是一个以建筑群或一个建设项目为编制对象，用以指导整个建筑群或建设项目施工全过程的各项施工活动的技术、经济和组织的综合性文件。施工组织总设计一般在初步设计或扩大初步设计被批准之后，由总承包单位的总工程师负责，会同建设、设计和分包单位的工程师共同编制。它也是施工单位编制年度施工计划和单位工程施工组织设计的依据。

（2）单位工程施工组织设计。是一个以单位工程为编制对象的，用以指导其施工全过程的各项施工活动的技术、经济和组织的综合性文件。它是施工单位年度施工计划和施工总设计的具体化，内容应详细。单位工程施工组织设计是在施工图设计完成后，由工程项目主管工程师负责编制的，可作为编制季度、月度计划和分部分项工程施工组织设计的依据。

（3）分部分项工程施工组织设计。是以分部分项工程为编制对象，用于具体指导施工全过程的各项施工活动的技术、经济和组织的综合性文件。它结合施工单位的月、旬作业计划，把单位工程施工组织设计进一步具体化，分部分项工程施工组织设计一般由单位工程的技术员负责编制。

4. 按使用时间长短不同的分类

施工组织设计按使用长短不同分为长期施工组织设计、年度施工组织设计和季度施工组织设计等 3 种。

1.2.4　施工组织设计的内容

施工组织设计包括如下内容。

1. 工程概况和施工特点分析

工程概况是编制单位工程施工组织设计的依据和基本条件，主要包括工程特点、建筑地段特征、施工条件等。工程施工特点分析主要是介绍工程施工条件，以及指出工程施工的重点所在。

2. 施工部署与主要施工方案

施工部署是对项目实施过程中作出的统筹安排和全面规划，包括项目施工主要目标、施工顺序及空间组织、施工组织安排等。

施工方案是单位工程施工组织设计的重点和核心内容。其内容包括确定施工程序、施工流向及施工顺序，主要分部分项工程施工方法和施工机械的选择，主要技术组织措施的制定等，同时对各施工方案进行技术经济评价分析，经过比较选择最优方案。

3. 施工进度计划

施工进度计划应按照施工部署安排进行编制。施工进度计划是单位工程施工组织设计的重要组成内容之一。其主要内容包括划分施工过程和计算工程量、劳动量、机械台班量、各施工项目工作持续时间以及确定分部分项工程施工顺序及搭接关系、绘制进度计划图表等。

4. 施工准备与资源配置计划

施工准备包括技术准备、现场准备、资金准备等，并编制施工准备工作计划表。资源配置计划应包括劳动力配置计划和物资配置计划等。

　　5. 施工现场布置图

　　施工现场平面布置图应结合施工组织设计，按不同施工阶段分别绘制。施工现场平面布置图设计包括：垂直运输机械位置的确定，搅拌站、加工棚、仓库及材料堆放场地的布置，运输道路、临时设施及供水供电管线的布置等内容。

　　6. 施工管理计划及主要技术组织措施

　　施工管理执法应包括进度管理计划、质量管理计划、安全管理计划、环境管理计划、成本管理计划以及其他管理计划的内容。主要技术组织措施包括保证质量措施、保证施工安全措施、保证文明施工措施、冬季施工措施、降低成本措施等内容。

　　7. 技术经济指标分析

　　主要技术经济指标包括工期指标、劳动生产率指标、质量指标、安全指标、降低成本指标、主要工种机械化程度指标等。

　　以上各部分是编制施工组织设计的基本内容，各施工单位在编制时，可根据实际情况和需要进行必要的修改与增减。对于较简单的建筑结构类型或规模不大的单位工程，施工组织设计可编制的简单一些，其内容一般以施工方案、施工进度计划、施工平面布置图为主，辅以简明扼要的文字说明。

1.2.5　建设工程施工组织的学习方法

　　由于本课程实践性较强，要求学生不仅要有必需的基础知识和专业知识，还要经过一定时间的施工，对施工过程和施工现场有一定的了解和认识，也就是说本课程的学习方法应在专业课程学习的基础之上。

　　建设工程施工组织的学习方法：首先要熟悉工程基本建设流程和建设工程施工组织的编制流程；其次学会绘制横道图、网络图，掌握进度计划的编制与控制；三是了解一些基本的规范，掌握工程常见的强制性规范条文，了解施工准备工作，学会施工平面布置图的绘制。

　　多看施工组织设计范本，对照加以学习编制联系。

学习情境 1.3　建设施工组织设计的编制原则与程序

　　施工组织设计是从工程施工的全局出发，根据工程项目的特点，按照施工的客观规律和当地的具体条件，工期、进度、资源消耗等作出科学而合理的安排所形成的书面文件。

　　施工组织设计既可对整个建设项目起控制作用，也可对某一单位工程的具体施工作业起指导作用。施工组织设计的关键是根据客观的施工条件，充分考虑施工过程中可能出现的各种情况，选择切实可行的施工方案和效果最好的施工组织方法。

1.3.1　施工组织设计的作用

　　施工组织设计的作用具体表现在以下几个方面：

　　（1）是准备工作的重要组成部分，又是指导各项施工准备工作的依据。

　　（2）施工组织为拟建工程确定施工方案、施工进度、施工顺序、劳动组织和技术组织措施，是开展紧凑、有序施工活动的技术依据。

　　（3）施工组织所提出的各项资源需要量计划，直接为组织材料、机具、设备、劳动力需要量等资源供应工作提供依据。

（4）通过编制施工组织，可以合理利用和安排为施工服务的各项临时设施，可以合理地部署施工现场，确保文明施工、安全施工。

（5）可以提高施工过程的预见性，减少施工的盲目性，使管理者和生产者做到心中有数；可充分考虑施工中可能遇到的困难与障碍，主动调整施工中的薄弱环节，事先予以解决或排除，从而为施工提供技术保证。

（6）可以将工程项目的设计与施工、技术与经济、前方与后方、全体与局部，以及各部门、各专业之间有机结合、统一协调。

（7）施工组织与施工企业的施工计划之间有着极为密切、不可分割的关系，施工组织不但对施工企业的施工计划起决定和控制性的作用，而且也是编制施工企业施工计划的基础。反之施工组织又因服从施工企业的施工计划，两者相辅相成，互为依据。

（8）指导投标与签订工程承包合同，并作为投标书和合同文件的重要组成部分；施工组织充分和准确地体现了业主对工程的意图和要求，对能否中标起着重要的作用。

1.3.2　施工组织设计的编制原则

在组织施工或编制施工组织设计时，应根据施工的特点和以往积累的经验，遵循以下几项原则：

（1）按照国家现行有关技术政策、技术标准、施工及验收规范、工程质量检验评定标准及操作规程，将施工技术的先进性、针对性、适用性和经济合理性相结合，体现技术先进、组织严密、管理科学和经济合理，同时内容简要、层次分明、结构严谨、图文并茂和醒目易懂。

（2）依据工程项目的内容和具体情况，从实际出发，因地制宜，合理安排，保证重点，使编制施工组织设计具有较强的合理性和可操作性。

（3）必须进行技术经济分析论证和多方案比较，选择最优方案，保证施工安全，加快施工进度，提高施工质量和经济效益。结合现场及项目部实际情况，开展方案对比，选择拟定合理的施工方案，确定施工顺序、施工流向、施工方法、劳动组织、技术组织措施等。

（4）统筹安排各项工程进度，保证施工生产的均衡性和连续性。

（5）充分利用现有资源，减少临时工程，合理安排雨季施工。

（6）严格遵守国家现行和合同规定的工程竣工及交会使用期限。

（7）尽量减少临时设施，采用动态管理等方法，合理储存物资，减少物资运输量，科学地布置施工平面图，减少施工用地，做到文明施工。

1.3.3　施工组织设计的编制程序

施工组织设计的编制应遵循一定的程序，要依据施工时的具体条件，按照施工的客观规律协调处理好各环节的关系，用科学的方法进行编制，一般编制程序如下：

（1）分析设计资料。了解工程概况，进行调查研究。掌握原始资料，熟悉编制依据是编制施工组织设计的需要。因此人员应充分了解工程概况，对施工对象的特点，重点和难点进行深入调查研究，理解设计意图，做到心中有数，为编制好施工组织设计打好基础。

（2）提出施工部署。选择施工方案，确定施工方法。工程施工无论规模大小都要根据可能的施工条件，作出整体部署，在确保工期和工程质量的前提下，对施工的顺序进行整体安排。选择能保证施工部署顺利实现的施工方案，确定从宏观上控制工程进度的施工方法。

（3）划分施工段。安排工艺流程，编制工程进度。根据施工部署，按照确定的施工方法划分施工阶段，具体安排各单项工程施工的工艺流程，计算机工程数量和施工作业的持续时间。编制工程进度图，安排的竣工日期不得超过建设计划规定的工期。

（4）计算资源需求。编制资源计划，调整工程进度。根据编制的初步工程进度图、人工、材料、机具在施工期间的动态需求量，编制人工、主要材料和主要机具计划表。如超出实际可能供量，应对工程进度图作适当调整。

（5）编制临时设施计划。组织工地运输，布置施工平面。临时设施包括临时生产和生活设施，临时供水、供电、供热计划等。便道、便桥、预制厂等临时生产设施，按施工的实际进度和需求编制计划。临时生活设施应能保证施工高峰期施工人员的生活需要。施工现场需要大量外购材料，合理的运输组织既要满足工程进度对材料的需用量，又要有适当的储备。运输、使用、储备三者之间应保持恰当的比例，以减少临时仓库的规模。施工场地与施工条件各地不同，因地制宜的布置施工平面，也应综合考虑施工需要、安全、环境等因素。

（6）计算经济指标。编写施工组织设计说明，主要的技术经济指标有工期、劳动生产率、质量、安全、机械化作业程度、工程成本、主要材料消耗等。这些指标与相近或类似的工程对比，就能反映施工组织设计的技术经济效果。

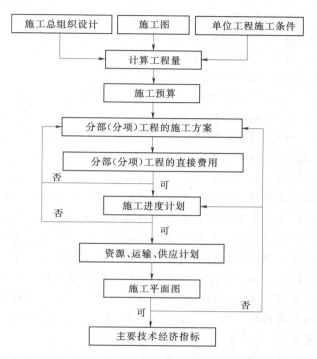

图 1.1　单位工程施工组织设计编制程序

单位工程施工组织设计编制完成后要对其内容加以说明。以上的编制步骤是相互关联的，需要反复调整才能得到最优方案。单位工程施工组织设计的编制程序如图 1.1 所示。

学习情境 1.4　建设工程进度控制的概述

1.4.1　工程进度控制的概念

建设工程进度控制是指对工程项目建设各阶段的工作内容、工作程序、持续时间和衔接关系根据进度总目标及资源优化配置的原则编制计划并付诸实施，然后在进度计划的实施过程中经常检查实际进度是否按计划要求进行，对出现的偏差情况进行分析，采取补救措施或调整、修改原计划后再付诸实施，如此循环，直到建设工程竣工验收交付使用。

建设工程进度控制的最终目的是确保建设项目按预定的时间动用或提前交付使用，建设工程进度控制的总目标是建设工期。

由于建设工程的进度控制贯穿于工程建设的全过程，因此进度控制必须遵循动态控制原理。

1.4.2 工程进度控制的意义

我们知道，一个工程项目能否在预定的时间内施工并交付使用，是投资者、特别是生产性或商业性工程的投资者最为关心的问题，因为这直接关系到投资效益的发挥。因此，为使工程在预定的工期内完工交付使用，工程项目的进度控制是一项非常重要的工作。

影响建设工程进度的不利因素有很多，其中：人为因素是最大的干扰因素。

在工程建设过程中，常见的影响因素如下：

（1）业主因素。

（2）勘察设计因素。

（3）施工技术因素。

（4）自然环境因素。

（5）组织管理因素。

（6）社会环境因素。

（7）材料、设备因素。

（8）资金因素等。

工期是由从开工到竣工验收一系列工序所需要的时间构成的，工程质量是施工过程中由各施工环节形成的，工程投资也是在施工过程中发生的。因此，监理工程师在进行质量控制和投资控制时，都是在总的计划下，按照具体的进度计划确定成本预算和成本分析的。加快进度、缩短工期会引起投资增加，但项目提前完工和投入使用会带来尽早获得效益的好处；进度快，有可能影响质量，而质量的严格控制又有可能影响进度，但在质量严格控制下，因为不返工又会加快进度。因此，监理工程师在工程项目中进行进度控制，不是单单以工期为目的进行的。是在一定的约束条件下，寻求发挥三者效益，恰到好处地处理好三者之间的关系。

进度控制还需要各阶段和各部门之间的紧密配合和协作，只有对这些有关的单位进行协调和控制，才能有效地进行建设项目的进度控制。

1.4.3 进度控制的任务和措施

由于建设工程是多方参与协作的工作性质，因此进度控制也需要项目参建各方的积极把握和配合。建设工程项目进度控制包含业主方进度控制、设计方进度控制、施工方进度控制及供货方进度控制等。

施工方是工程实施的重要参与方，施工方进度控制的任务是依据施工任务委托合同按照施工进度的要求控制施工进度。在进度计划编制方面，施工方应视项目的特点和施工进度控制的需要，编制不同深度的控制性、指导性和实施性的施工进度计划。为了有效控制施工进度，施工方相关管理人员应深入了解以下内容：整个建设工程项目进度目标如何确定，如何正确处理工程进度和工程质量的关系，施工方在整个建设工程进度目标实现中的地位和作用，影响施工进度目标实现的主要因素，施工进度控制的基本理论、方法、措施和手段等。

业主方进度控制的任务是整个项目实施阶段的进度，包括设计准备阶段、设计阶段、施工阶段、物资采购阶段，以及项目投入使用前准备的阶段的进度。

设计方进度控制的任务是依据设计任务委托合同对设计工作进度进行控制，具体内容有：编制设计阶段工作计划，并控制执行。编制项目的出图计划，并控制执行。这就要求设计单位保质保量、按时间要求提供各阶段的设计文件。

供货方进度控制的任务是依据供货合同对供货的要求控制供货进度，供货进度计划应包括供货的所有环节。

进度控制的措施应包括组织措施、技术措施、经济措施、合同措施。

1. 组织措施

进度控制的组织措施主要如下：

（1）建立进度控制目标体系，明确建设工程现场监理组织机构中进度控制人员及其职责分工。

（2）建立工程进度报告制度及进度信息沟通网络。

（3）建立进度计划审核制度和进度计划实施中的检查分析制度。

（4）建立进度协调会议制度，包括协调会议举行的时间、地点，协调会议的参加人员等。

（5）建立图纸审查、工程变更和设计变更管理制度。

2. 技术措施

进度控制的技术措施主要包括：

（1）审查承包商提交的进度计划，使承包商能在合理的状态下施工。

（2）编制进度控制工作细则，指导监理人员实施进度控制。

（3）采用网络计划技术及其他科学适用的计划方法，并结合电子计算机的应用，对建设工程进度实施动态控制。

3. 经济措施

进度控制的经济措施主要包括：

（1）及时办理工程预付款及工程进度款支付手续。

（2）对应急赶工给予优厚的赶工费用。

（3）对工期提前给予奖励。

（4）对工程延误收取误期损失赔偿金。

4. 合同措施

进度控制的合同措施主要包括：

（1）推行 CM 承发包模式，对建设工程实行分段设计、分段发包和分段施工。

（2）加强合同管理，协调合同工期与进度计划之间的关系，保证合同中进度目标的实现。

（3）严格控制合同变更，对各方提出的工程变更和设计变更，监理工程师应严格审查后再补入合同文件之中。

（4）加强风险管理，在合同中应充分考虑风险因素及其对进度的影响，以及相应的处理方法。

（5）加强索赔管理，公正地处理索赔。

复 习 思 考 题

一、填空题

1. 建筑产品的特点有_____、_____、_____。

2. 建筑产品生产的特点有 _____、_____、_____、_____、_____、

_____、_____。

3. 按编制阶段的不同，建筑工程施工组织设计可分为_____和_____。

4. 按编制时间不同，建筑工程施工组织设计可分为_____和_____。

5. 建设工程进度控制的总目标是_____。

6. 进度控制的措施应包括_____、_____、_____、_____。

二、简答题

1. 什么是施工组织设计？

2. 简述施工组织设计的任务。

3. 简述施工组织设计的内容。

4. 施工组织设计的作用有哪些？

5. 简述施工组织设计的编制原则。

6. 进度控制的任务是什么？

学习项目 2 施 工 准 备 工 作

【学习目标】 通过本项目的学习，了解施工准备工作的意义；掌握施工准备工程的分类和内容；了解施工准备工作的要求；掌握资料的收集和调查的方法；掌握技术资料的准备工作；掌握施工现场的准备工作；掌握劳动力和资源的准备；掌握冬雨季施工的准备工作。

学习情境 2.1 施工准备工作的意义、内容与要求

2.1.1 施工准备工作的意义

施工准备工作是为了保证工程的顺利开工和施工活动正常进行所必须事先做好的各项准备工作，它是生产经营管理的重要组成部分，是施工程序中重要的一环。做好施工准备工作具有以下的意义。

1．施工准备工作是全面完成施工任务的必要条件

工程施工不仅需要消耗大量人力、物力、财力，而且还会遇到各式各样的复杂技术问题、协作配合问题等。对于这样一项复杂而庞大的系统工程，在事先缺乏充分的统筹安排，必然使施工过程陷于被动，施工无法正常进行。由此可见，做好施工准备工作，既可为整个工程的施工打下基础，同时又为各个分部分项工程的施工创造先决条件。

2．施工准备工作是降低工程成本、提高企业经济效益的有力保证

认真细致地做好施工准备工作，能充分发挥各方面的积极因素、合理组织各种资源，能有效加快施工进度、提高工程质量、降低工程成本、实现文明施工、保证施工安全，从而增加必要的经济效益，赢得企业的社会信誉。

3．施工准备工作是取得施工主动权，降低施工风险的有力保障

建筑产品的生产投入的生产要素多且易变，影响因素多而预见性差，可能遇到的风险也大。只有充分做好施工准备工作，采取预防措施，增强应变能力，才能有效地降低风险损失。

4．施工准备工作是遵循建筑施工程序的重要体现

建筑工程产品的生产，有其科学的技术规律和市场经济规律，基本建设工程项目的总程序是按照规划、设计和施工等几个阶段进行，施工阶段又分为施工准备、土建施工、设备安装和交工验收阶段。由此可见，施工准备是基本建设施工的重要阶段之一。

由于建筑产品及其生产的特点，因此施工准备工作的好坏，将直接影响建筑产品生产的全过程。实践证明，凡是重视施工准备工作，积极为拟建工程创造一切良好施工条件，其工程的施工就会顺利地进行；凡是不重视施工准备工作，将会处处被动，给工程的施工带来麻烦和重大损失。

2.1.2 施工准备工作的分类和内容

2.1.2.1 施工准备工作的分类

1. 按施工准备工作的对象分类

（1）施工总准备：以整个建设项目为对象而进行的，需要统一部署的各项施工准备，其特点是施工准备工作的目的、内容是为整个建设项目的顺利施工创造有利条件，它既为全场性的施工做好准备，当然也兼顾了单位工程施工条件的准备。

（2）单位工程施工准备：以单位工程为对象而进行的施工条件的准备工作，其特点是它的准备工作的目的、内容是为单位工程施工服务的。它不仅要为单位工程在开工前做好一切准备，而且要为分部分项工程做好施工准备工作。

（3）分部分项工程作业条件的准备：以某分部分项工程为对象而进行的作业条件的准备。

（4）季节性施工准备：为冬、雨季施工创造条件的施工准备工作。

2. 按拟建工程所处施工阶段分类

（1）开工前施工准备：它是拟建工程正式开工之前所进行的一切施工准备工作。其目的是为工程正式开工创造必要的施工条件，它带有全局性和总体性。

（2）工程作业条件的施工准备：它是在拟建工程开工以后，在每一个分部分项工程施工之前所进行的一切施工准备工作。其目的是为各分部分项工程的顺利施工创造必要的施工条件，它带有局部性和经常性。

综上所述，不仅在拟建工程开工之前要做好施工准备工作，而且随着工程施工的进展，在各施工阶段开工之前也要做好施工准备工作。施工准备工作既要有阶段性，又要有连续性。因此，施工准备工作必须要有计划、有步骤、分期和分阶段地进行，要贯穿拟建工程的整个建造过程。

2.1.2.2 施工准备工作的内容

施工准备工作涉及的范围广、内容多，应视该工程本身及其具备的条件的不同而不同，一般可归纳为以下 6 个方面：

（1）原始资料的收集。

（2）技术资料的准备。

（3）施工现场准备。

（4）生产资料及施工现场人员准备。

（5）冬雨季施工准备。

（6）开工申请。

2.1.3 施工准备工作的要求

2.1.3.1 编好施工准备工作计划

为了有步骤、有安排、有组织、全面地做好施工准备，在进行施工准备之前，应编制好施工准备工作计划。其形式见表 2.1。

施工准备工作计划是施工组织设计的重要组成部分，应依据施工方案、施工进度计划、资源需要量等进行编制。除了用上述表格和形象计划外，还可采用网络计划进行编制，以明确各项准备工作之间的关系并找出关键工作，并且可在网络计划上进行施工准备期的调整。

表 2.1　　　　　　　　　　　　　　　　施工准备工作计划表

序号	项　目	施工准备工作内容	要求	负责单位	负责人	配合单位	起止时间		备注
							月　日	月　日	
1									
2									

2.1.3.2　建立严格的施工准备工作责任制

施工准备工作必须有严格的责任制，按施工准备工作计划将责任落实到有关部门和具体人员，项目经理全权负责整个项目的施工准备工作，对准备工作进行统一布置和安排，协调各方面关系，以便按计划要求及时全面完成准备工作。

2.1.3.3　建立施工准备工作检查制度

施工准备工作不仅要有明确的分工和责任，要有布置、有交底，在实施过程中还要定期检查。其目的在于督促和控制，通过检查发现问题和薄弱环节，并进行分析、找出原因，及时解决，不断协调和调整，把工作落到实处。

2.1.3.4　严格遵守建设程序，执行开工报告制度

必须遵循基本建设程序，坚持没有做好施工准备不准开工的原则，当施工准备工作的各项内容已完成，满足开工条件，已办理施工许可证，项目经理部应申请开工报告（格式见表2.2）

表 2.2　　　　　　　　　　　　　　　　单 位 工 程 开 工 报 告

申报单位：　　　年　月　日　　　　第××号

工程名称		建筑面积		
结构类型		工程造价		
建设单位		监理单位		
施工单位		技术负责人		
申请开工日期	年　月　日	计划竣工日期：		
序号	单位工程开工的基本条件			完成情况
1	施工图纸已会审，图纸中存在的问题和错误已得到纠正			
2	施工组织设计或施工方案已经批准并进行了交底			
3	场内场地平整和障碍物的清除已基本完成			
4	场内外交通道路、施工用水、用电、排水已能满足施工要求			
5	材料、半成品和工艺设计等，均能满足连续施工的要求			
6	生产和生活用的临建设施已搭建完毕			
7	施工机械、设备已进场，并经过检验能保证连续施工的要求			
8	施工图预算和施工预算已经编审，并已签订工作合同协议			
9	劳动力已落实，劳动组织机构已建立			
10	已办理了施工许可证			
施工单位上级主管部门意见　（签章）　年　月　日	建设单位意见　年　月　日	质监站意见　年　月　日	监理意见　年　月　日	

报上级批准后才能开工。实行监理的工程，还应将开工报告送监理工程师审批，由监理工程师签发开工通知书。

2.1.3.5　处理好各方面的关系

施工准备工作的顺利实施，多工种、多专业的准备工作必须统筹安排、协调配合，施工单位要取得建设单位、设计单位、监理单位及有关单位的大力支持与协作，使准备工作深入有效地实施，为此要处理好几个方面的关系。

1. 建设单位准备与施工单位准备相结合

为保证施工准备工作全面完成，不出现漏洞，或职责推诿的情况，应明确划分建设单位和施工单位准备工作的范围、职责及完成时间。并在实施过程中，相互沟通、相互配合，保证施工准备工作的顺利完成。

2. 前期准备与后期准备相结合

施工准备工作有一些是开工前必须做的，有一些是在开工之后交叉进行的，因而既要立足于前期准备工作，又要着眼于后期的准备工作，两者均不能偏废。

3. 室内准备与室外准备相结合

室内准备工作是指工程建设的各种技术经济资料的编制和汇集，室外准备工作是指对施工现场和施工活动所必需的技术、经济、物质条件的建立。室外准备与室内准备应同时并举，互相创造条件；室内准备工作对室外准备工作起着指导作用，而室外准备工作则对室内准备工作起促进作用。

4. 现场准备与加工预制准备相结合

在现场准备的同时，对大批预制加工构件就应提出供应进度要求，并委托生产，对一些大型构件应进行技术经济分析，及时确定是现场预制，还是加工厂预制，构件加工还应考虑现场的存放能力及使用要求。

5. 土建工程与安装工程相结合

土建施工单位在拟定出施工准备工作规划后。要及时与其他专业工程以及供应部门相结合，研究总包与分包之间综合施工、协作配合的关系，然后各自进行施工准备工作，相互提供施工条件，有问题及早提出，以便采取有效措施，促进各方面准备工作的进行。

6. 班组准备与工地总体准备相结合

在各班组做施工准备工作时，必须与工地总体准备相结合，要结合图纸交底及施工组织设计的要求，熟悉有关的技术规范、规程，协调各工种之间衔接配合，力争连续、均衡地施工。

班组作业的准备工作包括以下几点：

(1) 进行计划和技术交底，下达工程任务书。

(2) 施工机具进行保养和就位。

(3) 将施工所需的材料、构配件，经质量检查合格后，供应到施工地点。

(4) 具体布置操作场地，创造操作环境。

(5) 检查前一工序的质量，搞好标高与轴线的控制。

学习情境 2.2　调查研究与收集资料

调查研究和收集有关施工资料，是施工准备工作的重要内容之一。尤其是当施工单位进入一个新的城市和地区，此项工作显得更加重要，它关系到施工单位全局的部署与安排。通过原始资料的收集分析，为编制出合理的、符合客观实际的施工组织设计文件，提供全面、系统、科学的依据；为图纸会审、编制施工图预算和施工预算提供依据；为施工企业管理人员进行经营管理决策提供可靠的依据。

2.2.1　收集给排水、供电、供汽等资料

水、电和蒸汽是施工不可缺少的条件。收集的内容见表 2.3。资料来源主要是当地城市建设、电业、电信等管理部门和建设单位。主要用作选用施工用水、用电和供热、供汽方式的依据。

表 2.3　　　　　　　　　　　　　　　　　　水、电、汽条件调查表

序号	项目	调查内容	调查目的
1	供水排水	（1）工地用水与当地现有水源连接的可能性，可供水量、接管地点、管径、材料、埋深、水压、水质及水费；至工地距离，沿途地形地物状况； （2）自选临时江河水源的水质、水量、取水方式，至工地距离，沿途地形地物状况；自选临时水井的位置、深度、管径、出水量和水质； （3）利用永久性排水设施的可能性，施工排水的去向、距离和坡度；有无洪水影响，防洪设施状况	（1）确定生活、生产供水方案； （2）确定工地排水方案和防洪方案； （3）拟定供排水设施的施工进度计划
2	供电电讯	（1）当地电源位置，引入的可能性，可供电的容量、电压、导线截面和电费；引入方向，接线地点及其至工地距离，沿途地形地物状况； （2）建设单位和施工单位自有的发、变电设备的型号、台数和容量； （3）利用邻近电信设施的可能性，电话、电报局等至工地的距离，可能增设电信设备、线路的情况	（1）确定供电方案； （2）确定通信方案； （3）拟定供电、通信设施的施工进度计划
3	供汽供热	（1）蒸汽来源，可供蒸汽量，接管地点、管径、埋深，至工地距离，沿途地形地物状况；蒸汽价格； （2）建设、施工单位自有锅炉的型号、台数和能力，所需燃料及水质标准； （3）当地或建设单位可能提供的压缩空气、氧气的能力，至工地距离	（1）确定生产、生活用气的方案； （2）确定压缩空气、氧气的供应计划

2.2.2　收集交通运输资料

建筑施工中，常用铁路、公路和航运等三种主要交通运输方式。收集的内容见表 2.4。资料来源主要是当地铁路、公路、水运和航运管理部门。主要用作决定选用材料和设备的运输方式、组织运输业务的依据。

2.2.3　收集建筑材料资料

建筑工程要消耗大量的材料，主要有钢材、木材、水泥、地方材料（砖、砂、灰、石）、装饰材料、构件制作、商品混凝土、建筑机械等。其内容见表 2.5 和表 2.6。资料来源主要是当地主管部门和建设单位及各建材生产厂家、供货商，主要用作选择建筑材料和施工机械的依据。

表 2.4　　　　　　　　　　　　　交通运输条件调查表

序号	项目	调查内容	调查目的
1	铁路	(1) 邻近铁路专用线、车站至工地的距离及沿途运输条件; (2) 站场卸货线长度,起重能力和储存能力; (3) 装卸单个货物的最大尺寸、重量的限制	选择运输方式,拟定运输计划
2	公路	(1) 主要材料产地至工地的公路等级、路面构造、路宽及完好情况,允许最大载重量;途经桥涵等级、允许最大尺寸、最大载重量; (2) 当地专业运输机构及附近村镇能提供的装卸、运输能力(吨公里)、运输工具的数量及运输效率,运费、装卸费; (3) 当地有无汽车修配厂、修配能力和至工地距离	
3	航运	(1) 货源、工地至邻近河流、码头渡口的距离,道路情况; (2) 洪水、平水、枯水期时,通航的最大船只及吨位,取得船只的可能性; (3) 码头装卸能力、最大起重量,增设码头的可能性; (4) 渡口的渡船能力,同时可载汽车数,每日次数,能为施工提供能力; (5) 运费、渡口费、装卸费	

表 2.5　　　　　　　　　　　　　地 方 资 源 调 查 表

序号	材料名称	产地	储藏量	质量	开采量	出厂价	供应能力	运距	单位运价
1									
2									
…									

表 2.6　　　　　　　　　　　三材、特殊材料和主要设备调查表

序号	项目	调查内容	调查目的
1	三种材料	(1) 钢材订货的规格、型号、数量和到货时间; (2) 木材订货的规格、等级、数量和到货时间; (3) 水泥订货的品种、标号、数量和到货时间	(1) 确定临时设施和堆放场地; (2) 确定木材加工计划; (3) 确定水泥储存方式
2	特殊材料	(1) 需要的品种、规格、数量; (2) 试制、加工和供应情况	(1) 制定供应计划; (2) 确定储存方式
3	主要设备	(1) 主要工艺设备名称、规格、数量和供货单位; (2) 供应时间:分批和全部到货时间	(1) 确定临时设施和堆放场地; (2) 拟定防雨措施

2.2.4　社会劳动力和生活条件调查

建筑施工是劳动密集型的生产活动。社会劳动力是建筑施工劳动力的主要来源,其内容见表 2.7。资料来源是当地劳动、商业、卫生和教育主管部门,主要作用是为劳动力安排计划、布置临时设施和确定施工力量提供依据。

2.2.5　原始资料的调查

原始资料调查的主要内容有建设地点的气象、地形、地貌、工程地质、水文地质、场地周围环境及障碍物(表 2.8),资料来源主要是气象部门及设计单位,是确定施工方法和技术措施、编制施工进度计划和施工平面图布置设计的依据。

表 2.7　　　　　　　　　　　　　社会劳动力和生活设施调查表

序号	项目	调 查 内 容	调 查 目 的
1	社会劳动力	（1）少数民族地区的风俗习惯； （2）当地能支援的劳动力人数、技术水平和来源； （3）上述人员的生活安排	（1）拟定劳动力计划； （2）安排临时设施
2	房屋设施	（1）必须在工地居住的单身人数和户数； （2）能作为施工用的现有的房屋栋数、每栋面积、结构特征、总面积、位置、水、暖、电、卫生设备状况； （3）上述建筑物的适宜用途：作为宿舍、食堂、办公室的可能性	（1）确定原有房屋为施工服务的可能性； （2）安排临时设施
3	生活服务	（1）主副食品供应、日用品供应、文化教育、消防治安等机构能为施工提供的支援能力； （2）邻近医疗单位至工地的距离，可能就医的情况； （3）周围是否存在有害气体污染情况，有无地方病	安排职工生活基地

表 2.8　　　　　　　　　　　　　　自 然 条 件 调 查 表

序号	项目	调 查 内 容	调 查 目 的
1		气象	
（1）	气温	（1）年平均、最高、最低、最冷、最热月份的逐月平均温度； （2）冬、夏季室外计算温度	（1）确定防暑降温的措施； （2）确定冬季施工措施； （3）估计混凝土、砂浆强度
（2）	雨（雪）	（1）雨季起止时间； （2）月平均降雨（雪）量、最大降雨（雪）量、一昼夜最大降雨（雪）量； （3）全年雷暴日数	（1）确定雨季施工措施； （2）确定工地排水、防洪方案； （3）确定防雷设施
（3）	风	（1）主导风向及频率（风玫瑰图）； （2）≥8 级风的全年天数、时间	1. 确定临时设施的布置方案； 2. 确定高空作业及吊装的技术安全措施
2		工程地形、地质	
（1）	地形	（1）区域地形图：1/10000～1/25000； （2）工程位置地形图：1/1000～1/2000； （3）该地区城市规划图； （4）经纬坐标桩、水准基桩的位置	1. 选择施工用地； 2. 布置施工总平面图； 3. 场地平整及土方量计算； 4. 了解障碍物及其数量
（2）	工程地质	（1）钻孔布置图； （2）地质剖面图：土层类别、厚度； （3）物理力学指标：天然含水率、孔隙比、塑性指数、渗透系数、压缩试验及地基土强度； （4）地层的稳定性：断层滑块、流沙； （5）最大冻结深度； （6）地基土破坏情况：枯井、古墓、防空洞及地下构筑物等	（1）土方施工方法的选择； （2）地基土的处理方法； （3）基础施工方法； （4）复核地基基础设计； （5）拟定障碍物拆除计划
（3）	地震	地震等级、烈度大小	确定对基础影响、注意事项

序号	项目	调 查 内 容	调 查 目 的
3		工程水文地质	
(1)	地下水	(1) 最高、最低水位及时间; (2) 水的流向、流速及流量; (3) 水质分析:水的化学成分; (4) 抽水试验	(1) 基础施工方案选择; (2) 降低地下水的方法; (3) 拟定防止侵蚀性介质的措施
(2)	地面水	(1) 临近江河湖泊距工地的距离; (2) 洪水、平水、枯水期的水位、流量及航道深度; (3) 水质分析; (4) 最大、最小冻结深度及冻结时间	(1) 确定临时给水方案; (2) 确定运输方式; (3) 确定水工工程施工方案; (4) 确定防洪方案

学习情境 2.3 技术资料的准备

技术准备是施工准备工作的核心,是现场施工准备工作的基础。由于任何技术的差错或隐患都可能引起人身安全和质量事故,造成生命、财产和经济的巨大损失,因此必须认真地做好技术准备工作。其主要内容包括熟悉与会审图纸、编制施工组织设计、编制施工图预算和施工预算。

2.3.1 熟悉与会审图纸

2.3.1.1 熟悉与会审图纸的目的

(1) 能够在工程开工之前,使工程技术人员充分了解和掌握设计图纸的设计意图、结构与构造特点和技术要求。

(2) 通过审查发现图纸中存在的问题和错误并改正,为工程施工提供一份准确、齐全的设计图纸。

(3) 保证能按设计图纸的要求顺利施工、生产出符合设计要求的最终建筑产品。

2.3.1.2 熟悉图纸及其他设计技术资料的重点

1. 基础及地下室部分

(1) 核对建筑、结构、设备施工图中关于基础留口、留洞的位置及标高的相互关系是否处理恰当。

(2) 给水及排水的去向,防水体系的做法及要求。

(3) 特殊基础做法,变形缝及人防出口做法。

2. 主体结构部分

(1) 定位轴线的布置及与承重结构的位置关系。

(2) 各层所用材料是否有变化。

(3) 各种构配件的构造及做法。

(4) 采用的标准图集有无特殊变化和要求。

3. 装饰部分

(1) 装修与结构施工的关系。

(2) 变形缝的做法及防水处理的特殊要求。

(3) 防火、保温、隔热、防尘、高级装修的类型及技术要求。

2.3.1.3 审查图纸及其他设计技术资料的内容

（1）设计图纸是否符合国家有关规划、技术规范要求。

（2）核对设计图纸及说明书是否完整、明确，设计图纸与说明等其他各组成部分之间有无矛盾和错误，内容是否一致，有无遗漏。

（3）总图的建筑物坐标位置与单位工程建筑平面图是否一致。

（4）核对主要轴线、几何尺寸、坐标、标高、说明等是否一致，有无错误和遗漏。

（5）基础设计与实际地质是否相符，建筑物与地下构造物及管线之间有无矛盾。

（6）主体建筑材料在各部分有无变化，各部分的构造做法。

（7）建筑施工与安装在配合上存在哪些技术问题，能否合理解决。

（8）设计中所选用的各种材料、配件、构件等能否满足设计规定的需要。

（9）工程中采用的新工艺、新结构、新材料的施工技术要求及技术措施。

（10）对设计技术资料有什么合理化建议及其他问题。

审查图纸的程序通常分为自审、会审和现场签证三个阶段。

自审是施工企业组织技术人员熟悉和自审图纸，自审记录包括对设计图纸的疑问和有关建议。

会审是由建筑单位主持、设计单位和施工单位参加，先由设计单位进行图纸技术交底，各方面提出意见，经充分协商后，统一认识形成图纸会审纪要，由建设单位正式行文，参加单位共同会签、盖章，作为设计图纸的修改文件。

现场签证是在工程施工过程中，发现施工条件与设计图纸的条件不符，或图纸仍有错误，或因材料的规格、质量不能满足设计要求等原因，需要对设计图纸进行及时修改，应遵循设计变更的签证制度，进行图纸的施工现场签证。一般问题经设计单位同意，即可办理手续进行修改。重大问题须经建设单位、设计单位和施工单位共同协商，由设计单位修改，向施工单位签发设计变更单，方可有效。

2.3.1.4 熟悉技术规范、规程和有关技术规定

技术规范、规程是国家制定的建设法规，是实践经验的总结，在技术管理上具有法律效用。建筑施工中常用的技术规范、规程主要如下：

（1）建筑安装工程质量检验评定标准。

（2）施工操作规程。

（3）建筑工程施工及验收规范。

（4）设备维护及维修规程。

（5）安全技术规程。

（6）上级技术部门颁发的其他技术规范和规定。

2.3.2 编制施工组织设计

施工组织设计是指导施工现场全部生产活动的技术经济文件。它既是施工准备工作的重要组成部分，又是做好其他施工准备工作的依据；它既要符合体现建设计划和设计的要求，又要符合施工活动的客观规律，对建设项目的全过程起到战略部署和战术安排的双重作用。

由于建筑产品的特点及建筑施工的特点，决定了建筑工程种类繁多、施工方法多变，没有一个通用的、一成不变的施工方法，每个建筑工程项目都需要分别确定施工组织方法，作为组织和指导施工的重要依据。

2.3.3 编制施工图预算和施工预算

施工图预算是根据施工图、施工组织设计所拟定的施工方法、预算定额、各项取费标准、建设地区的自然及技术经济条件等资料编制的建筑安装工程预算造价文件。施工图预算是建筑企业和建设单位签订承包合同、实行工程预算包干、拨付工程款和办理工程结算的依据，也是建筑企业控制施工成本、实行经济核算和考核经营成果的依据。

施工预算是编制实施性成本计划的主要依据，是施工企业为了加强企业内部经济核算，在施工图预算的控制下，依据企业的内部施工定额，以建筑安装单位工程为对象，根据施工图纸、施工定额、施工及验收规范、标准图集、施工组织设计所拟定的施工方法编制的单位工程施工所需要的人工、材料、施工机械台班用量的技术经济文件。它是施工企业的内部文件，同时也是施工企业进行劳动调配、物资计划供应、控制成本开支、进行成本分析和班组经济核算的依据。

施工图预算是甲乙双方确定预算造价，发生经济联系的技术经济文件，而施工预算是施工企业内部各项成本支出、经济核算的依据。在施工过程中应严格控制各项支出，以降低成本。

学习情境 2.4 施工现场的准备

施工现场的准备（又称室外准备）主要为工程施工创造有利的施工条件，施工现场的准备按施工组织设计的要求和安排进行，其主要内容为"三通一平"、测量放线、临时设施的搭设等。

2.4.1 现场"三通一平"

"三通一平"是在建筑工程的用地范围内，接通施工用水、用电、道路和平整场地的总称。而工程实际的需要往往不止水通、电通、路通，有些工地上还要求有"热通"（供蒸汽）、"气通"（供煤气）、"话通"（通电话）等，但最基本的还是"三通"。

1. 平整施工场地

施工场地的平整工作，首先通过测量，按建筑总平面图中确定的标高，计算出挖土及填土的数量，设计土方调配方案，组织人力或机械进行平整工作；若拟建场内有旧建筑物，则须拆迁房屋，同时要清理地面上的各种障碍物，对地下管道、电缆等要采取可靠的拆除或保护措施。

2. 修通道路

施工现场的道路是组织大量物资进场的运输动脉，为了保证各种建筑材料、施工机械、生产设备和构件按计划到场，必须按施工总平面图要求修通道路。为了节省工程费用，应尽可能利用已有道路或结合正式工程的永久性道路。为使施工时不损坏路面，可先做路基，施工完毕后再做路面。

3. 通水

施工现场的通水包括给水与排水。施工用水包括生产、生活和消防用水，其布置应按施工总平面图的规划进行安排。施工用水设施尽量利用永久性给水线路，临时管线的铺设，既要满足用水点的需要和使用方便，又要尽量缩短管线。施工现场要做好有组织的排水系统，否则会影响施工的顺利进行。

4．通电

施工现场的通电包括生产用电和生活用电。根据生产、生活用电的电量，选择配电变压器，与供电部门或建设单位联系，按施工组织要求布设线路和通电设备。当供电系统供电不足时，应考虑在现场建立发电系统，以保证施工的顺利进行。

2.4.2　测量放线

测量放线的任务是把图纸上所设计好的建筑物、构筑物及管线等测设到地面或实物上，并用各种标志表现出来，作为施工的依据。在土方开挖前，按设计单位提供的总平面图及给定的永久性经纬坐标控制网和水准控制基桩，进行场区施工测量，设置场区永久性坐标、水准基桩和建立场区工程测量控制网。在进行测量放线前，应做好以下几项准备工作：

（1）了解设计意图，熟悉并校核施工图纸。

（2）对测量仪器进行检验和校正。

（3）校核红线桩与水准点。

（4）制定测量放线方案。测量放线方案主要包括平面控制、标高控制、±0.000 以下施测、±0.000 以上施测、沉降观测和竣工测量等项目，其方案制定依据设计图纸要求和施工方案来确定。

建筑物定位放线是确定整个工程平面位置的关键环节，施测中必须保证精度，杜绝错误，否则其后果将难以处理。建筑物的定位、放线，一般通过设计图中平面控制轴线来确定建筑物的轮廓位置，经自检合格后，提交有关部门和甲方（监理人员）验线，以保证定位的准确性。沿红线的建筑物，还要由规划部门验线，以防止建筑物超、压建筑红线。

2.4.3　临时设施的搭设

现场所需临时设施，应报请规划、市政、消防、交通、环保等有关部门审查批准，按施工组织设计和审查情况来实施。

对于指定的施工用地周界，应用围墙（栏）围挡起来，围挡的形式和材料应符合市容管理的有关规定和要求，并在主要出入口设置标牌，标明工程名称、施工单位、工地负责人、监理单位等等。

各种生产（仓库、混凝土搅拌站、预制构件厂、机修站、生产作业棚等）、生活（办公室、宿舍、食堂等）用的临时设施，严格按批准的施工组织设计规定的数量、标准、面积、位置等来组织实施，不得乱搭乱建，并尽可能做到以下几点：

（1）利用原有建筑物，减少临时设施的数量，以节省投资。

（2）适用、经济、就地取材，尽量采用移动式、装配式临时建筑。

（3）节约用地、少占农田。

学习情境 2.5　生产资料与施工队伍人员的准备

生产资料准备是指工程施工中必需的劳动手段（施工机械、机具等）和劳动对象（材料、构件、配件等）的准备。根据施工组织设计的各种资源需要量计划，分别落实货源、组织运输和安排储备，以及施工队伍人员的准备，这是工程连续施工的基本保证。

2.5.1 建筑材料的准备

建筑材料的准备包括三材（钢材、木材、水泥）、地方材料（砖、瓦、石灰、砂、石等）、装饰材料（面砖、地砖等）、特殊材料（防腐、防射线、防爆材料等）的准备。为保证工程顺利施工，材料准备要求如下。

1. 编制材料需要量计划，签订供货合同

根据预算的工料分析，按施工进度计划的使用要求，材料储备定额和消耗定额，分别按材料名称、规格、使用时间进行汇总，编制材料需用量计划，同时根据不同材料的供应情况，随时注意市场行情，及时组织货源，签订订货合同，保证采购供应计划的准确可靠。

2. 材料的运输和储备

材料的运输和储备要按工程进度分期分批进场。现场储备过多会增加保管费用、占用流动资金，过少难以保证施工的连续进行，对于使用量少的材料，尽可能一次进场。

3. 材料的堆放和保管

现场材料的堆放应按施工平面布置图的位置，按材料的性质、种类，选取不同的堆放方式合理堆放，避免材料的混淆及二次搬运；进场后的材料要依据材料的性质妥善保管，避免材料的变质及损坏，以保持材料的原有数量和原有的使用价值。

2.5.2 施工机具和周转材料的准备

施工机具包括施工中所确定选用的各种土方机械、木工机械、钢筋加工机械、混凝土机械、砂浆机械、垂直与水平运输机械、吊装机械等，应根据采用的施工方案和施工进度计划，确定施工机械的数量和进场时间；确定施工机具的供应方法和进场后的存放地点和方式，并提出施工机具需要量计划，以便企业内部平衡或外部签约租借机械。

周转材料的准备主要指模板和脚手架，此类材料施工现场使用量大、堆放场地面积大、规格多、对堆放场地的要求高，应按施工组织设计的要求分规格、型号整齐码放，以便使用和维修。

2.5.3 预制构件和配件的加工准备

工程施工中需要大量的钢筋混凝土构件、木构件、金属构件、水泥制品、塑料制品、卫生洁具等，应在图纸会审后提出预制加工单，确定加工方案、供应渠道及进场后的储备地点和方式。现场预制的大型构件，应依施工组织设计做好规划提前加工预制。

此外，对采用商品混凝土的现浇工程，要依据施工进度计划要求确定需用量计划，主要内容有商品混凝土的品种、规格、数量、需要时间、送货方式、交货地点，并提前与生产单位签订供货合同，以保证施工顺利进行。

2.5.4 施工队伍的准备

施工队伍包括项目组和施工人员。

2.5.4.1 项目组的组建

项目管理机构建立的原则：根据工程规模、结构特点和复杂程度，确定劳动组织领导机构的编制及人选；坚持合理分工与密切协作相结合的原则；执行因事设职、因职选人的原则，将富有经验、创新精神、工作效率高的人入选项目管理领导机构；对一般单位工程可设一名工地负责人，配备一定数量的施工员、材料员、质检员、安全员等即可；对大中型单位工程或群体工程，则要配备包括技术、计划等管理人员在内的一套班子。

2.5.4.2 施工队伍的准备

施工队伍的建立，要考虑工种的合理配合，技工和普工的比例要满足劳动组织的要求，建立混合施工队或专业施工队及其数量。组建施工队组要坚持合理、精干原则，在施工过程中，依工程实际进度需求，动态管理劳动力数量。需外部力量的，可通过签订承包合同或联合其他队伍来共同完成。

1. 建立精干的基本施工队组

基本施工队组应根据现有的劳动组织情况、结构特点及施工组织设计的劳动力需要量计划确定。一般有以下几种组织形式：

（1）砖混结构的建筑。该类建筑在主体施工阶段，主要是砌筑工程，应以瓦工为主，配合适量的架子工、钢筋工、混凝土工、木工及小型机械工等；装饰阶段以抹灰、油漆工为主，配合适量的木工、电工、管工等。因此以混合施工班组为宜。

（2）框架、框剪及全现浇混凝土结构的建筑。该类建筑主体结构施工主要是钢筋混凝土工程，应以模板工、钢筋工、混凝土工为主，配合适量的瓦工；装饰阶段配备抹灰、油漆工等。因此以专业施工班组为宜。

（3）预制装配式结构的建筑。该类建筑的主要施工工作以构件吊装为主，应以吊装起重工为主，配合适量的电焊工、木工、钢筋工、混凝土工、瓦工等，装饰阶段配备抹灰工、油漆工、木工等。因此以专业施工班组为宜。

2. 确定优良的专业施工队伍

大中型的工业项目或公用工程，内部的机电安装、生产设备安装一般需要专业施工队或生产厂家进行安装和调试，某些分项工程也可能需要机械化施工公司来承担，这些需要外部施工队伍来承担的工作，需在施工准备工作中签订承包合同的形式予以明确，落实施工队伍。

3. 选择优势互补的外包施工队伍

随着建筑市场的开放，施工单位往往依靠自身的力量难以满足施工需要，因而需联合其他建筑队伍（外包施工队）来共同完成施工任务，通过考察外包队伍的市场信誉、已完工程质量、确认资质、施工力量水平等来选择，联合要充分体现优势互补的原则。

2.5.4.3 施工队伍的教育

施工前，企业要对施工队伍进行劳动纪律、施工质量和安全教育，牢固树立"质量第一""安全第一"的意识，平时企业应抓好职工、技术人员的培训和技术更新工作，不断提高职工、技术人员的业务技术水平，增强企业的竞争力，对于采用新工艺、新结构、新材料、新技术及使用新设备的工程，应将相关管理人员和操作人员组织起来培训，达到标准后再上岗操作；此外还要加强施工队伍平时的政治思想教育。

学习情境 2.6　冬期和雨期施工准备

2.6.1 冬季施工准备工作

2.6.1.1 合理安排冬季施工项目

建筑产品的生产周期长，且多为露天作业，冬季施工条件差、技术要求高，因此在施工组织设计中就应合理安排冬季施工项目，尽可能保证工程连续施工，一般情况下尽量安排费用增加少、易保证质量、对施工条件要求低的项目在冬季施工，如吊装、打桩、室内装修等，而如土方、基础、外装修、屋面防水等则不易在冬季施工。

2.6.1.2 落实各种热源的供应工作

提前落实供热渠道，准备热源设备，储备和供应冬季施工用的保温材料，做好司炉培训工作。

2.6.1.3 做好保温防冻工作

（1）临时设施的保温防冻：给水管道的保温，防止管道冻裂；防止道路积水、积雪成冰，保证运输顺利。

（2）工程已成部分的保温保护：如基础完成后及时回填至基础顶面同一高度，砌完一层墙后及时将楼板安装到位等。

（3）冬季要施工部分的保温防冻：如凝结硬化尚未达到强度要求的砂浆、混凝土要及时测温，加强保温，防止遭受冻结。将要进行的室内施工项目，先完成供热系统，安装好门窗玻璃等。

2.6.1.4 加强安全教育

要有冬季施工的防火、安全措施、加强安全教育，做好职工培训工作，避免火灾、安全事故的发生。

2.6.2 雨季施工准备工作

2.6.2.1 合理安排雨季施工项目

在施工组织设计中要充分考虑雨季对施工的影响，一般情况下，雨季到来之前，多安排土方、基础、室外及屋面等不易在雨季施工的项目，多留一些室内工作在雨季进行，以避免雨季窝工。

2.6.2.2 做好现场的排水工作

施工现场雨季来临前，做好排水沟，准备好抽水设备，防止场地积水，最大限度地减少泡水造成的损失。

2.6.2.3 做好运输道路的维护和物资储备

雨季前检查道路边坡排水，适当提高路面，防止路面凹陷，保证运输道路的畅通，并多储备一些物资，减少雨季运输量，节约施工费用。

2.6.2.4 做好机具设备等的保护

对现场各种机具、电器、工棚都要加强检查，特别是脚手架、塔吊、井架等，要采取防倒塌、防雷击、防漏电等一系列技术措施。

2.6.2.5 加强施工管理

认真编制雨季施工的安全措施，加强对职工教育，防止各种事故的发生。

学习情境 2.7 开 工 报 告

当各项施工准备工作按计划实施，并具备项目开工条件时，施工单位应向监理单位报送工程开工申请表及开工报告申请开工。单位工程开工令由总监理工程师经建设单位同意后签发，分部分项工程开工令可由总监理工程师代表建设单位签发并报建设单位。开工申请表及开工报告经同意后，施工单位方可开始施工。

开工申请表和开工报告详见表 2.9 和表 2.10。

表 2.9
工 程 开 工 申 请 表

工程项目名称： 编号：

单位工程名称		里程/部位	
申请开工日期		计划工期	

致

我方承担的工程，已完成各项准备工作，具备了开工条件，特此申请施工，请核查并签发开工指令。

附件：1. 开工报告；
　　　2. 证明文件。

施工单位（章）：

项目负责人：

日期：　年 月 日

项目监理机构意见：

项目监理机构（章）：

总监理工程师：

日期：　年 月 日

建设单位意见（需要时）：

建设单位（章）：

负责人：

日期：　年 月 日

表 2.10   工 程 开 工 报 告

工程名称					
建设单位			施工单位		
监理单位					
工程地址					
合同工期			合同开工日期		

工程开工申请	致： 　根据合同约定，我方已经完成开工前的各项准备工作，计划于　年　月　日开工，请审批。 　已完成的开工准备有：1. 施工场地平整基本就绪 　　　　　　　　　　　　2. 施工图纸已审查 　　　　　　　　　　　　3. 现场供水供电已通 　　　　　　　　　　　　4. 施工人员已到齐 　　　　　　　　　　　　5. 施工工具、设备已到齐 　　　　　　　　　　　　　　　　　　　　项目经理（签字）： 　　　　　　　　　　　　　　　　　　　　施工单位（盖章）： 　　　　　　　　　　　　　　　　　　　　日期：　　年　月　日
	审批意见：

申报单位	项目经理： 　　　　年　月　日	监理单位	监理工程师： 　　　　年　月　日	建设单位	项目负责人： 　　　　年　月　日

复 习 思 考 题

一、填空题

1. 施工准备工作分为＿＿＿＿＿、＿＿＿＿＿、＿＿＿＿＿、＿＿＿＿＿。

2. 技术资料准备是施工准备的核心，其主要内容包括＿＿＿＿＿、＿＿＿＿＿、＿＿＿＿＿。

3. "三通一平"指＿＿＿＿＿、＿＿＿＿＿、＿＿＿＿＿、＿＿＿＿＿。

二、简答题

1. 施工准备工作的基本要求是什么？

2. 施工现场的准备工作的主要内容有哪些？

3. 冬雨季施工的准备工作有哪些？

三、模拟训练

结合自己施工经历根据参与的项目，编写一份开工报告和开工申请。

学习项目3　流水施工组织原理

【学习目标】　通过本项目的学习，了解组织施工的方式；掌握流水施工参数的种类并会计算；了解有节奏流水施工；掌握非节奏流水施工连续式组织施工并能绘制横道图；掌握非节奏流水施工紧凑式组织施工并能绘制横道图；了解变换施工次序减少工期的组织方式。

学习情境3.1　流水施工的基本概念

3.1.1　组织施工的方式

任何一个建筑物都是由许多施工过程组成的，而每一个施工过程都可以组织一个或多个施工班组来进行施工。如何组织各施工班组的先后顺序或平行搭接施工，是组织施工的一个最基本的问题。

组织施工一般可采用依次施工、平行施工和流水施工三种方式。现就这三种方式来简单介绍。

1. 依次施工

依次施工也称顺序施工，是各施工段或施工过程依次开工，依次完成的一种组织方式。

依次施工的最大优点是每天投入的劳动力较少、机具设备使用不是很集中，材料供应较单一，施工现场管理简单，便于组织和安排。当工程规模较小，施工面又有限时，依次施工是适用的，也是常见的。

依次施工的缺点也很明显：采用依次施工不但工期拖得较长，而且在组织安排上也不尽合理。

2. 平行施工

平行施工是全部工程任务各施工过程同时开工、同时完成的一种施工组织方式。

平行施工的优点是能够充分利用工作面，完成工作任务的时间最短，即施工工期最短。但由于施工班组数成倍增加（即投入施工人数增多），机具设备相应增加，材料供应集中，临时设施、仓库和堆场面积也要增加，从而造成组织安排和施工管理困难，增加施工管理费用。如果工期要求不紧，工程结束后又没有更多的工程任务，各施工班组在短期内完成施工任务后，就可能出现窝工现象。因此，平行施工一般适用于工期要求紧、大规模的建筑群及分期分批组织的工程任务。这种方式只有在各方面的资源供应有保障的前提下，才是合理的。

3. 流水施工

流水施工是指所有施工过程按一定的时间间隔依次投入施工，各个施工过程陆续开工，使同一施工过程的施工班组保持连续、均衡施工，不同的施工过程尽可能平行搭接施工的组织方式。

流水施工的主要优点，是组织施工的一种科学方法，它的意义在于使施工过程具有连续性、均衡性。

流水施工的主要优点，表现在以下几个方面：

（1）由于各施工过程的施工班组生产的连续性、均衡性，以及各班组施工专业化程度高，所以不仅能提高公认的技术操作水平和熟练程度，提高劳动生产率，而且有利于施工质量的不断提高和安全生产。

（2）流水施工能够充分、合理地利用工作面，减少或避免"窝工"现象，在不增加施工班组和施工工人的情况下，比较合理地利用施工时间和空间，缩短施工工期，为施工工程早日使用创造条件。

（3）相对平行施工来说，流水施工投入人力、物力、财力较为均衡，不仅各专业施工班组都能保持连续生产，而且作业时间具有一定规律性。这种规律对组织工程施工十分有利，并能带来良好的工作秩序，从而取得比较可观的经济效益。

工程施工中，可以采用依次施工、平行施工和流水施工等组织方式。对于相同的施工对象，当采用不同的作业组织方法时，其效果也各不相同。

3.1.2 流水施工参数

流水施工参数是指组织流水施工时，为了表示各施工过程在时间和空间上的相互依存关系，特引入一些描述施工进度计划图表特征和各种数量关系的参数，称为"流水参数"。

根据其性质的不同，流水施工参数一般可分为工艺参数、空间参数和时间参数三种。只有对流水施工的主要参数进行认真的、有针对性的、有预见性的研究与分析计算，才能较成功地组织流水施工作业。

3.1.2.1 工艺参数

流水施工的工艺参数主要包括施工过程数和流水强度。

1. 施工过程数（n）

施工过程数是指参与一组流水的施工过程（工序）的个数，通常用"n"表示。

在组织工程流水施工时，首先应将施工对象划分为若干施工过程。施工过程划分的数目多少和粗细程度，一般与下列因素有关。

（1）施工计划的性质和作用。对于长期计划及建筑群体、规模大、工期长的工程施工控制性进度计划，其施工过程的划分，可以粗一些、综合性大一些。对于中小型单位工程及工期较短的工程实施性计划，其施工过程划分可以细一些、具体一些，一般可划分至分项工程。对于月度作业性计划，有些施工过程还可以分解为工序，如刮腻子、油漆等工程。

（2）施工方案的不同。对于一些相同的施工工艺，应根据施工方案的要求，可以将它们合并为一个施工过程，也可以根据施工的先后分为两个施工过程。不同的施工方案，其施工顺序和施工方法也不同，例如，框架主体结构采用的模板不同，其施工过程划分的个数就不同。

（3）工程量大小与劳动力组织。施工过程的划分与施工班组及施工习惯有一定关系。例如，安装玻璃、涂刷油漆的施工，可以将它们合并为一个施工过程，即玻璃油漆施工过程，它的施工班组就作为一个混合班组，也可以将它们分为两个施工过程，即安装施工过程和油漆施工过程，这时它们的施工班组为单一工种的施工班组。

同时，施工过程的划分还与工程量大小有关。对于工程量较小的施工过程，当组织流水施工有困难时，可以与其他的施工过程合并在一起。例如，如果基础施工垫层的工程量较小，可以与混凝土面层相结合，并为一个施工过程，这样就可以使各个施工过程的工程量大致相等，便于组织流水施工。

2. 流水强度

流水强度是指每一个施工过程在单位时间内所完成的工作量。根据施工过程的主导因素不同，可以将施工过程分为机械施工过程和手工操作施工过程两种，相应也有两种施工过程流水强度。

（1）机械施工过程流水强度的计算公式。对于机械施工过程，其流水强度计算公式为

$$V = \sum_{i=1}^{x} N_i P_i \tag{3.1}$$

式中　V——某施工过程机械的流水强度；

$\quad\quad N_i$——某种施工机械的台数；

$\quad\quad P_i$——该种施工机械的台班生产率；

$\quad\quad x$——用于同一种施工过程的主导施工机械的种类。

（2）手工操作施工过程流水强度的计算公式。对于手工操作施工过程，其流水强度计算公式为

$$V = NP \tag{3.2}$$

式中　N——每一工作队工人人数（N 应小于工作面上允许容纳的最多人数）；

$\quad\quad P$——每一个工人的每班产量定额。

3.1.2.2　空间参数

流水施工的空间参数主要包括施工段数和工作面。

1. 施工段数

在组织流水施工时，通常把施工对象划分为劳动量相等或大致相等的若干段，称为施工流水段，简称流水段或施工段。每一个施工段在某一段时间内，只能供一个施工过程的工作队使用。

划分施工段是为了更好地组织流水施工，保证不同的施工班组能在不同的施工段上同时进行施工，从而使各施工班组按照一定的时间间隔，从一个施工段转移到另一个施工段进行连续施工。这样，既能消除等待、停歇现象，又互不干扰，同时又能缩短施工工期。

施工段的划分一般有两种情况：一种是施工段为固定的；另一种是施工段为不固定的。在施工段固定情况下，所有施工过程都采用同样的施工段；同样，施工段的分界对所有施工过程都是固定不变的。在施工段不固定的情况下，对不同的施工过程要分别规定出一种施工段划分方法，施工段的分界对于不同的施工过程是不同的。在通常情况下，固定的施工段便于组织流水施工，应用范围较广泛；而不固定的施工段较少采用。

划分施工段的基本要求如下：

施工段的数目及分界要合理。施工段数目如果划分过多，有时会引起劳动力、机械、材料供应的过分集中，有时会造成供应不足的现象。施工段数目如果划分过少，则会增加施工持续总时间，而且工作面不能充分利用。划分施工段保证结构不受施工缝的影响，施工段的分界要同施工对象的结构界限相一致，尽可能利用单元、伸缩缝、沉降缝等自然分界线。

各施工段上所消耗的劳动量相等或大致相等（差值宜在 15％之内），以保证各施工班组施工的连续性和均衡性。

划分的施工段必须为后面的施工提供足够的工作面，尽量使主导施工过程的施工班组能连续施工。由于各施工过程的工程量不同，所需要的最小工作面也不同，以及施工工艺上的不同要求等原因，如果要求所有工作队都能连续施工，所有施工段上都连续有工作队在工作，有时往往是不可能的，则应主要组织主导施工过程能连续施工。例如，在锅炉和附属设备及管道安装过程中，应以锅炉安装为主导施工过程来划分施工段，以此组织施工。

当组织流水施工对象有层间关系时，应使各工作队能够连续施工。即各施工过程的工作队做完第一段，能立即转入第二段；做完第一层的最后一段，能立即转入第二层的第一段。因此每层最少施工段数目 m 应大于或等于其施工过程数 n，即 $m=n$。

当 $m=n$ 时，工作队连续施工，施工段上始终有施工的班组，工作面能充分利用，无停歇现象，也不会产生工人窝工现象，是理想的流水施工。

当 $m>n$ 时，工作队仍能连续施工，虽然有停歇的工作面，但不一定是不利的，有时还是必要的，如利用这些停歇时间做养护、备料、弹线等工作。

当 $m<n$ 时，工作队不能连续施工，会出现窝工现象，这对一个建筑物的施工组织流水施工是不适宜的。

2. 工作面

工作面又称为"工作线"，是指在施工对象上可能安置的操作工人的人数或布置施工机械地段。它是用来反映施工过程中（工人操作、机械布置）在空间上布置的可能性。工作面的大小可以采用不同的计量单位来计量。例如，门窗的油漆可以采用门窗洞的面积以 m^2 为单位，靠墙扶手沿长度以 m 为单位。

对于某些工程，在施工一开始就已经在整个长度或广度上形成了工作面。这种工作面在工程上称为"完整的工作面"（如挖土工程）；对于有些工程的工作面是随着施工过程的进展逐步（逐层、逐段）形成的，这种工作面在工程上称为"部分的工作面"（如砌墙）。但是，不论在哪一个工作面上，通常前一个施工过程的结束，就为后面的施工过程提供工作面。

在确定一个施工过程必要的工作面时，不但要考虑前一施工过程为这一施工过程可能提供的工作面大小，还必须要严格遵守施工规范和安全技术的有关规定，因此，工作面的形成直接影响到流水施工组织。

3.1.2.3 时间参数

流水施工的时间参数主要包括流水节拍、流水步距、间歇时间、施工过程流水持续时间、流水施工工期。

1. 流水节拍（t）

流水节拍是指从事某一施工过程的专业施工班组，在施工段上施工作业的持续时间，用"t"来表示。流水节拍的大小，关系到所需投入的劳动力、机械及材料用量的多少，决定着施工的速度和节奏。因此，确定流水节拍对于组织流水施工，具有重要的意义。

通常，流水节拍的确定方法有三种：一是根据工期的要求来确定；二是根据能够投入的劳动力、机械台数和材料供应量（即能够投入的各种资源）来确定；三是经验估算。

（1）根据工期要求确定流水节拍。对有工期要求的，尽量满足工期要求，可用工期计算法。即根据对施工任务规定的完成日期，采用倒排进度法。

根据工期的要求来确定流水节拍，可用下式计算：

$$t_i = \frac{T}{m} \tag{3.3}$$

式中　t_i——某工程在某施工段上的流水节拍；

　　　T——某工程的要求工期；

　　　m——某工程划分的流水段数。

（2）根据能够投入的各种资源来确定流水节拍，可用下式计算：

$$t_i = \frac{Q_i}{S_i R_i N_i} \tag{3.4}$$

式中　t_i——某工程在某施工段上的流水节拍；

　　　Q_i——某工程在某施工段上的工程量；

　　　S_i——某施工过程的产量定额；

　　　R_i——施工人数或机械台数；

　　　N_i——某专业班组或机械的工作班次。

（3）经验估算法。

$$t_i = \frac{a + 4c + b}{6} \tag{3.5}$$

式中　t_i——某施工过程在某施工段上的流水节拍；

　　　a——某施工过程在某施工段上的最短估算时间；

　　　b——某施工过程在某施工段上的最长估算时间；

　　　c——某施工过程在某施工段上的可能估算时间。

这种方法多适用于采用新工艺、新方法和新材料等没有定额可循的工程。

当按工期要求确定流水节拍时，首先根据工期要求确定出流水节拍，再按上式计算出所需要的人工人数或机械台班数，然后检查劳动力、机械是否满足需要。

当施工段数确定之后，流水节拍的长短对总期有一定影响，流水节拍长则相应的工期也长。因此，流水节拍越短越好，但实际上由于工作面的限制，流水节拍也有一定的限制，流水节拍的确定应充分考虑劳动力、材料和施工机械供应的可能性，以及劳动组织和工作面的使用的合理性。

在确定流水节拍时，应考虑以下因素：

（1）施工班组的人数要适宜，既要满足最小劳动组合人数的要求，又要满足最小工作面的要求。

所谓最小劳动组合，是指某一施工过程进行正常施工所必需的最低限度的班组人数及其合理组合。如模板安装就要按技工和普工的最少人数及合理比例组成施工班组，人数过少或比例不当，都将引起劳动生产率的下降。

所谓的最小工作面，是指施工组织为保证安全生产和有效的操作所必需的工作面。它决定了最高限度可安排多少工人。不能为了缩短工期而无限期地增加施工人员，能否将造成工作面的不足而产生窝工或施工不安全的情况。

（2）工作班制要恰当，工作班制的确定要根据要求工期而定。当要求工期不太紧迫，工艺也无连续施工要求时，一般可采用一班制；当组织流水施工时为了给第二天连续施工创造条件，某些施工过程可考虑在夜间进行，即采用两班制；当要求工期较紧或工艺上要求连续施工，或为了提高施工中机械的使用率时，某些项目可考虑采用三班制施工。

（3）以主导施工过程流水节拍为依据，确定其他施工过程的流水节拍。主导施工过程的流水节拍，应比其他施工过程流水节拍大，且应尽可能做到有节奏，以便组织节奏流水。

（4）流水节拍的确定，应考虑到机械设备的实际负荷能力和可能提供的机械设备的数量，也要考虑机械设备操作安全和质量要求。

（5）流水节拍一般应取半天的整数倍。

【例 3.1】　某工程考虑到工作面的要求，将其划分为两个施工段，其基础挖土劳动量为 384 工日，施工班组人数 20 人，采用两班制。试计算流水节拍。

解：

（1）每段上所需劳动量为

$$Q = \frac{384}{2} = 192（工日）$$

（2）计算流水节拍：

$$t = \frac{192}{20 \times 2} = 4.8（天）$$

（3）流水节拍一般应取半天的整数倍，故流水节拍取 5 天。

2. 流水步距

流水步距是指在流水施工过程中，相邻的两个专业班组，在保持其工艺先后顺序、满足连续施工要求和时间上最大搭接的条件下，相继投入流水施工的时间间隔，称为流水步距，用 "K" 表示。

流水步距的大小反映着流水作业的紧凑程度，对施工工期的长短起着很大作用和影响。在流水段不变的情况下，流水步距越大，施工工期越长；流水步距越小，施工工期越短。

流水步距的数目，取决于参加流水施工的施工过程数。如果施工过程数为 n 个，则流水步距的总数为 $n-1$ 个。

确定流水步距的基本原则如下：

（1）始终保持两个相邻施工过程的先后工艺顺序。

（2）保持主要施工过程能连续、均衡地施工。

（3）做到前后两个施工过程时间的最大搭接。

（4）保持施工过程之间足够的技术、组织间歇时间。

3. 间歇时间（t_j）

间歇时间有组织间歇和技术间歇。

在流水施工过程中，由于施工工艺的要求，某施工过程在某施工段上必须停歇的时间间隔，称为技术间歇时间。例如，混凝土浇筑后，必须经过必要的养护时间，使其达到一定的强度，才能进行下一道工序；门窗底漆涂刷后，必须经过必要的干燥时间，才能涂刷面漆等，这些都是施工工艺要求的间歇时间，都属于必要的间歇时间。

由于施工组织的需要，同一施工段的相邻两个施工过程之间必须留有的间隔时间称为组织间歇。如基础工程的验收等。

4. 施工过程持续时间

施工过程持续时间：该施工过程在各施工段上作业时间的总和，用下式表示：

$$T_i = \sum_{i=1}^{m} t_i \tag{3.6}$$

式中　T_i——施工过程持续时间；

　　　m——施工段数；

　　　t_i——某施工过程的流水节拍。

5. 流水展开期（$\sum K$）

流水展开期：从第一个施工工作队开始作业起到最后一个施工队开始作业止，其时间间隔，用 $\sum K$ 表示。

6. 流水施工工期（T）

流水施工工期：完成一项工程任务或一个流水施工所需的时间，用下式表示：

$$T = \sum_{1}^{n-1} K_{i,i+1} + T_n \tag{3.7}$$

式中　T——流水施工工期；

　　　T_n——最后一个施工过程的流水持续时间；

$\sum_{1}^{n-1} K_{i,i+1}$——流水步距之和。

根据以上流水施工参数的基本概念，可以把流水施工的组织要点归纳如下：

（1）将拟建工程（如一个单位工程或分部分项工程）的全部施工活动，划分组合为若干施工过程，每一个施工过程交给按专业分工组成的施工班组或混合施工班组来完成。施工班组的人数要考虑到每个工人所需要的最小工作面和流水施工组织的需要。

（2）将拟建工程每层的平面上划分为若干施工段，每个施工段在同一时间内，只供一个施工班组开展作业。

（3）确定各施工班组在每个施工段上的作业时间，并尽量使其连续、均衡。

（4）按照各施工过程的先后排列顺序，确定相邻施工过程之间的流水步距，并使其在连续作业的条件下，最大限度地搭接起来，形成分部工程施工的专业流水组。

（5）搭接各分部工程的流水组，组成单位工程的流水施工。

（6）绘制流水施工进度计划。

3.1.3　流水施工的基本条件和表达方式

3.1.3.1　流水施工的基本条件

1. 划分施工段

根据流水施工的需要，将拟建工程尽可能地划分为劳动量大致相等的若干个施工段，也可称为流水段，建筑工程施工组织流水的关键是将建筑单件产品变成多件产品，以便成批生产。

2. 划分施工过程

把拟建工程的整个建筑过程分解为若干个施工过程。划分施工过程的目的是对施工对象的建造过程进行分解，以便逐一实现局部对象的施工，从而使施工对象整体得以实现。只有这种合理的分解才能组织专业化施工和有效协作。

3. 每个施工过程组织独立的施工班组

在一个流水分部中，每个施工过程尽可能组织独立的施工班组，其形式可以是专业班组也可以是混合班组，这样可使每个施工班组按施工顺序依次、连续、均衡地从一个施工段转移到另一个施工段进行相同的操作。

4. 主要施工过程必须连续、均衡

主要施工过程是指工程量较大、作业时间较长的施工过程。对于主要施工过程必须连续、均衡地施工，对其他次要施工过程，可考虑与相邻的施工过程合并，如果不能合并，为缩短工期可安排间断施工。

5. 不同施工过程尽可能组织平行搭接施工

不同的施工过程之间的关系，关键是工作时间上有搭接和工作空间上有搭接，在有工作面的条件下除必要的技术和组织间歇外，尽可能地组织平行搭接施工。

3.1.3.2 流水施工的表达方式

流水施工的表达方式主要有横道图和流水网络图两种。

学 习 情 境 3.2 有 节 奏 流 水 施 工

流水施工要求有一定节拍，才能实现和谐协调，而流水施工的节奏是由流水施工节拍决定的。要想使所有流水施工都能形成统一的流水节拍是很困难的。因此，在大多数情况下，各施工过程的流水节拍不一定相等，有的甚至同一个施工过程本身在不同施工段上流水节拍也不相等，这样就形成了不同的节奏特征的流水施工。

下面介绍有节奏流水施工中两个流水施工方法：固定节拍流水和成倍节拍流水。

3.2.1 固定节拍流水施工

3.2.1.1 固定节拍流水的概念

固定节拍流水是在一个流水组合内各个施工过程的流水节拍均为相等常数的一种流水施工方式。

3.2.1.2 固定节拍流水施工的特点

固定节拍流水施工是一种最理想的流水施工方式，其特点如下：

（1）所有施工过程在各个施工段上的流水节拍均相等。

（2）相邻施工过程的流水步距相等，且等于流水节拍。

（3）专业工作队数等于施工过程数，即每一个施工过程成立一个专业工作队，由该队完成相应施工过程所有施工段上的任务。

（4）各个专业工作队在各施工段上能够连续作业，施工段之间没有空闲时间。

3.2.1.3 固定节拍流水施工工期

1. 有间歇时间的固定节拍流水施工

所谓间歇时间，是指相邻两个施工过程之间由于工艺或组织安排需要而增加的额外等待时间，包括工艺间歇时间和组织间歇时间，对于有间歇时间的固定节拍流水施工，其流水施工工期 T 可按式（3.8）计算。

$$T=(n-1)t+\sum t_j+mt=(m+n-1)t+\sum t_j \qquad (3.8)$$

式中　$\sum t_j$——间歇时间总和；

其余符号如前所述。

2. 有提前插入时间的固定节拍流水施工

所谓提前插入时间，是指相邻两个专业工作队在同一施工段上共同作业的时间。在工作面允许和资源有保证的前提下，专业工作队提前插入施工，可以缩短流水施工工期。对于有提前插入时间的固定节拍流水施工，其流水施工工期 T 可按式（3.9）计算。

$$T=(m+n-1)t-\sum C \tag{3.9}$$

式中　$\sum C$——提前插入时间总和；

其余符号如前所述。

3.2.2　成倍节拍流水施工

在通常情况下，组织固定节拍的流水施工是比较困难的。因为在任一施工段上，不同的施工过程，其复杂程度不同，影响流水节拍的因素也各不相同，很难使得各个施工过程的流水节拍都彼此相等。但是，如果施工段划分得合适，保持同一施工过程各施工段的流水节拍相等是不难实现的。使某些施工过程的流水节拍成为其他施工过程流水节拍的倍数，即形成成倍节拍流水施工。成倍节拍流水施工包括一般的成倍节拍流水施工和加快的成倍节拍流水施工。为了缩短流水施工工期，一般均采用加快的成倍节拍流水施工方式。

1. 加快的成倍节拍流水施工的特点

（1）同一施工过程在其各个施工段上的流水节拍均相等；不同施工过程的流水节拍不等，但其值为倍数关系。

（2）相邻施工过程的流水步距相等，且等于流水节拍的最大公约数 K。

（3）专业工作队数大于施工过程数，即有的施工过程只成立一个专业工作队，而对于流水节拍大的施工过程，可按式（3.10）增加相应专业工作队数目。

$$b_i=\frac{t_i}{K} \tag{3.10}$$

（4）各个专业工作队在施工段上能够连续作业，施工段之间没有空闲时间。

2. 加快的成倍节拍流水施工工期

加快的成倍节拍流水施工工期 T 可按式（3.11）计算。

$$T=(m+n'-1)t+\sum t_j-\sum C \tag{3.11}$$

式中　n'——专业工作队数目总和，等于 $\sum b_i$；

其余符号如前所述。

【例 3.2】　某工程流水施工划分为 6 个施工段，施工过程分为Ⅰ、Ⅱ、Ⅲ 3 个，流水节拍Ⅰ为 3 天，Ⅱ为 2 天，Ⅲ为 1 天，没有间歇时间和搭接时间。试按加快的成倍节拍流水计算此计划工期，并绘制进度计划图。

解：

（1）在该计划中，施工过程数目 $n=3$；由于不同施工过程的流水节拍之间成倍数，可按加快的成倍节拍组织流水。

（2）Ⅰ施工工程可组织 3 个专业工作队，Ⅱ施工工程可组织 2 个专业工作队，Ⅲ施工工程可组织 1 个专业工作队，专业工作队数目 $n'=6$。

（3）施工段数目 $n=6$；流水步距 $K=1$；$\sum t_j=0$；$\sum C=0$。

（4）其流水施工工期为

$$T=(m+n'-1)t+\sum t_j-\sum C=(6+6-1)\times 1+0-0=11(\text{天})$$

（5）绘制流水进度图，见图 3.1。

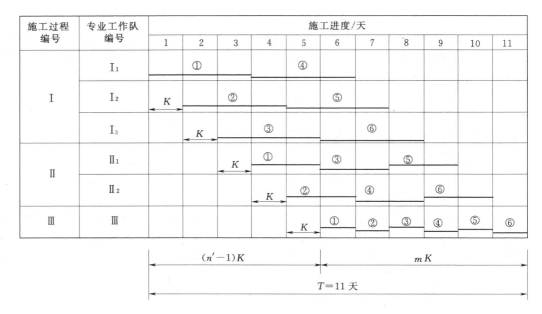

图 3.1 加快的成倍节拍流水进度计划图

【例 3.3】 某建设工程由四幢楼房组成，每幢楼房为一个施工段，施工过程划分为基础工程、结构安装、室内装修和室外工程 4 项，其一般的成倍节拍流水施工进度计划如图 3.2 所示。若按加快的成倍节拍流水组织施工，工期缩短多少？并绘制进度计划图。

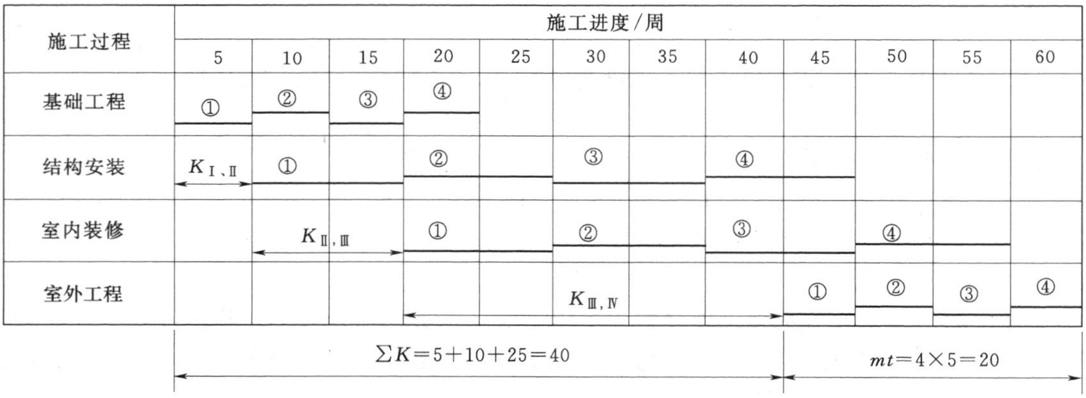

施工过程	施工进度/周											
	5	10	15	20	25	30	35	40	45	50	55	60
基础工程	①	②	③	④								
结构安装	$K_{I,II}$	①		②		③		④				
室内装修		$K_{II,III}$		①		②		③		④		
室外工程						$K_{III,IV}$			①	②	③	④

图 3.2 某工程的一般成倍节拍流水进度计划

解：

（1）由图 3.2 可知，如果按 4 个施工过程成立 4 个专业工作队组织流水施工，其总工期为 $T=(5+10+25)+4\times5=60$（周）；为加快施工进度，增加专业工作队，组织加快的成倍节拍流水施工。

（2）计算流水步距。流水步距等于流水节拍的最大公约数，即

$$K=\min[5,10,10,5]=5（周）$$

（3）确定专业工作队数目。每个施工过程成立的专业工作队数目可按式（3.10）计算。各施工过程的专业工作队数目分别为

Ⅰ——基础工程： $b_{\mathrm{I}}=5/5=1$

Ⅱ——结构安装： $b_{\mathrm{II}}=10/5=2$

Ⅲ——室内装修： $b_{\mathrm{III}}=10/5=2$

Ⅳ——室外工程： $b_{\mathrm{IV}}=5/5=1$

于是，参与该工程流水施工的专业工作队总数 n' 为

$$n'=1+2+2+1=6$$

（4）计算工期。

$$T=(m+n'-1)t+\sum t_j-\sum C=(4+6-1)\times 5=45（周）$$

（5）绘制加快的成倍节拍流水施工进度计划图。根据图 3.2 所示进度计划编制的加快的成倍节拍流水施工进度计划，如图 3.3 所示。

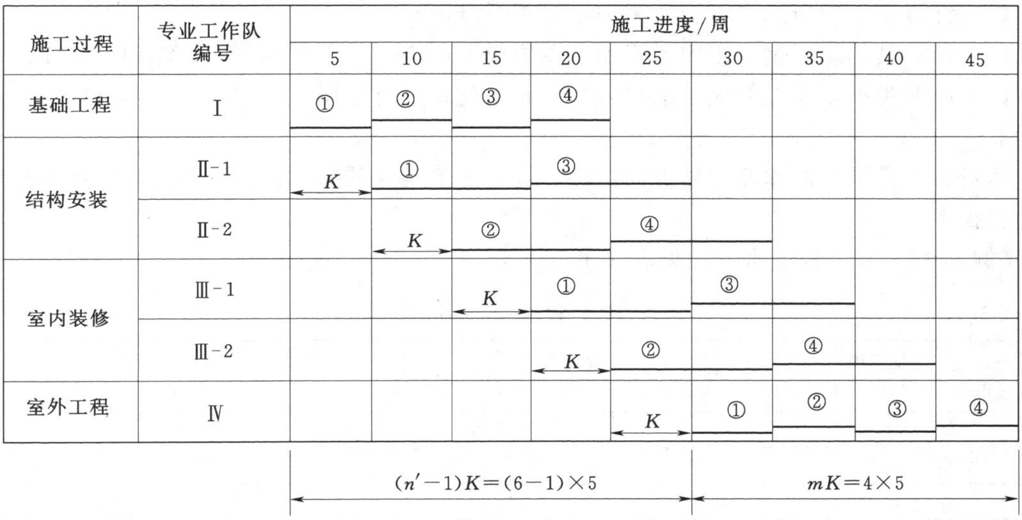

施工过程	专业工作队编号	施工进度/周								
		5	10	15	20	25	30	35	40	45
基础工程	Ⅰ	①	②	③	④					
结构安装	Ⅱ-1	K	①		③					
	Ⅱ-2		K	②		④				
室内装修	Ⅲ-1			K	①		③			
	Ⅲ-2				K	②		④		
室外工程	Ⅳ					K	①	②	③	④

$(n'-1)K=(6-1)\times 5 \qquad\qquad mK=4\times 5$

图 3.3 加快的成倍节拍流水进度计划图

（6）比较结论。一般的成倍节拍流水施工进度计划比较，该工程组织加快的成倍节拍流水施工使得总工期缩短了 15 周。

学习情境 3.3 非节奏流水施工

在组织流水施工时，经常由于工程结构形式、施工条件不同等原因，使得各施工过程在各施工段上的工程量有较大差异，或因专业工作队的生产效率相差较大，导致各施工过程的流水节拍随施工段的不同而不同，且不同施工过程之间的流水节拍又有很大差异。这时，流水节拍虽无任何规律，但仍可利用流水施工原理组织流水施工，使各专业工作队在满足连续施工的条件下，实现最大搭接。这种非节奏流水施工方式是建设工程流水施工的普遍方式。

非节奏流水施工具有以下特点：

（1）各施工过程在各施工段的流水节拍不全相等。

（2）相邻施工过程的流水步距不尽相等。

（3）专业工作队数等于施工过程数。

（4）按紧凑式组织施工，这时工期可能缩短，但工作过程不能都连续。

（5）按连续式组织施工，这时所有工作过程都连续，但工期比紧凑式可能延长。

3.3.1 紧凑式组织施工

1. 定义

紧凑式：只要具备开工条件就开工，这样可以缩短工期。

2. 直接编阵法计算工期

直接编阵法是一种不必作图就能求出紧凑式组织施工的总工期（紧凑式）的方法。直接编阵法的步骤如下：

（1）列表：将各施工过程的流水节拍列于表中。

（2）计算第一行新元素（直接累加，写在括号内）。

（3）计算第一列新元素（直接累加，写在括号内）。

（4）计算其他新元素（用旧元素加上左边或上边二新元素中较大值，得到该新元素）。

（5）以此类推，直至完成，最后一个新元素值就是总工期。

3. 作图法计算工期

尽量将所排工序向作业开始方向靠拢，具备开工条件就开工。计划图绘制好后就知道工期是多少了。

【例 3.4】 某工程流水节拍见表 3.1。

表 3.1　　　　　　　　　　　　　　某 工 程 流 水 节 拍 表

施工过程 ＼ 施工段	A	B	C	D
①	2	3	3	2
②	2	2	3	3
③	3	3	3	3

试用直接编阵法计算此流水施工的工期，并绘制紧凑式流水施工进度计划图。

解：（1）计算第一行新元素（直接累加，写在括号内）见表 3.2。

（2）计算第一列新元素（直接累加，写在括号内）见表 3.2。

（3）计算其他新元素（用旧元素加上左边或上边二新元素中较大值，得到该新元素）见表 3.2。

（4）以此类推，计算其他新元素，见表 3.2。

（5）总工期为 17 天。

（6）绘制紧凑式流水施工进度计划图，如图 3.4 所示。

（7）计算工期与绘制的一致，说明两者都正确。

表 3.2　　　　　　　　　　　　　直接编阵法计算工期表

施工过程 ＼ 施工段	A	B	C	D
①	2	3(5)	3(8)	2(10)
②	2(4)	2(7)	3(11)	3(14)
③	3(7)	3(10)	3(14)	3(17)

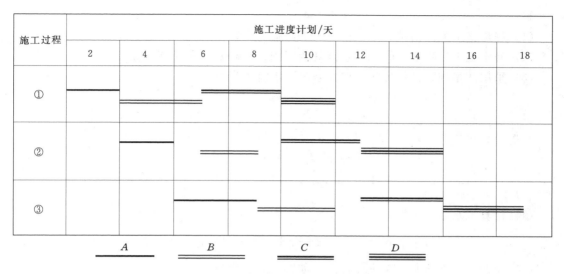

图 3.4 紧凑式流水施工进度计划图

3.3.2 连续式组织施工

1. 定义

使各施工过程连续作业，避免停工待面和干干停停。

2. 累加数列错位相减取大差法计算流水工期

由于这种方法是由潘特考夫斯基（译音）首先提出的，故又称为潘特考夫斯基法。这种方法简捷、准确，便于掌握。具体步骤如下：

（1）列表，将各施工过程的流水节拍列于表中。

（2）对每一个施工过程在各施工段上的流水节拍依次累加，求得各施工过程流水节拍的累加数列。

（3）将相邻施工过程流水节拍累加数列中的后者错后一位，相减后求得一个差数列。

（4）在差数列中取最大值，即为这两个相邻施工过程的流水步距。

（5）求总工期按式（3.7）计算。

（6）绘制流水作业图。

【例 3.5】 某工厂需要修建 4 台设备的基础工程，施工过程包括基础开挖、基础处理和基础混凝土浇筑。因设备型号与基础条件等不同，使得 4 台设备的各施工过程有着不同的流水节拍（单位：周），见表 3.3。按累加数列错位相减取大差法计算流水工期并绘制流水施工进度计划。

表 3.3 流 水 节 拍 表

施工过程	施 工 段			
	基础 A	基础 B	基础 C	基础 D
基础开挖	2	3	2	2
基础处理	4	4	2	3
基础混凝土浇筑	2	3	2	3

解：

（1）确定施工流向由基础 A→B→C→D，施工段数 $m=4$。

（2）确定施工过程数，$n=3$，包括基础开挖、基础处理和浇筑混凝土。

（3）采用"累加数列错位相减取大差法"求流水步距：

$$
\begin{array}{ccccc}
2, & 5, & 7, & 9 & \\
-)\quad & 4, & 8, & 10, & 13 \\
\end{array}
$$

$$K_{1-2}=\max\ [\ 2,\quad 1,\quad -1,\quad -1,\quad -13\ ]=2$$

$$
\begin{array}{ccccc}
4, & 8, & 10, & 13 & \\
-)\quad & 2, & 5, & 7, & 10 \\
\end{array}
$$

$$K_{2-5}=\max\ [\ 4,\quad 6,\quad 5,\quad 6,\quad -10\ ]=6$$

（4）计算流水施工工期：

$$T=\sum K+\sum t_n=(2+6)+(2+3+2+3)=18(周)$$

（5）绘制非节奏流水施工进度计划，如图 3.5 所示。

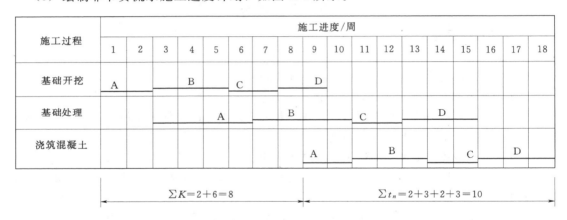

图 3.5 此基础流水施工进度计划图

【例 3.6】 某建筑工程组织流水施工，经施工设计确定的施工方案规定为四个施工过程，划分为五个施工段，各施工过程在不同施工段的流水节拍见表 3.4。按累加数列错位相减取大差法计算流水工期并绘制流水施工进度计划。用直接编阵法计算紧凑式工期，并与连续式比较。

表 3.4 　　　　　　　　　　　　　　某建筑工程流水节拍表

施工段＼施工过程	甲	乙	丙	丁
A	4	2	6	5
B	3	3	5	6
C	6	5	4	3
D	2	4	6	2
E	2	6	4	3

解：

（1）求各施工过程的累加数列：

甲：4、7、13、15、17

乙：2、5、10、14、20

丙：6、11、15、21、25

丁：5、11、14、16、19

（2）错位相减。

甲与乙：	4、	7、	13、	15、	17	
	—	2、	5、	10、	14、	20
	4、	5、	8、	5、	3、	—20

乙与丙：	2、	5、	10、	14、	20	
	—	6、	11、	15、	21、	25
	2、	—1、	—1、	—1、	—1、	—25

丙与丁：	6、	11、	15、	21、	25	
	—	5、	11、	14、	16、	19
	6、	6、	4、	7、	9、	—19

（3）求流水步距。

$$K_{甲乙}=\max\{4,5,8,5,3,-20\}=8$$

$$K_{乙丙}=\max\{2,-1,-1,-1,-1,-25\}=2$$

$$K_{丙丁}=\max\{6,6,4,7,9,-19\}=9$$

（4）求施工工期。

$$T=\sum_{1}^{n-1}K+T_{丁}=8+2+9+19=38（天）$$

（5）绘制流水施工进度计划，如图 3.6 所示。

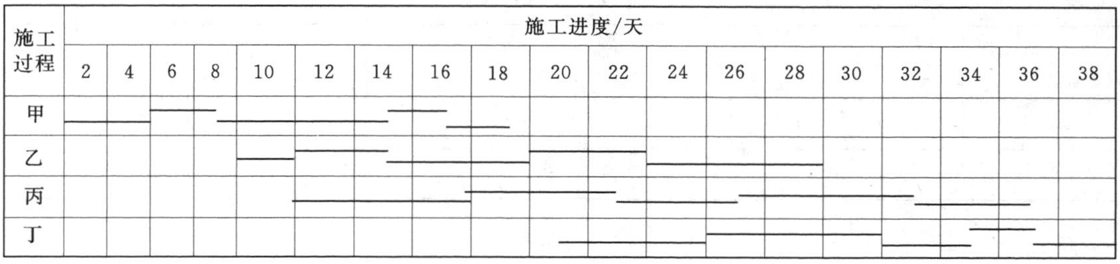

施工过程	施工进度/天																		
	2	4	6	8	10	12	14	16	18	20	22	24	26	28	30	32	34	36	38
甲																			
乙																			
丙																			
丁																			

图 3.6 此工程连续式流水施工进度计划图

（6）直接编阵法计算紧凑式工期，见表 3.5，总工期为 35 天。

（7）从以上计算可看出：紧凑式比连续式提前了 3 天，在工期要求紧时，可用紧凑式，工期要求不紧时，可用连续式。

表 3.5　　　　　　　　　　　　　直接编阵法计算工期表

施工过程 施工段	甲	乙	丙	丁
A	4	2 (6)	6 (12)	5 (17)
B	3 (7)	3 (10)	5 (17)	6 (23)
C	6 (13)	5 (18)	4 (22)	3 (26)
D	2 (15)	4 (22)	6 (28)	2 (30)
E	2 (17)	6 (28)	4 (32)	3 (35)

3.3.3　跳跃式组织施工

1. 定义

如果有 m 个施工段，每个施工段有 n 个工艺相同的工序，那么可以通过安排各个施工段的施工次序，得到最短的施工工期，这就是跳跃式组织施工。

2. m 个施工段 2 道工序时，施工次序的确定

如何确定施工段的施工次序问题，用约翰逊-贝尔曼法则来解决。这个法则的基本原则是：现行工序施工持续时间短的要排在前面，而后续施工持续时间短的要排在后面施工。即：首先列出 m 个施工段的流水节拍表，然后在表中一次选最小数，而且每列只选一次，若"数"属于先行工序，则从前面排，反之，则从后面排。

m 个施工段 2 道工序时，施工次序确定步骤如下：

（1）列流水节拍表。

（2）绘制"施工次序排列表"的表格，熟练后可不编制此表，而在流水节拍表下加一行，直接排序。

（3）填表排序，按约翰逊-贝尔曼法则填充"施工次序排列表"，从而将各个施工段的施工次序排列出来。

（4）绘制施工进度图，确定总工期。

【例 3.7】　某工程的流水节拍表见表 3.6，试比较按约翰逊-贝尔曼法则组织施工和正常次序组织施工的工期。

表 3.6　　　　　　　　　　　　流 水 节 拍 表　　　　　　　　　　单位：天

施工段 施工过程	A	B	C	D	E	F
a	4	4	6	8	3	2
b	7	4	5	1	6	3

解：

（1）列流水节拍表，见表 3.6。

（2）绘制"施工次序排列表"的表格，见表 3.7。

（3）填表排序。根据表 3.6 施工段的施工次序排列如下：

第一个最小数是 1，属于后续工序，所以填在表 3.7 中施工次序的最后一格，并将表 3.6 中 D 施工段这一列划去。

表 3.7 施 工 次 序 排 列 表

填表次序 ＼ 施工次序	1	2	3	4	5	6
1						D
2	F					
3		E				
4					B	
5			A			
6				C		
列中最小数	2	3	4	5	4	1
施工段号	F	E	A	C	B	D

第二个最小数是 2，属于先行工序，所以填在表 3.7 中施工次序的最前一格，并将表 3.6 中 F 施工段这一列划去。

以此类推，表 3.7 填列完毕，可确定各施工段的最优施工次序为 F、E、A、C、B、D。

（4）绘制施工进度计划图，确定总工期，如图 3.7 所示。

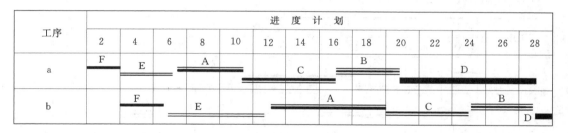

图 3.7 最优施工次序流水作业进度图

按此组织施工，总工期为 28 天，按表 3.6 施工次序，即按 ABCDEF 的次序组织施工，工期为 34 天，可见工期缩短 6 天。

3. m 个施工段 3 道工序时，施工次序的确定

对于这类问题，如果符合下列两种情况中的一种，就可采用约翰逊-贝尔曼法则，这两种情况如下：

（1）第 1 道工序中最小的持续时间 a_{min} 大于或等于第 2 道工序中最大的持续时间 b_{max}，即 $a_{min} \geqslant b_{max}$。

（2）第 3 道工序中最小的持续时间 c_{min} 大于或等于第 2 道工序中最大的持续时间 b_{max}，即 $c_{min} \geqslant b_{max}$。对于 m 个施工段，3 道工序时，施工次序的排序问题，只要符合上述两种情况中的一条，即可按下述步骤求的最优施工次序：

第一步：将各个施工段中第 1 道工序 a 和第 2 道工序 b 的流水节拍加在一起，即 a＋b。

第二步：将各个施工段中第 2 道工序 b 和第 3 道工序 c 的流水节拍加在一起，即 b＋c。

第三步：将上两步得到的流水节拍表，看做两道工序的流水节拍表。

第四步：按上述 m 个施工段 2 道工序时的排序方法，求出最优施工次序。

第五步：按所确定的施工次序绘制施工进度图，确定施工总工期。

【例3.8】 某工程流水节拍表见表3.8，试选择最优施工次序，确定总工期，并与正常次序组织施工总工期进行比较。

表3.8 某 工 程 流 水 节 拍 表

工序 \ 施工段	A	B	C	D	E
a	3	2	8	10	5
b	5	2	3	3	4
c	5	6	7	9	7
a＋b	8	4	11	13	9
b＋c	10	8	10	12	11
最优次序	B	A	E	D	C

解：（1）第3道工序的最小持续时间 c_{min} 为5，第2道工序的最大持续时间为5，符合第二种情况，所以可以进行 a＋b 和 b＋c 的工作，见表3.8。

（2）按两道工序的情况进行排序，最优次序见表3.8。

（3）绘制施工进度图，如图3.8所示。

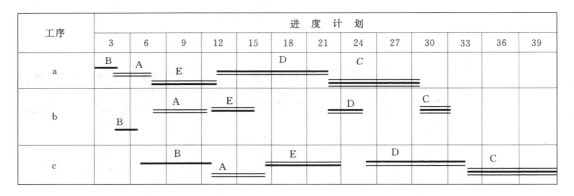

图3.8 最优施工次序进度图

总工期为39天。

用直接编阵法确定按正常施工次序在组织施工的总工期，见表3.9，总工期为42天。

表3.9 直接编阵法确定总工期表

工序 \ 施工段	A	B	C	D	E
a	3	2(5)	8(13)	10(23)	5(28)
b	5(8)	2(10)	3(16)	3(26)	4(32)
c	5(13)	6(19)	7(26)	9(35)	7(42)

通过排序，跳跃组织施工，总工期缩短3天。

4. *m* 个施工段多于3道工序时，施工次序的确定

m 个施工段多于3道工序时，求解最优施工次序比较复杂，但仍可将工序按一定的

方式进行组合，将其变成虚拟的 2 道工序，然后按约翰逊-贝尔曼法则确定较优的施工次序。

由于组合的方式很多，每一次只能得到较优的施工次序，只有列出所有组合方式，从众多较优解中找到最优施工次序。但是，即使没有列出所有组合方式，也可得到相对最优解。

【例 3.9】 某施工任务有 4 个施工段，每个施工段有 4 个相同的施工工序，流水节拍表见表 3.10，求最优施工次序及最短总工期。

表 3.10 流 水 节 拍 表

工序＼施工段	A	B	C	D
a	6	2	5	3
b	4	7	1	2
c	8	9	3	6
d	1	5	4	8

解：

（1）若不排序，按直接编阵法（表 3.11）可得到正常次序组织施工的总工期为 44 天。

表 3.11 直接编阵法确定总工期

工序＼施工段	A	B	C	D
a	6	2(8)	5(13)	3(16)
b	4(10)	7(17)	1(18)	2(20)
c	8(18)	9(27)	3(30)	6(36)
d	1(19)	5(32)	4(36)	8(44)

（2）组合 1 见表 3.12。

表 3.12 组 合 1 流 水 节 拍 表

工序＼施工段	A	B	C	D
a＋b	10	9	6	5
c＋d	9	14	7	14
最优次序	D	C	B	A

按 DCBA 次序组织施工，总工期为 35 天。

（3）组合 2 见表 3.13。

表 3.13   组合 2 流水节拍表

工序　＼　施工段	A	B	C	D
a＋c	14	11	8	9
b＋d	5	12	5	10
最优次序	D	B	C	A

按 DBCA 次序组织施工，总工期为 33 天。

（4）组合 3 见表 3.14。

表 3.14   组合 3 流水节拍表

工序　＼　施工段	A	B	C	D
a＋d	7	7	9	11
b＋c	12	16	4	8
最优次序	B	A	D	C

按 BADC 次序组织施工，总工期为 44 天。

（5）组合 4 见表 3.15。

表 3.15   组合 4 流水节拍表

工序　＼　施工段	A	B	C	D
a	6	2	5	3
b＋c＋d	13	21	8	16
最优次序	B	D	C	A

按 BDCA 次序组织施工，总工期为 37 天。

（6）组合 5 见表 3.16。

表 3.16   组合 5 流水节拍表

工序　＼　施工段	A	B	C	D
a＋b＋c	18	18	9	11
d	1	5	4	8
最优次序	D	B	C	A

组合结果同组合 2，总工期为 33 天。

从以上 5 种组合中找出最优次序为 DBCA，总工期为 33 天，比按 ABCD 正常次序施工总工期缩短了 11 天。

复 习 思 考 题

一、填空题

1. 建筑施工作业可采取多种方式，常采用的施工方式有_____、_____、_____。

2. 流水施工的参数按其性质的不同分为_____、_____、_____。

3. _____是指从事某一施工过程的专业施工班组，在施工段上施工作业的持续时间。

4. _____是指在流水施工过程中，相邻的两个专业班组，在保持其工艺先后顺序、满足连续施工要求和时间上最大搭接的条件下，相继投入流水施工的时间间隔。

5. 有节奏流水施工分为_____、_____。

6. 无节奏流水施工的组织方法有_____、_____、_____。

二、简答题

1. 施工段的划分应遵循的原则有哪些？

2. 无节奏流水施工有哪些特点？

3. 简述紧凑式和连续式组织流水施工的优缺点。

学习项目4　网络计划技术

【学习目标】　通过本项目的学习，了解网络计划及其分类；了解网络计划和横道计划的优缺点；掌握双代号网络图的组成和绘制方法步骤；掌握双代号网络图的时间参数的计算；掌握双代号网络图关键线路判别的方法；掌握时标网络图绘制的方法步骤；掌握时标网络图时间参数计算和关键线路判别；了解网络计划的优化；掌握单代号网络图的绘制；掌握单代号网络图的参数计算和关键线路的判别；了解单代号搭接网络图。

学习情境4.1　网络计划的概念

网络计划技术是利用网络计划进行生产组织与管理的一种方法。在工业发达国家被广泛应用在工业、农业、国防等各个领域，它具有模型直观、重点突出，有利于计划的控制、调整、优化和便于采用计算机处理的特点。这种方法主要用于进行规划、计划和实施控制，是国外发达国家建筑业公认的目前最先进的计划管理方法之一。

我国建筑企业自20世纪60年代开始应用这种方法来安排施工进度计划，在提高企业管理水平、缩短工期、提高劳动生产率和降低成本等方面，都取得了显著效果。

4.1.1　网络计划的分类

按照不同的分类原则，可以将网络计划分成不同的类别。

1. **按表示方法分类**

（1）单代号网络计划。用单代号表示法绘制的网络图。网络图中，每个节点表示一项工作，箭线仅用来表示各项工作间相互制约、相互依赖关系，如图4.1所示。

（2）双代号网络计划。用双代号表示法绘制的网络图。其网络图是由若干个表示工作项目的箭线及其两端的节点所构成的网状图形。目前施工企业多采用这种网络计划，如图4.2所示。

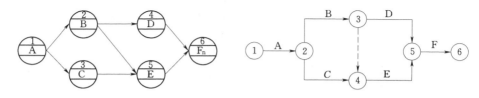

图4.1　单代号网络图　　　　　　　　图4.2　双代号网络图

2. **按目标分类**

（1）单目标网络计划是指只有一个终点节点的网络计划，即网络图只具有一个工期目标。如一个建筑物的网络施工进度计划大多只具有一个工期目标，如图4.3所示。

（2）多目标网络计划是指终点节点不止一个的网络计划。此种网络计划具有若干个独立的工期目标，如图4.4所示。

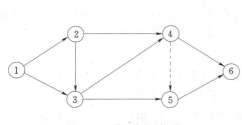

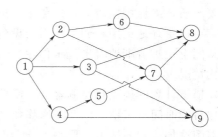

图 4.3　单目标网络图　　　　　　　　图 4.4　多目标网络图

3. 按有无时间坐标分类

（1）时标网络计划。时标网络计划是指以时间坐标为尺度绘制的网络计划。网络图中每项工作箭线的水平投影长度，与其持续时间成正比。如编制资源优化的网络计划即为时标网络计划。目前，时标网络计划的应用较为广泛。

（2）非时标网络计划。非时标网络计划是指不按时间坐标绘制的网络计划。网络图中工作箭线长短与持续时间无关，可按需要绘制。普通双代号、单代号网络计划都是非时标网络计划。

4. 按性质分类

（1）肯定型网络计划。肯定型网络计划是指工作、工作与工作之间的逻辑关系以及工作持续时间都肯定的网络计划。在这种网络计划中，各项工作的持续时间都是确定的单一的数值，整个网络计划有确定的工期。

（2）非肯定型网络计划。非肯定型网络计划是指工作、工作与工作之间的逻辑关系和工作持续时间三者中一项或多项不肯定的网络计划。计划评审技术和图示评审技术就属于非肯定型网络计划。

5. 按层次分类

（1）综合网络计划。指以整个计划任务为对象编制的网络计划，如群体网络计划或单项工程网络计划。

（2）单位工程网络计划。指以一个单位工程或单体工程为对象编制的网络计划。

（3）局部网络计划。指以计划任务的某一部分为对象编制的网络计划，如分部工程网络图。

4.1.2　网络图与横道图的特点分析

（1）网络计划技术既是一种科学的计划方法，又是一种有效的生产管理方法。网络计划技术作为一种计划的编制和表达方法与常用的横道计划法具有同样的功能。对一项工程的施工安排，用这两种计划方法中的任何一种都可以把它表达出来，成为一定形式的书面计划。但是由于表达形式不同，它们所发挥的作用也就不同。

（2）网络计划以加注作业持续时间的箭线（双代号表示法）和节点组成的网状图形来表示工程施工的进度。而横道计划则是以横向线条结合时间坐标来表示工程各工作的施工起止时间和先后顺序，整个计划由一系列的横道线段组成。

（3）网络计划的优点是把施工过程中的各有关工作组成了一个有机的整体，因而能全面而明确地反映出各工作之间相互制约和相互依赖的关系。它可以进行各种时间计算，能在工作繁多、错综复杂的计划中找出影响工程进度的关键工作，便于管理人员集中精力解决施工中的主要矛盾，确保按期竣工，避免盲目抢工。通过利用网络计划中反映出来的各工作的机动时间，可以更好地运用和调配人力与设备，节约人力、物力，达到降低成本的目的。它的缺点是从图上很难清晰地看出流水作业的情况，也难以根据一般网络图算出人力及资源需要量的变化情况。

（4）横道计划的优点是绘制容易、简单直观。因为有时间坐标，各项工作的施工起始时间、作业持续时间、工期，以及流水作业的情况等都表示得清楚明确。对人力和资源的计算也便于据图叠加。它的缺点主要是不能全面地反映出各工作相互之间的影响关系，不便进行各种时间计算，不能客观地突出工作的重点（影响工期的关键工作），也不能从图中看出计划中的潜力所在。这些缺点的存在，对改进和加强施工管理工作是不利的。

【例 4.1】 某钢筋混凝土工程包括支模板，绑扎钢筋，浇筑混凝土 3 个施工过程，分 3 段施工，流水节拍分别为 $t_A=3$ 天，$t_B=2$ 天，$t_C=1$ 天，通过横道计划和网络计划的对比，分别说明两种计划的优缺点。

解：

（1）该工程的横道计划图如图 4.5 所示。

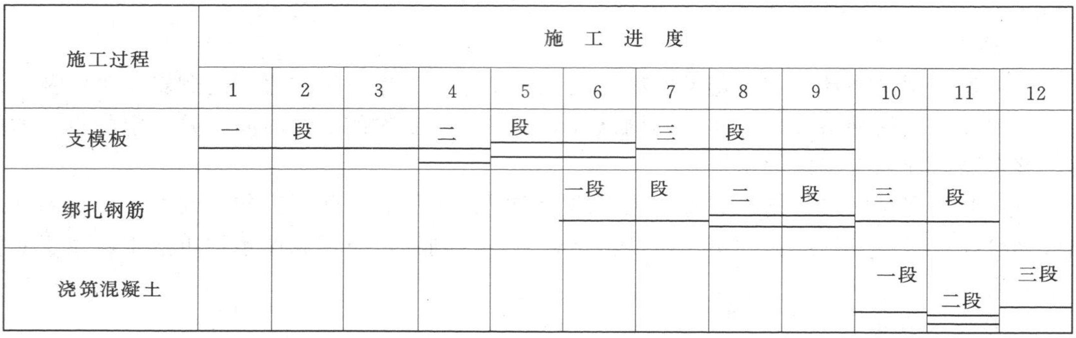

施工过程
施 工 进 度
1
2
3
4
5
6
7
8
9
10
11
12
支模板
一
段
二
段
三
段
绑扎钢筋
一段
段
二
段
三
段
浇筑混凝土
一段
二段
三段

图 4.5 横道计划

支模 1
支模 2
支模 3
钢筋 1
钢筋 2
钢筋 3
混凝土 1
混凝土 2
混凝土 3
1
2
3
4
5
6
7
8
9
10

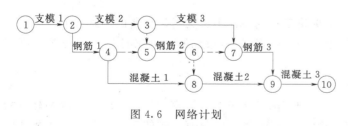

图 4.6 网络计划

（2）该工程的网络计划如图 4.6 所示。

（3）横道计划的优缺点。

1）优点：

a. 编制简单，表达直观明了。

b. 结合时间坐标，各项工作的起止时间、作业持续时间、工作进度、总工期以及流水作业的情况都能一目了然。

c. 对人力和其他资源的计算便于根据图形叠加。

2）缺点：

a. 不能全面地反映各项工作间错综复杂、相互联系、相互制约的关系。

b. 不能明确指出哪些工作是关键工作，哪条线路是关键线路，看不出工作可灵活使用的机动时间，因而抓不住工作的重点，看不到潜力所在，而无法进行合理的组织安排和指挥生产。

c. 不能使用计算机进行计算和优化。

（4）网络计划的优缺点。

1）优点：

a. 把施工过程各有关工作组成一个有机的整体，全面、明确地反映出各项工作间相互制约、相互依赖的关系。

b. 通过对各项工作时间参数的计算，能确定对全局性有影响的关键工作和关键线路，便于管理人员抓住施工中的主要矛盾，集中精力，确保工期，避免盲目抢工，同时，利用各项工作的机动时间，充分调配人力、物力，达到降低成本的目的。

c. 利用电子计算机对复杂的计划进行计算、调整与优化，实现计划管理的科学化。

d. 在计划的实施过程中进行有效的控制与调整，取得良好的经济效益。

2）缺点：

a. 不能清晰、直观地反映出流水作业的情况。

b. 对一般的网络计划，其人力和资源的计算，不能利用叠加方法。

学习情境 4.2 双代号网络计划

4.2.1 双代号网络图的组成

双代号网络图主要由箭线、节点和线路三个基本要素组成。

4.2.1.1 箭线

双代号网络图中，箭线即工作，一条箭线代表一项工作。箭线的方向表示工作的开展方向，箭尾表示工作的开始，箭头表示工作的结束，如图 4.7 所示。

1. 双代号网络图中工作的性质

双代号网络图中的工作可分为实工作和虚工作。

（1）实工作。对于一项实际存在的工作，它消耗了一定的资源和时间，称为实工作。对于只消耗时间而不消耗资源的工作，如混凝土的养护，也作为一项实工作考虑。实工作用实箭线表示，将工作的名称标注于箭线上方，工作持续的时间标注于箭线的下方，如图 4.7（a）所示。

（2）虚工作。在双代号网络图中，既不消耗时间也不消耗资源，表示工作之间逻辑关系的工作，称为虚工作。虚工作用虚箭线表示，如图 4.7（b）所示。

图 4.7 双代号网络图中一项工作的表达形式
（a）实工作；（b）虚工作

2. 双代号网络图中工作间的关系

按照双代号网络图中工作之间的相互关系可将工作分为以下几种类型：

（1）紧前工作——紧排在本工作之前的工作。

（2）紧后工作——紧排在本工作之后的工作。

（3）平行工作——可与本工作同时进行的工作。

（4）起始工作——没有紧前工作的工作。

（5）结束工作——没有紧后工作的工作。

（6）先行工作——自起始工作开始至本工作之前的所有工作。

（7）后续工作——本工作之后至整个工程完工为止的所有工作。

其中，紧前工作、紧后工作和平行工作用图形表达，如图 4.8 所示。

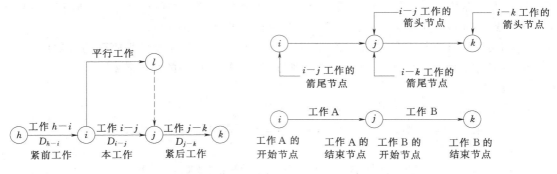

图 4.8 双代号网络图工作的关系　　　　图 4.9 双代号网络图节点示意图

4.2.1.2 节点

在双代号网络图中，圆圈"○"代表节点。节点表示一项工作的开始时刻或结束时刻，同时它是工作的连接点，如图 4.9 所示。

1. 节点的分类

一项工作，箭线指向的节点是工作的结束节点；引出箭线的节点是工作的开始节点。一项网络计划的第一个节点，称为该项网络计划的起始节点，它是整个项目计划的开始节点；一项网络计划的最后一个节点，称为终点节点，表示一项计划的结束。其余节点称为中间节点，如图 4.9 所示。

2. 节点的编号

为了便于网络图的检查和计算，需对网络图各节点进行编号。编号由起始节点顺箭线方向至终点节点由小到大进行编制。要求每一项工作的开始节点号码小于结束节点号码，以不同的编码代表不同的工作；不重号，不漏编。可采用不连续编号方法，以备网络图调整时留出备用节点号。

4.2.1.3 线路

网络图中，由起始节点沿箭线方向经过一系列箭线与节点至终点节点，所形成的路线，称为线路。如图 4.10 所示的网络图中共有 3 条线路。

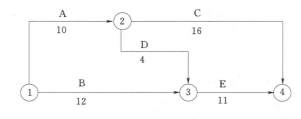

图 4.10 某双代号网络图

1. 关键线路与非关键线路

在一项计划的所有线路中，持续时间最长的线路，其对整个工程的完工起着决定性作用，称为关键线路，其余线路称为非关键线路。关键线路的持续时间即为该项计划的工期。在网络图中一般以双箭线、粗箭线或其他颜色箭线表示关键线路。

2. 关键工作与非关键工作

位于关键线路上的工作称为关键工作，

非关键线路上的工作，除关键工作外其余均为非关键工作。关键工作完成的快慢直接影响整个计划工期的实现。非关键工作有机动时间可利用，但拖延了某些非关键工作的持续时间，非关键线路有可能转化为关键线路。同样的，缩短某些关键工作持续时间，关键线路有可能转化为非关键线路。

如图4.10中，共有3条线路：①→②→③→④、①→②→④、①→③→④，根据各工作持续时间可知，线路①→②→④持续时间最长，为关键线路，这条线路上的各项工作均为关键工作。

4.2.2 双代号网络的绘制

4.2.2.1 双代号网络图逻辑关系的表达方法

1. 逻辑关系

网络图中的逻辑关系是指表示一项工作与其他有关工作之间相互联系与制约的关系，即各个工作在工艺上、组织管理上所要求的先后顺序关系。项目之间的逻辑关系取决于工程项目的性质和轻重缓急、施工组织、施工技术等许多因素。逻辑关系包括工艺关系和组织关系。

（1）工艺关系。由施工工艺决定的施工顺序关系。这种关系是确定不能随意更改的。如土坝坝面作业的工艺顺序为：铺土、平土、晾晒或洒水、压实、刨毛等。这些在施工工艺上，都有必须遵循的逻辑关系，是不能违反的。

（2）组织关系。即由施工组织安排决定的施工顺序关系。如工艺没有明确规定先后顺序关系的工作，考虑到其他因素的影响而人为安排的施工顺序关系。例如，采用全段围堰明渠导流时，要求在截流以前完成明渠施工、截流备料、戗堤进占等工作。由组织关系所决定的衔接顺序，一般是可以改变的。

2. 逻辑关系的正确表达方法。

表4.1是双代号网络图中常见工作的逻辑关系表达方法。

表 4.1   **双代号网络图中常见工作的逻辑关系表达方法**

序号	工作间的逻辑关系	网络图中的表达方法	说 明
1	A工作完成后进行B工作		A工作的结束节点是B工作的开始节点
2	A、B、C三项工作同时开始		三项工作具有同时的开始节点
3	A、B、C三项工作同时结束		三项工作具有同时的结束节点

序号	工作间的逻辑关系	网络图中的表达方法	说　明
4	A工作完成后进行B和C工作	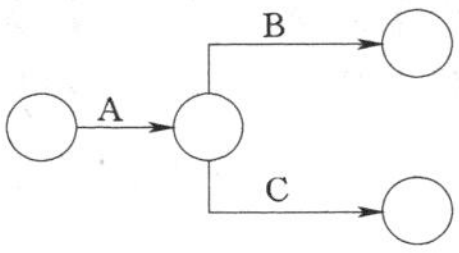	A工作的结束节点是B、C工作的开始节点
5	A、B工作完成后进行C工作	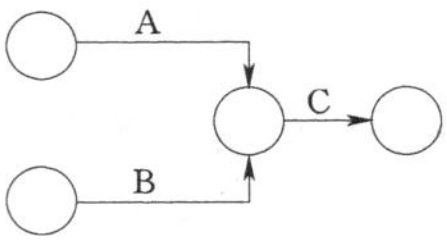	A、B工作的结束节点是C工作的开始节点
6	A、B工作完成后进行C、D工作	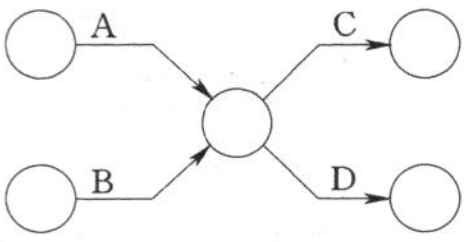	A、B工作的结束节点是C、D工作的开始节点
7	A工作完成后进行C工作 A、B工作完成后进行D工作	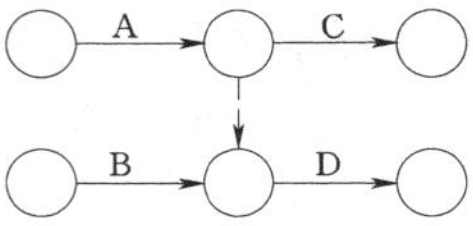	引入虚箭线，使A工作成为D工作的紧前工作
8	A、B工作完成后进行D工作 B、C工作完成后进行E工作	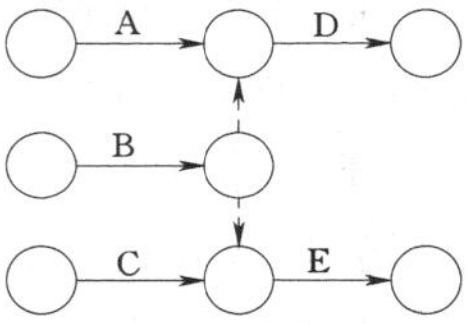	引入两道虚箭线，使B工作成为D、E工作的紧前工作
9	A、B、C工作完成后进行D工作 B、C工作完成后进行E工作	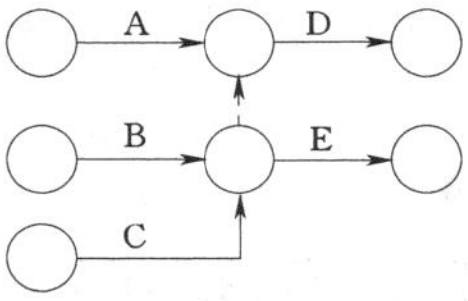	引入虚箭线，使B、C工作成为D工作的紧前工作
10	A、B两个施工过程，按三个施工段流水施工	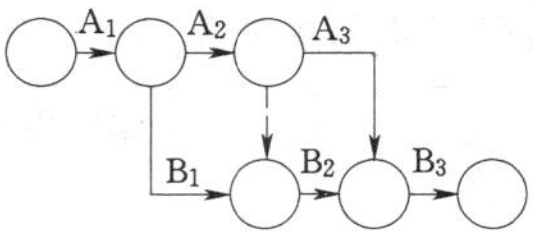	引入虚箭线，B_2工作的开始受到A_2和B_1两项工作的制约

4.2.2.2　双代号网络图中虚工作的应用

在双代号网络图中，虚工作一般起着联系、区分和断路的作用。

1. 联系作用

引入虚工作，将有组织联系或工艺联系的相关工作用虚箭线连接起来，确保逻辑关系的正确。如表4.1第10项所列，B_2工作的开始，从组织联系上讲，需在B_1工作完成后才能进行；从工艺联系上讲，B_2工作的开始，须在A_2工作结束后进行，引入虚箭线，表达这一工艺联系。

2. 区分作用

双代号网络图中，以两个代号表示一项工作，对于同时开始，同时结束的两个平行工作的表达，需引入虚工作以示区别，如图4.11所示。

3. 断路作用

引入虚工作，在线路上隔断无逻辑关系的各项工作。产生错误的地方总是在同时有多条内向和外向箭线的节点处。如图4.12中的③→⑤的虚工作。

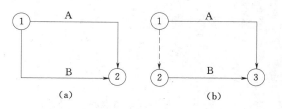

图4.11 虚工作的区分作用
(a) 错误表达；(b) 正确表达

【例4.2】 某现浇楼板工程，有三项施工过程（支模板、扎钢筋、浇筑混凝土），分三段施工，绘制了如图4.13所示的双代号网络图。

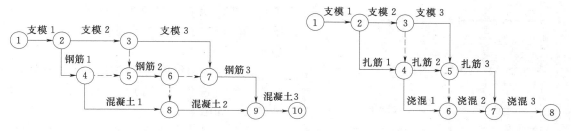

图4.12 某流水网络图

图4.13 存在错误的双代号网络图

试找出图4.13所示网络图中的错误，并绘制出正确的网络图。

解：

（1）存在错误。第一施工段的浇筑混凝土与第二施工段的支模板没有逻辑上的关系，同样第二施工段的浇筑混凝土与第三施工段的支模板也没有逻辑上的关系，但在图中却连起来了，这是网络图中原则性的错误。

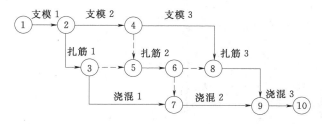

图4.14 修改后正确的网络图

（2）错误原因。把前后具有不同工作性质、不同关系的工作用一个节点连接起来所致。

（3）解决方法。引入虚工作。

（4）正确画法。如图4.14所示。

4.2.2.3 双代号网络图的绘图规则

（1）双代号网络图必须正确表达已定的逻辑关系。

（2）双代号网络图中应只有一个起始节点和一个终点节点（多目标网络计划除外），而其他所有节点均应是中间节点。

（3）双代号网络图中，严禁出现循环回路。所谓循环回路是指从网络图中的某一个节点出发，顺着箭线方向又回到了原来出发点的线路，如图4.15所示。

（4）双代号网络图中，在节点之间严禁出现带双向箭头或无箭头的连线，如图4.16所示。

（5）双代号网络图中，严禁出现没有箭头节点或没有箭尾节点的箭线，如图4.17所示。

（6）当双代号网络图的某些节点有多条外向箭线或多条内向箭线时，为使图形简洁，可

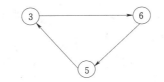

图 4.15　错误的循环回路

图 4.16　错误的箭线画法

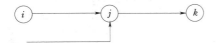

图 4.17　没有箭头或箭尾节点的箭线

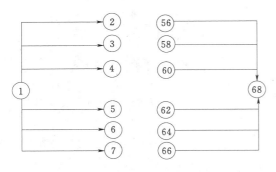

图 4.18　母线表示方法

使用母线法绘制（但应满足一项工作用一条箭线和相应的一对结点表示），如图 4.18 所示。

（7）绘制网络图时，箭线尽量避免交叉；当交叉不可避免时，可用过桥法或指向法或断线法，如图 4.19 所示。

（8）一对节点之间只能有一条箭线，如图 4.20 所示。

（9）网络图中，不允许出现编号相同的节点或工作。

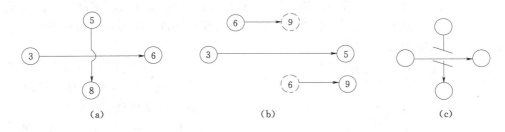

（a）　　　　　　　　（b）　　　　　　　　（c）

图 4.19　箭线交叉的表示方法

（a）过桥法；（b）指向法；（c）断线法

（10）正确利用虚箭线，力求减少不必要的虚箭线。

4.2.2.4　双代号网络图的绘制方法与步骤

1.绘制方法

双代号网络图绘制方法有两种，一种是利用各种之间的逻辑关系直接绘制，另一种是利用节点位置号绘制。现讲述利用节点位置号绘制方法。

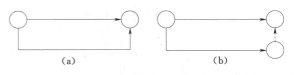

（a）　　　　　　　（b）

图 4.20　两节点之间箭线的表示方法

（a）错误；（b）正确

为使双代号网络图绘制简洁、美观，宜用水平箭线和垂直箭线表示。在绘制之前，先确定出节点的位置号，再按照节点位置及逻辑关系绘制网络图。

节点位置号确定方法如下：

（1）无紧前工作的工作，开始节点位置号为 0。

（2）有紧前工作的工作，其开始节点位置号等于其紧前工作的开始节点位置号的最大值加 1。

（3）有紧后工作的工作，其结束节点位置号等于其紧后工作的开始节点位置号的最小值。

（4）无紧后工作的工作，其结束节点位置号等于网络图中除无紧后工作的工作外，其他工作的终点节点位置号最大值加 1。

2. 绘制步骤

（1）根据已知的紧前工作确定紧后工作（或反之）。

（2）确定出各工作的开始节点位置号和终点节点位置号。

（3）根据节点位置号和逻辑关系绘出网络图。

（4）检查、编号。

在绘制时，若没有工作之间出现相同的紧后工作或者工作之间只有相同的紧后工作，则肯定没有虚箭线；若工作之间既有相同的紧后工作，又有不同的紧后工作，则肯定有虚箭线；到相同的紧后工作用虚箭线，到不同的紧后工作则无虚箭线。

【例 4.3】 已知某工程项目的各工作之间的逻辑关系见表 4.2，画出网络图。

表 4.2　　　　　　　　　　　　　　　工 作 逻 辑 关 系

工作	A	B	C	D	E	F	G	H	I
紧前工作	无	A	B	B	B	C、D	C、E	C	F、G、H

解：

（1）列出关系表，确定紧后工作和各工作的节点位置号，见表 4.3。

表 4.3　　　　　　　　　　　　　　各工作之间的关系表

工作	A	B	C	D	E	F	G	H	I
紧前工作	无	A	B	B	B	C、D	C、E	C	F、G、H
紧后工作	B	C、D、E	F、G、H	F	G	I	I	I	无
开始节点位置号	0	1	2	2	2	3	3	3	4
结束节点位置号	1	2	3	3	3	4	4	4	5

（2）根据逻辑关系和节点位置号，绘出网络图，如图 4.21 所示。

由表 4.3 可知，显然 C 和 D 有共同的紧后工作 F 和不同的紧后工作 G、H，所以有虚箭线；C 和 E 有共同的紧后工作 G 和不同的紧后工作 F、H，所以也有虚箭线。其他均无虚箭线。

4.2.3　双代号网络计划时间参数计算

双代号网络计划时间参数计算的目的在于通过计算各项工作的时间参数，确定网络计划的关键工作、关键线路和计算工期，为网络计划的优化、调整和执行提供明确的时间参数。双代号网络计划时间参数的计算方法很多，一般常用的有：按工作计算法和按节点计算法进行计算；在计算方式上又有分析计算法、表上计算法、图上计算法、矩阵计算法和电算法等。本节只介绍图上进行计算的方法（图上计算法）。

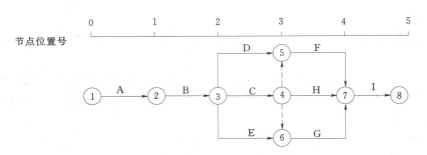

图 4.21 [例 4.3] 的网络图

4.2.3.1 时间参数的概念及其符号

1. 工作持续时间 (D_{i-j})

工作持续时间是对一项工作规定的从开始到完成的时间。在双代号网络计划中，工作 $i-j$ 的持续时间用 D_{i-j} 表示。

2. 工期 (T)

工期泛指完成任务所需要的时间，一般有以下三种：

（1）计算工期：根据网络计划时间参数计算出来的工期，用 T_c 表示。

（2）要求工期：任务委托人所要求的工期，用 T_r 表示。

（3）计划工期：在要求工期和计算工期的基础上综合考虑需要和可能而确定的工期，用 T_p 表示。网络计划的计划工期 T_p 应按下列情况分别确定：

1）当已规定了要求工期 T_r 时

$$T_p \leqslant T_r$$

2）当未规定要求工期时，可令计划工期等于计算工期。

$$T_p = T_c$$

3. 节点最早时间和最迟时间

ET_i 为节点最早时间，表示以该节点为开始节点的各项工作的最早开始时间；LT_i 为节点最迟时间，表示以该节点为完成节点的各项工作的最迟完成时间。

4. 网络计划中工作的 6 个时间参数

（1）最早开始时间 (ES_{i-j})。是指在各紧前工作全部完成后，本工作有可能开始的最早时刻。工作 $i-j$ 的最早开始时间用 ES_{i-j} 表示。

（2）最早完成时间 (EF_{i-j})。是指在各紧前工作全部完成后，本工作有可能完成的最早时刻。工作 $i-j$ 的最早完成时间用 EF_{i-j} 表示。

（3）最迟开始时间 (LS_{i-j})。是指在不影响整个任务按期完成的前提下，工作必须开始的最迟时刻。工作 $i-j$ 的最迟开始时间用 LS_{i-j} 表示。

（4）最迟完成时间 (LF_{i-j})。是指在不影响整个任务按期完成的前提下，工作必须完成的最迟时刻。工作 $i-j$ 的最迟完成时间用 LF_{i-j} 表示。

（5）总时差 (TF_{i-j})。是指在不影响总工期的前提下，本工作可以利用的机动时间。工作 $i-j$ 的总时差用 TF_{i-j} 表示。

（6）自由时差 (FF_{i-j})。是指在不影响其紧后工作最早开始的前提下，本工作可以利用的机动时间。工作 $i-j$ 的自由时差用 FF_{i-j} 表示。

按工作计算法计算网络计划中各时间参数，其计算结果应标注在箭线之上，如图4.22所示。

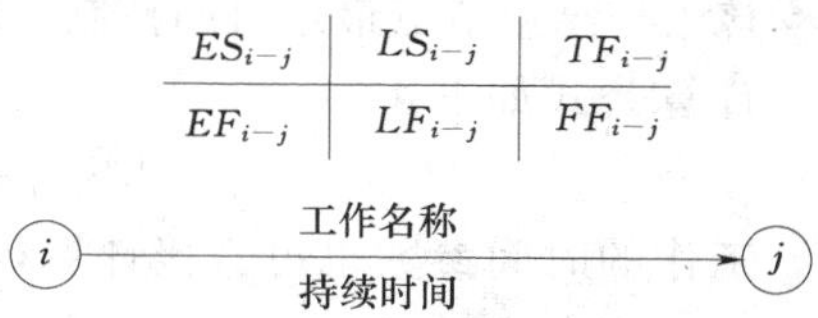

图4.22 工作时间参数标注形式

4.2.3.2 双代号网络计划时间参数计算

在网络图上计算6个工作时间参数，必须在清楚计算顺序和计算步骤的基础上，列出必要的公式，以加深对时间参数计算的理解。时间参数的计算步骤如下。

1. 节点时间参数

（1）计算 ET_i。节点时间是指某个瞬时或时点，最早时间的含义是该节点之前的所有工作最早在此时刻都能结束，该节点之后的工作最早在此时刻才能开始。

其计算规则是从网络图的起始节点开始，沿箭头方向逐点向后计算，直至终止节点。方法是"顺着箭头方向相加，逢箭头相碰的节点取最大值"。

计算公式如下：

1）开始节点的最早时间。

$$TE_i = 0 \tag{4.1}$$

2）中间节点的最早时间。

$$TE_j = \max[TE_i + D_{i-j}] \tag{4.2}$$

（2）计算 LT_i。节点最迟时间的含义是该节点之前的诸工作最迟在此时刻必须结束，该节点之后的工作最迟在此时刻必须开始。

其计算规则是从网络图终止节点 n 开始，逆箭头方向逐点向前计算直至起始节点。方法是"逆着箭线方向相减，逢箭尾相碰的节点取最小值"。

计算公式如下：

1）终止节点的最迟时间。

$$LT_n = ET_n（或规定工期） \tag{4.3}$$

2）中间节点的最迟时间。

$$LT_i = \min[LT_j - D_{i-j}] \tag{4.4}$$

2. 工作时间参数

（1）最早开始时间（ES）。工作最早开始时间的含义是该工作最早此时刻才能开始。它受该工作开始节点最早时间控制，即等于该工作开始节点的最早时间。

计算公式如下：

$$ES_{i-j} = ET_i \tag{4.5}$$

（2）最早完成时间（EF）。工作最早完成时间的含义是该工作最早此时刻才能结束，它受该工作开始节点最早时间控制，即等于该工作开始节点最早时间加上该项工作的持续时间。

计算公式如下：

$$EF_{i-j} = ET_i + D_{i-j} = ES_{i-j} + D_{i-j} \tag{4.6}$$

（3）最迟完成时间（LF）。工作最迟完成时间的含义是该工作此时刻必须完成。它受工作结束节点最迟时间控制，即等于该项工作结束节点的最迟时间。

计算公式如下：

$$LF_{i-j} = LT_j \tag{4.7}$$

（4）工作最迟开始时间（LS）。工作最迟开始时间的含义是该工作最迟此时刻必须开始。

它受该工作结束节点最迟时间控制，即等于该工作结束节点的最迟时间减去该工作持续时间。

计算公式如下：

$$LS_{i-j}=LT_j-D_{i-j}=LF_{i-j}-D_{i-j} \tag{4.8}$$

工作的时间参数也可直接计算，计算方法与公式见［例4.4］。

3. 工作时差参数

（1）工作总时差（TF）。工作总时差的含义是该工作可能利用的最大机动时间。在这个时间范围内若延长或推迟本工作时间，不会影响总工期。求出节点或工作的开始和完成时间参数后，即可计算该工作总时差。其数值等于该工作结束节点的最迟时间减去该工作开始节点的最早时间，再减去该工作的持续时间。

计算公式为

$$TF_{i-j}=LT_j-ET_i-D_{i-j}=LF_{i-j}-EF_{i-j}=LS_{i-j}-ES_{i-j} \tag{4.9}$$

总时差主要用于控制计划总工期和判断关键工作。凡是总时差为最小的工作就是关键工作（一般总时差为零），其余工作为非关键工作。

（2）工作自由时差（FF）。工作自由时差的含义是在不影响紧后工作按最早可能开始时间开始的前提下，该工作能够自由支配的机动时间。其数值等于该工作结束节点的最早时间减去该工作开始节点的最早时间再减去该工作的持续时间。

计算公式是

$$FF_{i-j}=ET_j-ET_i-D_{i-j}=ES_{j-k}-ES_{i-j}-D_{i-j}=ES_{j-k}-EF_{i-j} \tag{4.10}$$

【例4.4】 计算图4.23网络的时间参数，并用六时标注法标在图上。

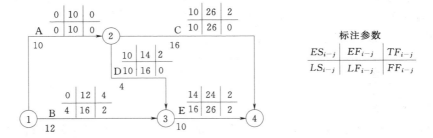

图4.23 网络计划时间参数

解：

（1）计算 ET_i。

$$ET_1=0$$

$$ET_2=ET_1+D_{1-2}=0+10=10$$

$$ET_3=\max\begin{cases}ET_2+D_{2-3}=10+4=14\\ET_1+D_{1-3}=0+12=12\end{cases}=14$$

$$ET_4=\max\begin{cases}ET_2+D_{2-4}=10+16=26\\ET_3+D_{3-4}=14+10=24\end{cases}=26$$

（2）计算 LT_i。

$$LT_4=ET_4=26$$

$$LT_3=LT_4-D_{3-4}=26-10=16$$

$$LT_2 = \min \left\{ \begin{array}{l} LT_4 - D_{2-4} = 26 - 16 = 10 \\ LT_3 - D_{2-3} = 16 - 4 = 12 \end{array} \right\} = 10$$

$$LT_1 = \min \left\{ \begin{array}{l} LT_3 - D_{1-3} = 26 - 16 = 10 \\ LT_2 - D_{1-2} = 10 - 10 = 0 \end{array} \right\} = 0$$

（3）计算 ES_{i-j}。

$$ES_{1-2} = ET_1 = 0$$
$$ES_{1-3} = ET_1 = 0$$
$$ES_{2-3} = ET_2 = 10$$
$$ES_{2-4} = ET_2 = 10$$
$$ES_{3-4} = ET_3 = 14$$

（4）计算 EF_{i-j}。

$$EF_{1-2} = ES_{1-2} + D_{1-2} = 0 + 10 = 10$$
$$EF_{1-3} = ES_{1-3} + D_{1-3} = 0 + 12 = 12$$
$$EF_{2-3} = ES_{2-3} + D_{2-3} = 10 + 4 = 14$$
$$EF_{2-4} = ES_{2-4} + D_{2-4} = 10 + 16 = 26$$
$$EF_{3-4} = ES_{3-4} + D_{3-4} = 14 + 10 = 24$$

（5）计算 LF_{i-j}。

$$LF_{1-2} = LT_2 = 10$$
$$LF_{1-3} = LT_3 = 16$$
$$LF_{2-3} = LT_3 = 16$$
$$LF_{2-4} = LT_4 = 26$$
$$LF_{3-4} = LT_4 = 26$$

（6）计算 LS_{i-j}。

$$LS_{1-2} = LF_{1-2} - D_{1-2} = 10 - 10 = 0$$
$$LS_{1-3} = LF_{1-3} - D_{1-3} = 16 - 12 = 4$$
$$LS_{2-3} = LF_{2-3} - D_{2-3} = 16 - 4 = 12$$
$$LS_{2-4} = LF_{2-4} - D_{2-4} = 26 - 16 = 10$$
$$LS_{3-4} = LF_{3-4} - D_{3-4} = 26 - 10 = 16$$

（7）计算 TF_{i-j}。

$$TF_{1-2} = LS_{1-2} - ES_{1-2} = 0 - 0 = 0$$
$$TF_{1-3} = LS_{1-3} - ES_{1-3} = 4 - 0 = 4$$
$$TF_{2-3} = LS_{2-3} - ES_{2-3} = 12 - 10 = 2$$
$$TF_{2-4} = LS_{2-4} - ES_{2-4} = 10 - 10 = 0$$
$$TF_{3-4} = LS_{3-4} - ES_{3-4} = 16 - 14 = 2$$

（8）计算 FF_{i-j}。

$$FF_{1-2} = ET_2 - ET_1 - D_{1-2} = 10 - 0 - 10 = 0$$
$$FF_{1-3} = ET_3 - ET_1 - D_{1-3} = 14 - 0 - 12 = 2$$
$$FF_{2-3} = ET_3 - ET_2 - D_{2-3} = 14 - 10 - 4 = 0$$
$$FF_{2-4} = ET_4 - ET_2 - D_{2-4} = 26 - 10 - 16 = 0$$

$$FF_{3-4} = ET_4 - ET_3 - D_{3-4} = 26 - 14 - 10 = 2$$

把计算出的时间参数标注在网络图上，见图 4.23。

4.2.3.3 关键工作和关键线路的确定

1. 关键工作

总时差最小的工作是关键工作。

2. 关键线路

自始至终全部由关键工作组成的线路为关键线路，或线路上总的工作持续时间最长的线路为关键线路。

3. 关键线路确定的方法

（1）直接法：总时间持续最长的线路为关键线路。

（2）总时差最小法：总时差最小的工作相连的线路为关键线路。

（3）节点参数法：节点的两个时间参数相等且 $ET_i + D_{i-j} = ET_j$，此工作为关键工作，关键工作连起来的线路为关键线路。

（4）标号法：标号法是一种可以快速确定计算工期和关键线路的方法。它利用节点计算法的基本原理，对网络计划中的每一个节点进行标号，然后利用标号值（节点的最早时间）确定网络计划的计算工期和关键线路。

步骤如下：

1）确定节点标号值并标注。设网络计划起始节点的标号值为 0，即 $b_1 = 0$，其他节点的标号值等于以该节点为完成节点的各个工作的开始节点标号值加其持续时间之和的最大值，即

$$b_j = \max[b_i + D_{i-j}] \tag{4.11}$$

用双标号法进行标注，即用源节点（得出标号值的节点）作为第一标号，用标号值作为第二标号，标注在节点的上方。

2）计算工期：网络计划终点节点的标号值即为计算工期。

3）确定关键线路。从终点节点出发，依源节点号反跟踪到起始节点的线路即为关键线路。

（5）破圈法：在一个网络中有许多节点和线路，这些节点和线路形成了许多封闭的"圈"。这里所谓的"圈"是指在两个节点之间由两条线路连通该两个节点所形成的最小圈。破圈法是将网络中各个封闭圈的两条线路按各自所含工作的持续时间来进行比较，逐个"破圈"，直至圆圈不可破时为止，最后剩下的线路即为网络图的关键线路。

步骤：从起始节点到终点节点进行观察，凡遇到节点有两个及以上的内向箭线时，按线路工作时间长短，把较短线路流进的一个箭头去掉（注意只去掉一个），便可把较短路线断开。能从起始节点顺箭头方向走到终点节点的所有路线，便是关键线路。

【例 4.5】 某工程有表 4.4 所列的网络计划资料。

表 4.4 某工程的网络计划资料表

工作	A	B	C	D	E	F	H	G
紧前工作	—	—	B	B	A、C	A、C	D、F	D、E、F
持续时间/天	4	2	3	3	5	6	5	3

试绘制双代号网络图；若计划工期等于计算工期，计算各项工作的 6 个时间参数并确定关键线路，标注在网络计划上。

解：

（1）绘制双代号网络图。根据表 4.4 中网络计划的有关资料，按照网络图的绘图步骤和规则，绘制双代号网络图，如图 4.24 所示。

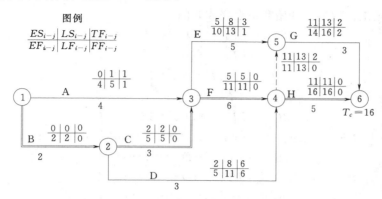

图 4.24　双代号网络图绘图实例

（2）计算各项工作的时间参数，并将计算结果标注在箭线上方相应的位置。

1）计算各项工作的最早开始时间和最早完成时间。从起始节点（①节点）开始顺着箭线方向依次逐项计算到终点节点（⑥节点）。

a. 以网络计划起始节点为开始节点的各工作的最早开始时间为零。

$$ES_{1-2}=ES_{1-3}=0$$

b. 计算各项工作的最早开始和最早完成时间。

$$EF_{1-2}=ES_{1-2}+D_{1-2}=0+2=2$$
$$EF_{1-3}=ES_{1-3}+D_{1-3}=0+4=4$$
$$ES_{2-3}=ES_{2-4}=EF_{1-2}=2$$
$$EF_{2-3}=ES_{2-3}+D_{2-3}=2+3=5$$
$$EF_{2-4}=ES_{2-4}+D_{2-4}=2+3=5$$
$$ES_{3-4}=ES_{3-5}=\max[EF_{1-3},EF_{2-3}]=\max[4,5]=5$$
$$EF_{3-4}=ES_{3-4}+D_{3-4}=5+6=11$$
$$EF_{3-5}=ES_{3-5}+D_{3-5}=5+5=10$$
$$ES_{4-6}=ES_{4-5}=\max[EF_{3-4},EF_{2-4}]=\max[11,5]=11$$
$$EF_{4-6}=ES_{4-6}+D_{4-6}=11+5=16$$
$$EF_{4-5}=11+0=11$$
$$ES_{5-6}=\max[EF_{3-5},EF_{4-5}]=\max[10,11]=11$$
$$ES_{5-6}=11+3=14$$

将以上计算结果标注在图 4.24 中的相应位置。

2）确定计算工期 T_c 及计划工期 T_p。

计算工期：$T_c=\max[EF_{5-6},EF_{4-6}]=\max[14,16]=16$

已知计划工期等于计算工期，即

计划工期：$T_p=T_c=16$

3）计算各项工作的最迟开始时间和最迟完成时间。从终点节点（⑥节点）开始逆着箭线方向依次逐项计算到起点节点（①节点）。

a. 以网络计划终点节点为箭头节点的工作的最迟完成时间等于计划工期。

$$LF_{4-6}=LF_{5-6}=16$$

b. 计算各项工作的最迟开始和最迟完成时间。

$$LS_{4-6}=LF_{4-6}-D_{4-6}=16-5=11$$
$$LS_{5-6}=LF_{5-6}-D_{5-6}=16-3=13$$
$$LF_{3-5}=LF_{4-5}=LS_{5-6}=13$$
$$LS_{3-5}=LF_{3-5}-D_{3-5}=13-5=8$$
$$LS_{4-5}=LF_{4-5}-D_{4-5}=13-0=13$$
$$LF_{2-4}=LF_{3-4}=\min[LS_{4-5},LS_{4-6}]=\min[13,11]=11$$
$$LS_{2-4}=LF_{2-4}-D_{2-4}=11-3=8$$
$$LS_{3-4}=LF_{3-4}-D_{3-4}=11-6=5$$
$$LF_{1-3}=LF_{2-3}=\min[LS_{3-4},LS_{3-5}]=\min[5,8]=5$$
$$LS_{1-3}=LF_{1-3}-D_{1-3}=5-4=1$$
$$LS_{2-3}=LF_{2-3}-D_{2-3}=5-3=2$$
$$LF_{1-2}=\min[LS_{2-3},LS_{2-4}]=\min[2,8]=2$$
$$LS_{1-2}=LF_{1-2}-D_{1-2}=2-2=0$$

4）计算各项工作的总时差：TF_{i-j}。可以用工作的最迟开始时间减去最早开始时间或用工作的最迟完成时间减去最早完成时间。

$$TF_{1-2}=LS_{1-2}-ES_{1-2}=0-0=0$$

或

$$TF_{1-2}=LF_{1-2}-EF_{1-2}=2-2=0$$
$$TF_{1-3}=LS_{1-3}-ES_{1-3}=1-0=1$$
$$TF_{2-3}=LS_{2-3}-ES_{2-3}=2-2=0$$
$$TF_{2-4}=LS_{2-4}-ES_{2-4}=8-2=6$$
$$TF_{3-4}=LS_{3-4}-ES_{3-4}=5-5=0$$
$$TF_{3-5}=LS_{3-5}-ES_{3-5}=8-5=3$$
$$TF_{4-6}=LS_{4-6}-ES_{4-6}=11-11=0$$
$$TF_{5-6}=LS_{5-6}-ES_{5-6}=13-11=2$$

将以上计算结果标注在图4.24中的相应位置。

5）计算各项工作的自由时差：TF_{i-j}。等于紧后工作的最早开始时间减去本工作的最早完成时间。

$$FF_{1-2}=ES_{2-3}-EF_{1-2}=2-2=0$$
$$FF_{1-3}=ES_{3-4}-EF_{1-3}=5-4=1$$
$$FF_{2-3}=ES_{3-5}-EF_{2-3}=5-5=0$$
$$FF_{2-4}=ES_{4-6}-EF_{2-4}=11-5=6$$
$$FF_{3-4}=ES_{4-6}-EF_{3-4}=11-11=0$$
$$FF_{3-5}=ES_{5-6}-EF_{3-5}=11-10=1$$
$$FF_{4-6}=T_P-EF_{4-6}=16-16=0$$
$$FF_{5-6}=T_P-EF_{5-6}=16-14=2$$

将以上计算结果标注在图 4.24 中的相应位置。

6）确定关键工作及关键线路。在图 4.24 中，最小的总时差是 0，所以，凡是总时差为 0 的工作均为关键工作。该例中的关键工作是：①，②→②，③→③，④→④，⑥（或关键工作是：B、C、F、H）。

在图 4.24 中，自始至终全由关键工作组成的关键线路是：①→②→③→④→⑥。关键线路用双箭线进行标注。

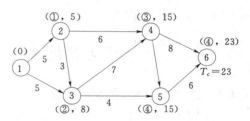

图 4.25　某工程项目双代号网络计划图

【例 4.6】　已知某工程项目双代号网络计划如图 4.25 所示。

试用标号法确定其计算工期和关键线路。

解：

（1）对网络计划进行标号，各节点的标号值计算如下，并标注在图 4.25 上。

$$b_1 = 0$$
$$b_2 = b_1 + D_{1-2} = 0 + 5 = 5$$
$$b_3 = \max[(b_1 + D_{1-3}), (b_2 + D_{2-3})] = \max[(0+5), (5+3)] = 8$$
$$b_4 = \max[(b_2 + D_{2-4}), (b_3 + D_{3-4})] = \max[(5+6), (8+7)] = 15$$
$$b_5 = \max[(b_4 + D_{4-5}), (b_3 + D_{3-5})] = \max[(15+0), (8+4)] = 15$$
$$b_6 = \max[(b_4 + D_{4-6}), (b_5 + D_{5-6})] = \max[(15+8), (15+6)] = 23$$

（2）确定关键线路：从终点节点出发，依源节点号反跟踪到开始节点的线路为关键线路，如图 4.25 所示，①→②→③→④→⑥为关键线路。

【例 4.7】　已知某工程项目双代号网络计划如图 4.26 所示。

试用破圈法确定其计算工期和关键线路。

解：

（1）从节点①开始，节点①、②、③形成了第一个圈，即到节点③有两条线路，一条是①→③，一条是①→②→③。①→③需要时间是 5，①→②→③需要时间是 7，因 7＞5 所以切断①→③。

（2）从节点②开始，节点②、③、④、⑤形成了第二个圈，即到节点⑤有两条线路，一条是②→③→④→⑤，一条是②→⑤。②→③→④→⑤需要时间是 10，②→⑤需要时间是 7，因 10＞7 所以切断②→⑤。

（3）同理可切断①→⑥；⑤→⑧→⑫；⑨→⑪，详见图 4.26 所示×。

（4）剩下的线路即为网络图的关键线路，如图 4.27 所示。关键线路有 3 条：①→②→

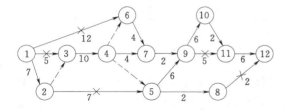

图 4.26　某工程项目双代号网络计划图

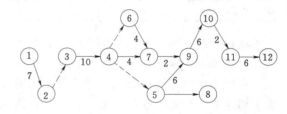

图 4.27　破圈法确定的关键线路

65

③→④→⑦→⑨→⑩→⑪→⑫；①→②→③→④→⑥→⑦→⑨→⑩→⑪→⑫；①→②→③→④→⑤→⑨→⑩→⑪→⑫。

学习情境4.3 双代号时标网络计划

4.3.1 时标网络计划的坐标体系

时间坐标网络计划，简称时标网络计划，是以水平时间坐标为尺度编制的双代号网络计划。

1. 双代号时标网络计划的一般规定

（1）时间坐标的时间单位应根据需要在编制网络计划之前确定，可为季、月、周、天等。

（2）时标网络计划应以实箭线表示实工作，以虚箭线表示虚工作，以波形线表示工作的自由时差。

（3）时标网络计划中所有符号在时间坐标上的水平投影位置，都必须与其时间参数相对应。节点中心必须对准相应的时标位置。

（4）虚工作必须以垂直方向的虚箭线表示，有自由时差时加水平波形线表示。

2. 双代号时标网络计划的特点

（1）时标网络计划兼有网络计划与横道计划的优点，它能够清楚地表明计划的时间进程，使用方便。

（2）时标网络计划能在图上直接显示出各项工作的开始与完成时间，工作的自由时差及关键线路。

（3）在时标网络计划中可以统计每一个单位时间对资源的需要量，以便进行资源优化和调整。

（4）由于箭线受到时间坐标的限制，当情况发生变化时，对网络计划的修改比较麻烦，往往要重新绘图。但在使用计算机以后，这一问题已较容易解决。

4.3.2 双代号时标网络计划的编制

时标网络计划宜按各个工作的最早开始时间编制。在编制时标网络计划之前，应先按已确定的时间单位绘制出时标计划表，见表4.5。

表 4.5 时 标 计 划 表

日历																
（时间单位）	1	2	3	4	5	6	7	8	9	10	11	12	13	14	15	16
网络计划																
（时间单位）	1	2	3	4	5	6	7	8	9	10	11	12	13	14	15	16

双代号时标网络计划的编制方法有两种。

1. 间接法绘制

先绘制出时标网络计划，计算各工作的最早时间参数，再根据最早时间参数在时标计划表上确定节点位置，连线完成，某些工作箭线长度不足以到达该工作的完成节点时，用波形线补足。

2. 直接法绘制

根据网络计划中工作之间的逻辑关系及各工作的持续时间，直接在时标计划表上绘制时标网络计划。绘制步骤如下：

（1）将起始节点定位在时标表的起始刻度线上。

（2）按工作持续时间在时标计划表上绘制起始节点的外向箭线。

（3）其他工作的开始节点必须在其所有紧前工作都绘出以后，定位在这些紧前工作最早完成时间最大值的时间刻度上，某些工作的箭线长度不足以到达该节点时，用波形线补足，箭头画在波形线与节点连接处。

（4）用上述方法从左至右依次确定其他节点位置，直至网络计划终点节点定位，绘图完成。

【例4.8】 某工程有表4.6所示的网络计划资料。

表4.6 某工程的网络计划资料表

工作名称	A	B	C	D	E	F	G	H	J
紧前工作	—	—	—	A	A、B	D	C、E	C	D、G
持续时间/天	3	4	7	5	2	5	3	5	4

试用直接法绘制双代号时标网络计划。

解：

（1）绘图步骤。

1）将网络计划的起始节点定位在时标表的起始刻度线的位置上，如图4.28所示，起始节点的编号为1。

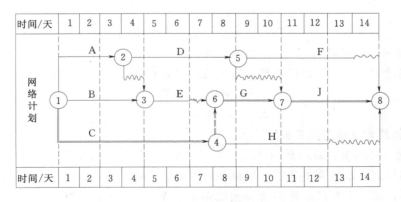

图4.28 双代号时标网络计划绘图实例

2）画节点①的外向箭线，即按各工作的持续时间，画出无紧前工作的A、B、C工作，并确定节点②、③、④的位置。

3）依次画出节点②、③、④的外向箭线工作D、E、H，并确定节点⑤、⑥的位置。节点⑥的位置定位在其两条内向箭线的最早完成时间的最大值处，即定位在时标值7的位置，工作E的箭线长度达不到⑥节点，则用波形线补足。

4）按上述步骤，直到画出全部工作，确定出终点节点⑧的位置，时标网络计划绘制完毕，如图4.28所示。

（2）按步骤绘图。

直接法绘制双代号时标网络计划，如图 4.28 所示。

4.3.3 双代号网络计划时间参数计算

时标网络计划中，6 个工作时间参数的确定步骤如下。

1. 最早时间参数的确定

按最早开始时间绘制时标网络计划，最早时间参数可以从图上直接确定。

（1）最早开始时间 ES_{i-j}。每条实箭线左端箭尾节点（i 节点）中心所对应的时标值，即为该工作的最早开始时间。

（2）最早完成时间 EF_{i-j}。若箭线右端无波形线，则该箭线右端节点（j 节点）中心所对应的时标值为该工作的最早完成时间；若箭线右端有波形线，则实箭线右端末所对应的时标值即为该工作的最早完成时间。

2. 自由时差的确定

时标网络计划中各工作的自由时差值应为表示该工作的箭线中波形线部分在坐标轴上的水平投影长度。但当工作之后只紧接虚工作时，则该工作箭线上一定不存在波形线，而其紧接的虚箭线中波形线水平投影长度的最短者为该工作的自由时差。

3. 总时差的确定

时标网络计划中工作的总时差的计算应自右向左进行，且符合下列规定。

（1）以终点节点（$j=n$）为箭头节点的工作的总时差 TF_{i-n} 应按网络计划的计划工期 T_p 计算确定，即

$$TF_{i-n} = T_p - EF_{i-n} \tag{4.12}$$

（2）其他工作的总时差等于其紧后工作 $j-k$ 总时差的最小值与本工作的自由时差之和，即

$$TF_{i-j} = \min[TF_{j-k}] + FF_{i-j} \tag{4.13}$$

4. 最迟时间参数的确定

时标网络计划中工作的最迟开始时间和最迟完成时间可按下式计算：

$$LS_{i-j} = ES_{i-j} + TF_{i-j} \tag{4.14}$$

$$LF_{i-j} = EF_{i-j} + TF_{i-j} \tag{4.15}$$

4.3.4 关键线路和计算工期的确定

1. 时标网络计划关键线路的确定

时标网络计划关键线路的确定，应自终点节点逆箭线方向朝起始节点逐次进行判定：从终点到起点不出现波形线的线路即为关键线路。如图 4.28 所示，关键线路是①—④—⑥—⑦—⑧，用双箭线表示。

2. 时标网络计划的计算工期

时标网络计划的计算工期，应是终点节点与起始节点所在位置之差。如图 4.28 所示，计算工期 $T_c = 14 - 0 = 14$（天）。

【**例 4.9**】 如图 4.28 所示的双代号时标网络计划。试确定其 6 个工作时间参数。

解：

（1）最早开始时间 ES_{i-j} 和最早完成时间 EF_{i-j} 的确定。

$ES_{1-3} = 0$，$EF_{1-3} = 4$；$ES_{3-6} = 4$，$EF_{3-6} = 6$。以此类推确定。

（2）自由时差的确定。

工作 E、H、F 的自由时差分别为：$FF_{3-6}=1$；$FF_{4-8}=2$；$FF_{5-8}=1$。

（3）总时差的确定。

1）以终点节点（$j=n$）为箭头节点的工作的总时差 TF_{i-n}，如图 4.28 可知，工作 F、J、H 的总时差分别为

$$TF_{5-8}=T_p-EF_{5-8}=14-13=1$$
$$TF_{7-8}=T_p-EF_{7-8}=14-14=0$$
$$TF_{4-8}=T_p-EF_{4-8}=14-12=2$$

2）其他工作的总时差 TF_{i-j}，如图可知，各项工作的总时差计算如下。

$$TF_{6-7}=TF_{7-8}+FF_{6-7}=0+0=0$$
$$TF_{3-6}=TF_{6-7}+FF_{3-6}=0+1=1$$
$$TF_{2-5}=\min[TF_{5-7},TF_{5-8}]+FF_{2-5}=\min[2,1]+0=1+0=1$$
$$TF_{1-4}=\min[TF_{4-6},TF_{4-8}]+FF_{1-4}=\min[0,2]+0=0+0=0$$
$$TF_{1-3}=TF_{3-6}+FF_{1-3}=1+0=1$$
$$TF_{1-2}=\min[TF_{2-3},TF_{2-5}]+FF_{1-2}=\min[2,1]+0=1+0=1$$

（4）最迟时间参数的确定。

$$LS_{1-2}=ES_{1-2}+TF_{1-2}=0+1=1$$
$$LF_{1-2}=EF_{1-2}+TF_{1-2}=3+1=4$$
$$LS_{1-3}=ES_{1-3}+TF_{1-3}=0+1=1$$
$$LF_{1-3}=EF_{1-3}+TF_{1-3}=4+1=5$$

由此类推，可计算出各项工作的最迟开始时间和最迟完成时间。由于所有工作的最早开始时间、最早完成时间和总时差均为已知，故计算容易，此处不再一一列举。

学习情境 4.4　网络计划的优化

网络计划的优化，是在满足既定约束条件下，按某一目标，通过不断改进网络计划寻求满意方案。网络计划优化包括工期优化、费用优化和资源优化。

4.4.1　工期优化

1. 概念

所谓工期优化是指网络计划的计算工期不满足要求工期时，通过压缩关键工作的持续时间以满足要求工期的过程，若仍不能满足要求，需调整方案或重新审定要求工期。

2. 优化原理

（1）压缩关键工作，压缩时间应保持其关键工作地位。

（2）选择压缩的关键工作，应为压缩以后，投资费用少，不影响工程质量，又不造成资源供应紧张和保证安全施工的关键工作。

（3）多条关键线路要同时、同步压缩。

3. 优化步骤

（1）计算网络图，找出关键线路，计算工期 T_c 与要求工期 T_r 比较，当 $T_c>T_r$ 时，应压缩的时间为

$$\Delta T = T_c - T_r \tag{4.16}$$

（2）选择压缩的关键工作，压缩到工作最短持续时间。

（3）重新计算网络图，检查关键工作是否超压（失去关键工作的位置），如超压则反弹，并重新计算网络图。

（4）比较 T_{c1} 与 T_r，如 $T_{c1} > T_r$ 则重复（1）、（2）、（3）步骤。

（5）如所有关键工作或部分关键工作都已压缩最短持续时间，仍不能满足要求，应对计划的原技术组织方案进行调整，或对工期重新审定。

【例 4.10】 已知某工程项目分部工程的网络计划如图 4.29 所示，箭杆下方括号外为正常持续时间，括号内为最短持续时间，箭线上方括号内的数字为优选系数。优选系数最小的工作应优先选择压缩。假定要求工期为 15 天。

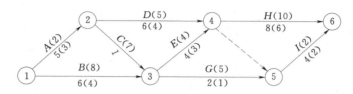

图 4.29 某分部工程的初始网络计划

试对该分部工程的网络计划进行工期优化。

解：

（1）确定出关键线路及计算工期，如图 4.30 所示。

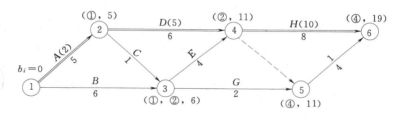

图 4.30 初始网络计划的关键线路

（2）应缩短时间为

$$\Delta T = T_c - T_r = 19 - 15 = 4（天）$$

（3）压缩关键线路上关键工作持续时间。

第一次压缩：关键线路 A、D、H 上 A 优选系数最小，先将 A 压缩至最短持续时间 3 天，计算网络图，找出关键线路为 B、E、H ［图 4.31（a）］，故关键工作 A 超压。反弹 A 的持续时间至 4 天，使之仍为关键工作 ［如图 4.31（b）］，关键线路为 A、D、H 和 B、E、H。

第二次压缩：因仍还需要压缩 3 天，有以下五个压缩方案：①同时压缩工作 A 和 B，组合优选系数为 2+8=10；②同时压缩工作 A 和 E，组合优选系数为 2+4=6；③同时压缩工作 B 和 D，组合优选系数为 8+5=13；④同时压缩工作 D 和 E，组合优选系数为 5+4=9；⑤压缩工作 H，优选系数为 10。由于压缩工作 A 和 E，组合优选系数最小，故应选择压缩工作 A 和 E。将这两项工作的持续时间各压缩 1 天，再用标号法计算工期和确定关键线路。

由于工作 A 和 E 持续时间已达最短，不能再压缩，它们的优选系数变为无穷大。第二次压缩后的网络计划如图 4.32 所示。

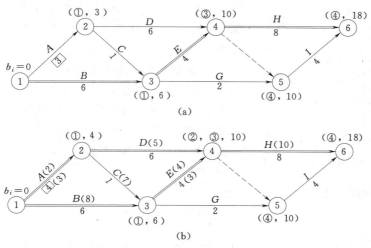

(a)

图 4.31 压缩的网络计划

(a) 工作 A 压缩至最短时的关键线路；(b) 第一次压缩后的网络计划

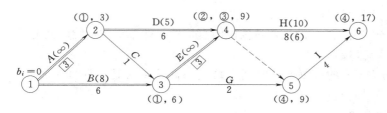

图 4.32 第二次压缩后的网络计划

第三次压缩：因仍还需要压缩 2 天，由于工作 A 和 E 已不能再压缩，有两个压缩方案：①同时压缩工作 B 和 D，组合优选系数为 8+5＝13；②压缩工作 H，优选系数为 10。由于压缩工作 H 优选系数最小，故应选择压缩工作 H。将此工作的持续时间压缩 2 天，再用标号法计算工期和确定关键线路。此时计算工期已等于要求工期。工期优化后的网络计划如图 4.33 所示。

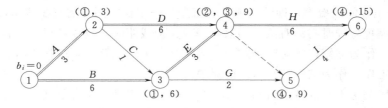

图 4.33 第三次压缩后的网络计划

4.4.2 费用优化

费用优化又叫时间成本优化，是寻求最低成本时的最短工期安排，或按要求工期寻求最低成本的计划安排过程。

1. 工程费用与工期的关系

工程成本由直接费和间接费组成。由于直接费随工期缩短而增加，间接费随工期缩短而

71

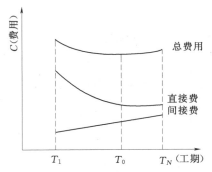

图 4.34 工程费用与工期的关系图

减少，故必定有一个总费用最少的工期。这便是费用优化所寻求的目标。工程费用与工期的关系如图 4.34 所示，当确定一个合理的工期 T_0，就能使总费用达到最小。

2. 费用优化的基本思路

不断地在网络计划中找出直接费用率（或组合直接费用率）最小的关键工作，缩短其持续时间，同时考虑间接费用随工期缩短而减少的数值，最后求得工程总成本最低时的最优工期安排或按要求工期求得最低成本的计划安排。

工作 $i-j$ 的直接费率 a_{i-j}^D 用下面公式计算：

$$a_{i-j}^D = \frac{CC_{i-j}}{DN_{i-j}} - \frac{CN_{i-j}}{DC_{i-j}} \tag{4.17}$$

式中 DN_{i-j}——工作 $i-j$ 的正常持续时间，即在合理的组织条件下，完成一项工作所需的时间；

       DC_{i-j}——工作 $i-j$ 的最短持续时间，即不可能进一步缩短的工作持续时间，又称临界时间；

       CN_{i-j}——工作 $i-j$ 的正常持续时间直接费，即按正常持续时间完成一项工作所需的直接费；

       CC_{i-j}——工作的最短持续时间直接费，即按最短持续时间完成一项工作所需的直接费。

3. 费用优化步骤

（1）算出工程总直接费 $\sum c_{i-j}^D$。

（2）计算各项工作的直接费用率 a_{i-j}^D。

（3）按工作的正常持续时间确定计算工期和关键线路。

（4）算出计算工期为 t 的网络计划的总费用为

$$C_t^T = \sum c_{i-j}^D + a^{ID} t \tag{4.18}$$

式中 a^{ID}——工程间接费率，即缩短或延长工期每一单位时间所需减少或增加的费用。

（5）选择缩短持续时间的对象。当只有一条关键线路时，应找出组合直接费用率最小的一项关键工作，作为缩短持续时间的对象；当有多条关键线路时，应找出组合直接费用率最小的一组关键工作，作为缩短持续时间的对象。

当需要缩短关键工作的持续时间时，其缩短值的确定必须符合下列两条原则：①缩短后工作的持续时间不能小于其最短持续时间；②缩短持续时间的工作不能变成非关键工作。若被压缩工作变成了非关键工作，则应将其持续时间延长，使之仍为关键工作。

（6）选定的压缩对象（一项关键工作或一组关键工作）压缩。检查被压缩的工作的直接费率或组合直接费率是否等于、小于或大于间接费率；如等于间接费率，则压缩关键工作不会使费用增加，但可缩短工期，所以继续压缩；如小于间接费率，则需继续按上述方法进行压缩；如大于间接费率，则在此前一次的小于间接费率的方案即为优化方案。

在压缩过程中，关键工作可以被动地（即未经压缩）变成非关键工作，关键线路也可以因此变成非关键线路。

（7）计算优化后的工程总费用。

优化后的总费用＝初始网络计划的总费用－费用变化合计的绝对值

（8）绘出优化网络计划。在箭线上方注明直接费，箭线下方注明持续时间。

【例 4.11】 已知某工程网络计划如图 4.35 所示，图中箭线下方为正常持续时间和括号内的最短持续时间，箭线上方为正常直接费（千元）和括号内的最短时间直接费（千元），间接费率为 0.8 千元/天，试对其进行费用进行优化。

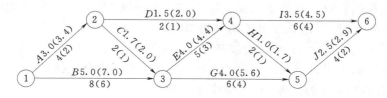

图 4.35 某工程初始网络计划

试对该工程的网络计划进行费用优化。

解：

（1）算出工程总直接费。

$$\sum C_{i-j}^D = 3.0 + 5.0 + 1.5 + 1.7 + 4.0 + 4.0 + 1.0 + 3.5 + 2.5 = 26.2（千元）$$

（2）算出各项工作的直接费率（单位：千元/天）。

$$\alpha_{1-2}^D = \frac{CC_{1-2} - CN_{1-2}}{DN_{1-2} - DC_{1-2}} = \frac{3.4 - 3.0}{4 - 2} = 0.2$$

$$\alpha_{1-3}^D = \frac{7.0 - 5.0}{8 - 6} = 1.0$$

同理得 $\alpha_{2-3}^D = 0.3$；$\alpha_{2-4}^D = 0.5$；$\alpha_{3-4}^D = 0.2$；$\alpha_{3-5}^D = 0.8$；$\alpha_{4-5}^D = 0.7$；$\alpha_{4-6}^D = 0.5$；$\alpha_{5-6}^D = 0.2$。

（3）用标号法找出网络计划中的关键线路并求出计算工期。如图 4.36 所示，关键线路有两条关键线路 BEI 和 BEHJ，计算工期为 19 天。图中箭线上方括号内为直接费率。

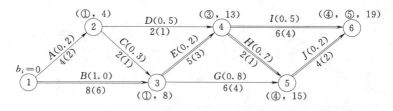

图 4.36 初始网络计划的关键线路

（4）算出工程总费用为

$$C_{19}^T = 26.2 + 0.8 \times 19 = 26.2 + 15.2 = 41.4（千元）$$

（5）进行压缩。

进行第一次压缩：两条关键线路 BEI 和 BEHJ 上，直接费率最低的关键工作为 E，其直接费率为 0.2 千元/天（以下简写为 0.2），小于间接费率 0.8，故需将其压缩。现将 E 压至 4（若压至最短持续时间 3，E 被压缩成了非关键工作），BEHJ 和 BEI 仍为关键线路。第一次压缩后的网络计划如图 4.37 所示。

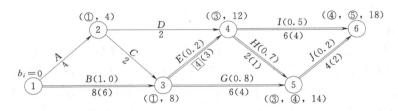

图 4.37　第一次压缩后的网络计划

进行第二次压缩：有三条关键线路：BEI、BEHJ、BGJ。共有 5 个压缩方案：（1）压 B，直接费率为 1.0；②压 E、G，组合直接费率为 0.2＋0.8＝1.0；③E、J，组合直接费率为 0.2＋0.2＝0.4；④压 I、J，组合直接费率为 0.5＋0.2＝0.7；⑤压 I、H、G，组合直接费率为 0.5＋0.7＋0.8＝2.0。决定采用诸方案中直接费率和组合直接费率最小的第 3 方案，即压 E、J，组合直接费率为 0.4，小于间接费率 0.8。

由于 E 只能压缩 1 天，J 随之只可压缩 1 天。压缩后，用标号法找出关键线路，此时只有两条关键线路：BEI，BGJ，H 未经压缩而被动地变成了非关键工作。第二次压缩后的网络计划如图 4.38 所示。

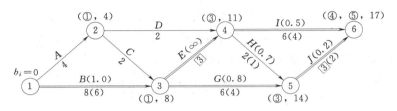

图 4.38　第二次压缩后的网络计划

进行第三次压缩：由于 E 压缩至最短持续时间，分析知可压缩 I、J，组合直接为 0.5＋0.2＝0.7，小于间接费率 0.8。

由于 J 只能压缩 1 天，I 随之只可压缩 1 天。压缩后关键线路用标号法判断未变化，如图 4.39 所示。

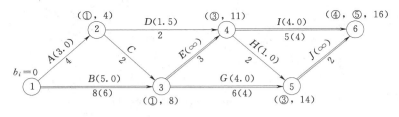

图 4.39　第三次压缩后的网络计划

进行第四次压缩：因 E、J 不能再缩短，故只能选用压 B。由于 B 的直接费率 1.0 大于间接费率 0.8，故已出现优化点。优化网络计划即为第三次压缩后的网络计划，如图 4.40 所示。

（6）计算优化后的总费用。

图 4.40 中被压缩工作被压缩后的直接费确定如下：①工作 E 已压至最短持续时间，直接费为 4.4 千元；②工作 I 压缩 1 天，直接费为 3.5＋0.5×1＝4.0（千元）；③工作 J 已压

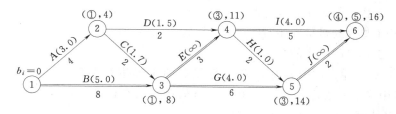

图 4.40 费用优化后的网络计划

至最短持续时间，直接费为 2.9 千元。

优化后的总费用为

$$C_{16}^{T} = \sum C_{i-j}^{D} + \alpha^{ID} t$$
$$= 3.0 + 5.0 + 1.7 + 1.5 + 4.4 + 4.0 + 1.0 + 4.0 + 2.9 + 0.8 \times 16$$
$$= 27.5 + 12.8 = 40.3 (千元)$$

4.4.3 资源优化

1. 概念

资源是指完成一项计划任务所需投入的人力、材料、机械设备和资金等。不可能通过资源优化将完成一项工程任务所需要的资源量减少。资源优化的目的是通过改变工作的开始时间和完成时间，使资源按照时间分布符合优化目标。

2. 资源优化的前提条件

在优化过程中，除规定可中断的工作外，应保持其连续性；不改变网络计划中各项工作之间的逻辑关系；不改变网络计划中各项工作的持续时间；网络计划中各项工作的资源强度（单位时间所需资源数量）为常数，而且是合理的。

3. 资源优化的分类

在通常情况下，网络计划的资源优化分为两种，即"资源有限，工期最短"的优化和"工期固定、资源均衡"的优化。前者是通过调整计划安排，在满足资源限制条件下，使工期延长最小；后者是通过调整计划安排，在工期保持不变的条件下，使资源需用量尽可能均衡。

4. 资源有限——工期最短的优化步骤

（1）按照各项工作的最早开始时间安排进度计划，并计算网络计划每个时间单位的资源需用量。

（2）从计划开始日期起，逐个检查每个时段（每个时间单位资源需用量相同的时间段）资源需用量 R_t 是否超过所能供应的资源限量 R_a。如果在整个工期范围内每个时段的资源需用量均能满足资源限量的要求，则该网络计划就符合优化要求；如发现 $R_t > R_a$，就停止检查而进行调整。

（3）$R_t > R_a$ 处的工作调整：方法是将该处的一项工作移在该处的另一项工作之后，以减少该处的资源需用量。如该处有两项工作 α，β，则有 α 移 β 后和 β 移 α 后两个调整方案。

计算调整后的工期增量。调整后的工期增量等于前面工作的最早完成时间减移在后面工作的最早开始时间再减移在后面的工作的总时差。

如 β 移 α 后，则其工期增量 $\Delta T_{\alpha,\beta}$ 为

$$\Delta T_{\alpha,\beta} = EF_{\alpha} - ES_{\beta} - TF_{\beta} \tag{4.19}$$

式中　　EF_a——工作 α 的最早完成时间；

　　　　ES_β——工作 β 的最早开始时间；

　　　　TF_β——工作 β 的工作的总时差。

这样，在有资源冲突的时段中，对平行作业的工作进行两两排序，即可得出若干个 $\Delta T_{a,\beta}$，选择其中最小的 $\Delta T_{a,\beta}$，将相应的工作 n 安排在工作 m 之后进行，既可降低该时段的资源需用量，又使网络计划的工期延长最短。

（4）对调整后的网络计划安排，重新计算每个时间单位的资源需用量。

（5）重复以上步骤，直至出现优化方案为止。

5. 工期固定—资源均衡的优化

安排建设工程进度计划时，需要使资源需用量尽可能地均衡，使整个工程每单位时间的资源需用量不出现过多的高峰和低谷，这样不仅有利于工程建设的组织与管理，而且可以降低工程费用。

（1）衡量资源均衡的三种指标

1）不均衡系数 K。

$$K = \frac{R_{\max}}{R_m} \tag{4.20}$$

式中　　$R_{\max}$——最大的资源需用量；

　　　　R_m——资源需用量的平均值。

不均衡系数 K 愈接近于 1，资源需用量均衡性愈好。

2）极差值 ΔR。

$$\Delta R = \max[|R_t - R_m|] \tag{4.21}$$

资源需用量极差值愈小，资源需用量均衡性愈好。

3）均方差值 σ^2。

$$\sigma^2 = \frac{1}{T} \sum_{T=1}^{T} (R_t - R_m)^2 \tag{4.22}$$

将式（4.22）展开，由于工期 T 和资源需用量的平均值 R_m 均为常数，得均方差另一表达式。

$$\sigma^2 = \frac{1}{T} \sum_{T=1}^{T} R_t^2 - R_m^2 \tag{4.23}$$

均方差愈小，资源需用量均衡性愈好。

（2）方差值最小的优化方法。利用非关键工作的自由时差，逐日调整非关键工作的开始时间，使调整后计划的资源需要量动态曲线能削峰填谷，达到降低方差的目的。

设有 $i-j$ 工作，从 m 天开始，第 n 天结束，日资源量需要量为 $r_{i,j}$。将 $i-j$ 工作向右移动一天，则该计划第 m 天的资源需要量 R_m 将减少 $r_{i,j}$，第（$n+1$）天的资源需要量 R_{n+1} 将增加 $r_{i,j}$。若第（$n+1$）天新的资源量值小于第 m 天的调整前的资源量值 R_m，则调整有效。即要求

$$R_{n+1} + r_{i,j} \leqslant R_m \tag{4.24}$$

（3）方差值最小的优化步骤。

1）按照各项工作的最早开始时间安排进度计划，确定计划的关键线路、非关键工作的总时差和自由时差。

2）确保工期固定、关键线路不作变动，对非关键工作由终点节点开始，按工作完成节点编号值从大到小的顺序依次进行调整。每次调整1天，判断其右移的有效性，直至不能右移为止。若右移1天，不能满足式（4.24）时，可在自由时差范围内，一次向右移动2天或3天，直至自由时差用完为止。当某一节点同时作为多项工作的完成节点时，应先调整开始时间较迟的工作。

3）所有非关键工作都作了调整后，在新的网络计划中，再按上述步骤，进行第二次调整，以使方差进一步减小，直至所有工作不能再移动为止。

当所有工作均按上述顺序自右向左调整了一次之后，为使资源需用量更加均衡，再按上述顺序自右向左进行多次调整，直至所有工作既不能右移也不能左移为止。

【例 4.12】 已知某工程网络计划如图 4.41 所示。图中箭线上方为资源强度，箭线下方为持续时间，资源限量 $R_a = 12$。

试对该工程的网络计划进行资源有限——工期最短的优化。

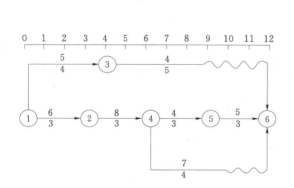

图 4.41　某工程初始网络计划

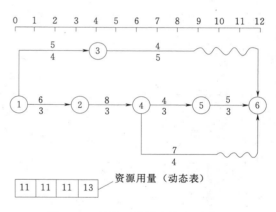

图 4.42　初始网络计划资源需用量

解：

（1）计算资源需用量，如图 4.42 所示。至第 4 天，$R_4 = 13 > R_a = 12$，故需进行调整。

（2）第一次调整。

方案一：1-3 移 2-4 后：$EF_{2-4} = 6$；$ES_{1-3} = 0$；$TF_{1-3} = 3$，则

$$\Delta T_{2-4,1-3} = 6 - 0 - 3 = 3$$

方案二：2-4 移 1-3 后：$EF_{1-3} = 4$；$ES_{2-4} = 3$，$TF_{2-4} = 0$，则

$$\Delta T_{1-3,2-4} = 4 - 3 - 0 = 1$$

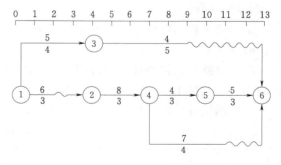

图 4.43　第一次调整后的网络计划

选择工期增量较小的第二方案，绘出调整后的网络计划，如图 4.43 所示。

（3）再次计算资源需用量至第 8 天：$R_8 = 15 > R_a = 12$，故需进行第二次调整。

77

（4）第二次调整：被考虑调整的工作有 3-6、4-5、4-6 三项，现列出表 4.7，进行选择方案调整。

表 4.7 第二次调整计算表

方案编号	前面工作 α ②	后面工作 β ③	EF_a ④	$ES_β$ ⑤	$TF_β$ ⑥	$\Delta T_{a,β}$ ⑦＝④－⑤－⑥	T ⑧
1	3-6	4-5	9	7	0	2	15
2	3-6	4-6	9	7	2	0	13
3	4-5	3-6	10	4	4	2	15
4	4-5	4-6	10	7	2	1	14
5	4-6	3-6	11	4	4	3	16
6	4-6	4-5	11	7	0	4	17

（5）决定选择工期增量最少的方案 2，绘出第二次调整的网络计划，如图 4.44 所示。从图中看出，自始至终皆是 $R_t \leqslant R_a$，故该方案为优选方案。

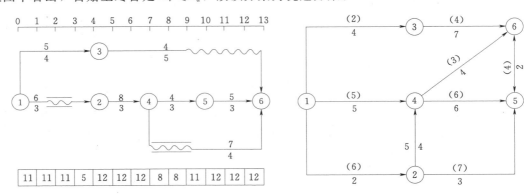

图 4.44 第二次调整后的网络计划　　　图 4.45 某工程网络计划

【例 4.12】 已知某工程网络计划如图 4.45 所示。图箭线上方为每日资源需要量，箭线下方为持续时间。

试对该工程的网络计划进行工期固定——资源均衡的优化。

解：

（1）绘制初始网络计划时标图，如图 4.46 所示。计算每日资源需要量，确定计划的关键线路、非关键工作的总时差和自由时差。

对照网络计划时标图，可算出每日资源需要量，见表 4.8。

表 4.8 每 日 资 源 需 要 量 表

1	2	3	4	5	6	7	8	9	10	11	12	13	14
13	13	19	19	21	9	13	13	13	13	10	6	4	4

不均衡系数 K 为

$$K = \frac{R_{\max}}{R_m} = \frac{R_5}{R_m} = \frac{21}{\dfrac{13 \times 2 + 19 \times 2 + 21 + 9 + 13 \times 4 + 10 + 6 + 4 \times 2}{14}} = 1.7$$

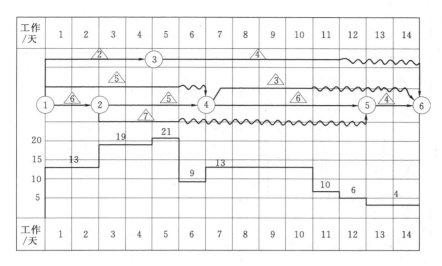

图 4.46　初始网络计划时标图

（2）对初始网络计划进行第一次调整。

1）逆箭线调整以⑥节点为结束节点的④→⑥工作和③→⑥工作，由于④→⑥工作开始较晚，先调整此工作。

将④→⑥工作向右移动 1 天，则 $R_{11}=13$，原第 7 天资源量为 13，故可移动 1 天；将④→⑥工作再向右移动 1 天，则 $R_{12}=6+3=9<R_8=13$，故可移 1 天；同理④→⑥工作再向右移动 2 天，故④→⑥工作可持续向右移动 4 天，④→⑥工作调整后的时标图如图 4.47 所示。

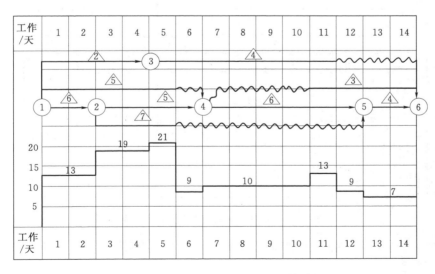

图 4.47　工作④→⑥调整后的网络计划

2）调整③→⑥工作。将③→⑥工作向右移动 1 天，则 $R_{12}=9+4=13<R_5=21$，可移动 1 天；将③→⑥工作再向右移动 1 天，则 $R_{12}=7+4=11>R_6=9$，右移无效；将③→⑥工作再向右移动 1 天，则 $R_{14}=7+4=11>R_7=10$，右移无效。故③→⑥工作可持续向右移动 1 天，③→⑥工作调整后的时标图如图 4.48 所示。

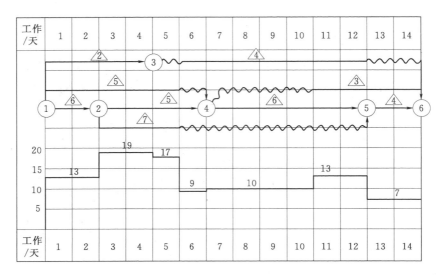

图 4.48 工作③→⑥调整后的网络计划

3）调整以⑤节点为结束节点的工作。将②→⑤工作向右移动 1 天，则 $R_6 = 9 + 7 = 16 < R_3 = 19$，可移动 1 天；将②→⑤工作再向右移动 1 天，则 $R_7 = 10 + 7 = 17 < R_4 = 19$，可移动 1 天；同理考察得可持续向右移动 3 天，②→⑤工作调整后的时标图和移后资源需用量变化情况如图 4.49 所示。

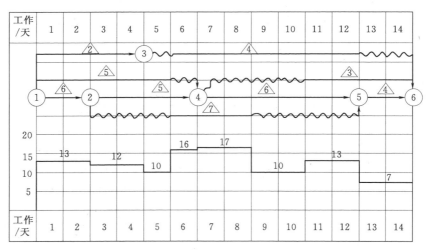

图 4.49 工作②→⑤调整后的网络计划

4）调整以④节点为结束节点的工作。将①→④工作向右移动 1 天，则 $R_6 = 16 + 5 = 21 > R_1 = 13$，右移无效。

（3）进行第二次调整。

1）再对以⑥节点为结束节点的工作进行调整。调整③→⑥工作，将③→⑥工作向右移动 1 天，则 $R_{13} = 7 + 4 = 11 < R_6 = 16$，可移动 1 天；将③→⑥工作再向右移动 1 天，则 $R_{14} = 7 + 4 = 11 < R_7 = 17$，可移动 1 天；故③→⑥工作可持续向右移动 2 天，③→⑥工作调整后的时标图如图 4.50 所示。

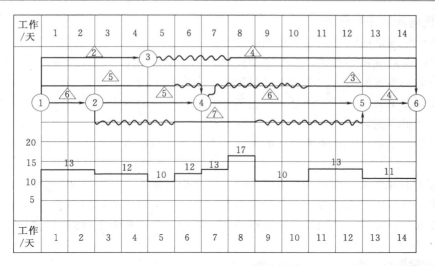

图 4.50 工作③→⑥调整后的网络计划

2）再调整以⑤节点为结束节点的工作。将②→⑤工作向右移动 1 天，则 $R_9 = 10 + 7 = 17 > R_6 = 12$，右移无效；经考察，在保证②→⑤工作；连续作业的条件下，证②→⑤工作不能移动。同样，其他工作也不能移动，则图 4.51 所示网络图为资源优化后的网络计划。

优化后的网络计划，其资源不均衡系数 K 降低为

$$K = \frac{17}{\dfrac{13 \times 2 + 12 \times 2 + 10 + 12 + 13 + 17 + 10 \times 2 + 13 \times 2 + 11 \times 2}{14}} = 1.4$$

学习情境 4.5 单代号网络计划

4.5.1 单代号网络图的表式方法

单代号网络图是网络计划的另一种表示方法。它是用一个圆圈或方框代表一项工作，将工作代号、工作名称和完成工作所需要的时间写在圆圈或方框里面，箭线仅用来表示工作之间的顺序关系。图 4.51 所示是一个简单的单代号网络图及其常见的单代号表示方法。

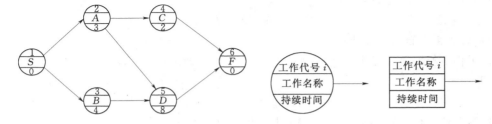

图 4.51 单代号网络图

单代号网络图和双代号网络图所表达的计划内容是一致的，两者的区别仅在于绘图的符号不同。单代号网络图的箭线的含义是表示顺序关系，节点表示一项工作；而双代号网络图的箭线表示的是一项工作，节点表示联系。在双代号网络图中出现较多的虚工作，而单代号网络图没有虚工作。

4.5.2　单代号网络图的绘制

绘制单代号网络图需遵循以下规则：

（1）箭线应画成水平直线、折线或斜线。单代号网络图中不设虚箭线，箭线的箭尾节点编号应小于箭头节点的编号。箭线水平投影的方向应自左向右，表达工作的进行方向。

（2）节点必须编号，严禁重复。一项工作只能有唯一的一个节点和唯一的一个编号。

（3）严禁出现循环回路。

（4）严禁出现双向箭头或无箭头的连线；严禁出现没有箭尾节点的箭线和没有箭头节点的箭线。

（5）箭线不宜交叉，当交叉不可避免时，可采用过桥法、断线法和指向法绘制。

（6）单代号网络图只应有一个起始节点和一个终点节点。当网络图中有多项起始节点或多项终点节点时，应在网络图的两端分别设置一项虚工作，作为该网络图的起始节点和终点节点。

4.5.3　单代号网络计划时间参数的计算

1. 单代号网络计划时间参数计算

单代号网络图时间参数 ES、LS、EF、LF、TF、FF 的计算与双代号网络图基本相同，只需把参数脚码由双代号改为单代号即可。由于单代号网络图中紧后工作的最早开始时间可能不相等，因而在计算自由时差时，需用紧后工作的最小值作为被减数。

（1）计算最早开始时间和最早完成时间。

$$ES_1 = 0$$
$$EF_i = ES_i + D_i \tag{4.25}$$
$$ES_j = \max(ES_i + D_i) = \max EF_i \tag{4.26}$$

（2）计算相邻两项工作之间的时间间隔 $LAG_{i,j}$。相邻两项工作 i 和 j 之间的时间间隔 $LAG_{i,j}$，等于紧后工作 j 的最早开始时间 ES_j 和本工作的最早完成时间 EF_i 之差，即

$$LAG_{i,j} = ES_j - EF_i \tag{4.27}$$

（3）计算工作总时差 TF_i。

1）终点节点的总时差 TF_n，如计划工期等于计算工期，其值为零，即

$$TF_n = 0 \tag{4.28}$$

2）其他工作 i 的总时差 TF_i。

$$TF_i = \min[TF_j + LAG_{i,j}] \tag{4.29}$$

（4）计算工作自由时差 FF_i。

1）工作 i 若无紧后工作，其自由时差 FF_i 等于计划工期 T_p 减该工作的最早完成时间 EF_n，即

$$FF_n = T_p - EF_n \tag{4.30}$$

2）当工作 i 有紧后工作 j 时，自由时差 FF_i 为

$$FF_i = \min[LAG_{i,j}] \tag{4.31}$$

（5）计算工作的最迟开始时间和最迟完成时间。

$$LS_i = ES_i + TF_i \tag{4.32}$$
$$LF_i = EF_i + TF_i \tag{4.33}$$

式中　D_i——工作 i 的延续时间；

ES_j——工作 j 的最早开始时间；

EF_i——工作 i 的最早完成时间；

LS_i——工作 i 的最迟开始时间；

LF_i——工作 i 的最迟完成时间；

TF_i——工作 i 的总时差；

FF_i——工作 i 的自由时差；

T_p——计划工期。

2. 单代号网络计划关键线路的判别

（1）自始至终，所有工作的时间间隔为零的线路为关键线路。

（2）总时差最小法：总时差为零的工作是关键工作，所有关键工作连起来就是关键线路。

【例 4.13】　已知某工程项目的各工作之间的逻辑关系见表 4.9。

表 4.9　　　　　　　　　　　各工作之间的逻辑关系表

工作	A	B	C	D	E	G
紧前工作	—	—	—	B	B	C、D

试绘制该工程的单代号网络图。

解：

本案例中 A、B、C 均无紧前工作，故应设虚拟工作 S。同时，有多项结束工作 A、E、G，应增设一项设虚拟工作 F。

该工程的单代号网络图如图 4.52 所示。

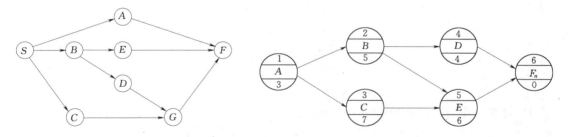

图 4.52　该工程的单代号网络图　　　　　图 4.53　某工程项目单代号网络计划图

【例 4.14】　已知某工程项目单代号网络计划如图 4.53 所示，计划工期等于计算工期。试计算单代号网络计划的时间参数并确定关键线路，并用双箭线标在图上示出。

解：

（1）时间参数计算。

1）计算最早开始时间和最早完成时间。网络计划中各项工作的最早开始时间和最早完成时间的计算应从网络计划的起始节点开始，顺着箭线方向依次逐项计算。

$$ES_1 = 0 \qquad EF_1 = ES_1 + D_1 = 0 + 3 = 3$$
$$ES_2 = EF_1 = 3 \quad EF_2 = ES_2 + D_2 = 3 + 5 = 8$$
$$ES_3 = EF_1 = 3 \quad EF_3 = ES_3 + D_3 = 3 + 7 = 10$$
$$ES_4 = EF_2 = 8 \quad EF_4 = ES_4 + D_4 = 8 + 4 = 12$$

$$ES_5 = \max[EF_2, EF_3] = \max[8, 10] = 10 \quad EF_5 = ES_5 + D_5 = 10 + 5 = 15$$

$$ES_6 = \max[EF_4, EF_5] = \max[12, 15] = 15 \quad EF_6 = ES_6 + D_6 = 15 + 0 = 15$$

2）计算相邻两项工作之间的时间间隔 $LAG_{i,j}$。相邻两项工作 i 和 j 之间的时间间隔等于紧后工作 j 的最早开始时间 ES_j 和本工作的最早完成时间 EF_i 之差。

$$LAG_{1,2} = ES_2 - EF_1 = 3 - 3 = 0$$

$$LAG_{1,3} = ES_3 - EF_1 = 3 - 3 = 0$$

$$LAG_{2,4} = ES_4 - EF_2 = 8 - 8 = 0$$

$$LAG_{2,5} = ES_5 - EF_2 = 10 - 8 = 2$$

$$LAG_{3,5} = ES_5 - EF_3 = 10 - 10 = 0$$

$$LAG_{4,6} = ES_6 - EF_4 = 15 - 12 = 3$$

$$LAG_{5,6} = ES_6 - EF_5 = 15 - 15 = 0$$

3）计算工作的总时差 TF_i。因计划工期等于计算工期，故终点节点总时差为零，其他工作 i 的总时差 TF_i 应从网络计划的终点节点开始，逆着箭线方向依次逐项计算。

$$TF_6 = 0$$

$$TF_5 = TF_6 + LAG_{5,6} = 0 + 0 = 0$$

$$TF_4 = TF_6 + LAG_{4,6} = 0 + 3 = 3$$

$$TF_3 = TF_5 + LAG_{3,5} = 0 + 0 = 0$$

$$TF_2 = \min[(TF_4 + LAG_{2,4}), (TF_5 + LAG_{2,5})] = \min[(3+0), (0+2)] = 2$$

$$TF_1 = \min[(TF_2 + LAG_{1,2}), (TF_3 + LAG_{1,3})] = \min[(2+0), (0+0)] = 0$$

4）计算工作的自由时差 FF_i。

$$FF_6 = T_p - EF_6 = 15 - 15 = 0$$

$$FF_5 = LAG_{5,6} = 0$$

$$FF_4 = LAG_{4,6} = 3$$

$$FF_3 = LAG_{3,5} = 0$$

$$FF_2 = \min[LAG_{2,4}, LAG_{2,5}] = \min[0, 2] = 0$$

$$FF_1 = \min[LAG_{1,2}, LAG_{1,3}] = \min[0, 0] = 0$$

5）计算工作的最迟开始时间 LS_i 和最迟完成时间 LF_i。

$$LS_1 = ES_1 + TF_1 = 0 + 0 = 0 \quad LF_1 = EF_1 + TF_1 = 3 + 0 = 3$$

$$LS_2 = ES_2 + TF_2 = 3 + 2 = 5 \quad LF_2 = EF_2 + TF_2 = 8 + 2 = 10$$

$$LS_3 = ES_3 + TF_3 = 3 + 0 = 3 \quad LF_3 = EF_3 + TF_3 = 10 + 0 = 10$$

$$LS_4 = ES_4 + TF_4 = 8 + 3 = 11 \quad LF_4 = EF_4 + TF_4 = 12 + 3 = 15$$

$$LS_5 = ES_5 + TF_5 = 10 + 0 = 10 \quad LF_5 = EF_5 + TF_5 = 15 + 0 = 15$$

$$LS_6 = ES_6 + TF_6 = 15 + 0 = 15 \quad LF_6 = EF_6 + TF_6 = 15 + 0 = 15$$

（2）关键线路确定。

所有工作的时间间隔为零的线路为关键线路。即①—③—⑤—⑥为关键线路，用双箭线标示在图 4.54 中。或用总时差为零（A、C、E）来判断关键线路。

4.5.4　单代号搭接网络计划

前面介绍的网络计划，工作之间的逻辑关系是紧前工作全部完成之后本工作才能开始。但是在工程建设实践中，有许多工作的开始并不是以其紧前工作的完成为条件，可进行搭接

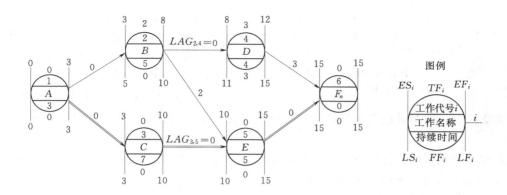

图 4.54 单代号网络图

施工。为了简单、直接地表达工作之间的搭接关系，使网络计划的编制得到简化，便出现了搭接网络计划。

搭接网络计划一般都采用单代号网络图的表示方法，即以节点表示工作，以节点之间的箭线表示工作之间的逻辑顺序和搭接关系。

4.5.4.1 搭接关系的种类及表达方式

在搭接网络计划中，工作之间的搭接关系是由相邻两项工作之间的不同时距决定的。所谓时距，就是在搭接网络计划中相邻两项工作之间的时间差值，如图 4.55 所示。

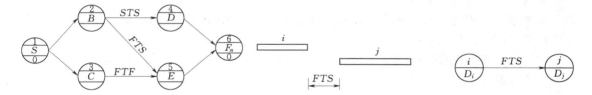

图 4.55 单代号搭接网络图　　　　图 4.56 FTS 搭接关系及其在网络计划中的表达方式

1. 结束到开始（FTS）的搭接关系

在修堤坝时，一定要等土堤自然沉降后才能修护坡，筑土堤与修护坡之间的等待时间就是 FTS 时距。从结束到开始的搭接关系及这种搭接关系在网络计划中的表达方式如图 4.56 所示。

当 FTS 时距为零时，就说明本工作与其紧后工作之间紧密衔接。当网络计划中所有相邻工作只有 FTS 一种搭接关系且其时距均为零时，整个搭接网络计划就成为前述的单代号网络计划。

2. 开始到开始（STS）的搭接关系

在道路工程中，当路基铺设工作开始一段时间，为路面浇筑工作创造一定条件之后，路面浇筑工作才开始，路基铺设工作的开始时间与路面浇筑工作的开始时间之间的差值就是 STS 时距。

从开始到开始的搭接关系及这种搭接关系在网络计划中的表达方式如图 4.57 所示。

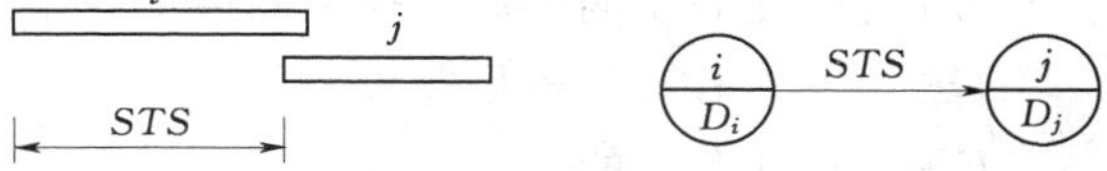

图 4.57 STS 搭接关系及其在网络计划中的表达方式

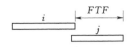 

图 4.58 FTF 搭接关系及其在网络
计划中的表达方式

3. 结束到结束（FTF）的搭接关系

道路工程中，如果路基铺设工作的进展速度小于路面浇筑工作的进展速度时，须考虑为路面浇筑工作留有充分的工作面。否则，路面浇筑工作就将因没有工作面而无法进行。路基铺设工作的完成时间与路面浇筑工作的完成时间之间的差值就是 FTF 时距。

从结束到结束的搭接关系及这种搭接关系在网络计划中的表达方式如图 4.58 所示。

4. 开始到结束（STF）的搭接关系

从开始到结束的搭接关系及这种搭接关系在网络计划中的表达方式如图 4.59 所示。

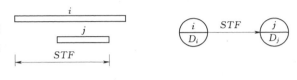

5. 混合搭接关系

在搭接网络计划中，除上述四种基本搭接关系外，相邻两项工作之间有时还会同时出现两种以上的基本搭接关系，称之为混合搭接关系。

图 4.59 STF 搭接关系及其在网络
计划中的表达方式

4.5.4.2 搭接网络计划时间参数的计算

1. 计算工作的最早开始时间和最早完成时间

单代号搭接网络计划时间参数的计算与前述单代号网络计划和双代号网络计划时间参数的计算原理基本相同。工作最早开始时间和最早完成时间的计算应从网络计划起始节点开始，顺着箭线方向依次进行。

（1）由于在单代号搭接网络计划中的起始节点一般都代表虚拟工作，故其最早开始时间和最早完成时间均为零。

凡是与网络计划起始节点相联系的工作，其最早开始时间为零；其最早完成时间应等于其持续时间。

（2）其他工作的最早开始时间和最早完成时间。

1）相邻时距为 FTS 时
$$ES_j = EF_i + FTS_{i,j} \tag{4.34}$$
$$EF_j = ES_j + D_j \tag{4.35}$$

2）相邻时距为 STS 时
$$ES_j = ES_i + STS_{i,j} \tag{4.36}$$
$$EF_j = ES_j + D_j \tag{4.37}$$

3）相邻时距为 FTF 时
$$EF_j = EF_i + FTF_{i,j} \tag{4.38}$$
$$ES_j = EF_j - D_j \tag{4.39}$$

4）相邻时距为 STF 时
$$EF_j = ES_i + STF_{i,j} \tag{4.40}$$
$$ES_j = EF_j - D_j \tag{4.41}$$

式中　ES_i——工作 i 的最早开始时间；

ES_j——工作 i 的紧后工作 j 的最早开始时间；

EF_i——工作 i 的最早完成时间；

EF_j——工作 i 的紧后工作 j 的最早完成时间；

$FTS_{i,j}$——工作 i 与工作 j 之间完成到开始的时距；

$STS_{i,j}$——工作 i 与工作 j 之间开始到开始的时距；

$FTF_{i,j}$——工作 i 与工作 j 之间完成到完成的时距；

$STF_{i,j}$——工作 i 与工作 j 之间开始到完成的时距。

注意：

（1）当出现最早开始时间为负值时，应将该工作与起点用虚箭线相连，并确定其 STS 为零。

（2）当有两种以上时距（有两项或以上紧前工作）限制工作间的逻辑关系时，应分别进行最早时间的计算，取其最大值。

（3）最早完成时间的最大值的工作应与终点节点用虚箭线相连，并确定其 FTF 为零。

（4）由于在搭接网络计划中，终点节点一般都表示虚拟工作（其持续时间为零），故其最早完成时间与最早开始时间相等，且一般为网络计划的计算工期。但是，由于在搭接网络计划中，决定工期的工作不一定是最后进行的工作，因此，在用上述方法完成计算之后，还应检查网络计划中其他工作的最早完成时间是否超过已算出的计算工期。如其他工作的最早完成时间超过已算出的计算工期应由其他工作的最早完成时间决定。同时，应将该工作与虚拟工作（终点节点）用虚箭线相连。

2. 计算相邻两项工作之间的时间间隔

（1）搭接关系为结束到开始（FTS）时的时间间隔为

$$LAG_{i,j} = ES_j - EF_i - FTS_{i,j} \tag{4.42}$$

（2）搭接关系为开始到开始（STS）时的时间间隔为

$$LAG_{i,j} = ES_j - ES_i - STS_{i,j} \tag{4.43}$$

（3）搭接关系为结束到结束（FTF）时的时间间隔为

$$LAG_{i,j} = EF_j - EF_i - FTF_{i,j} \tag{4.44}$$

（4）搭接关系为开始到结束（STF）时的时间间隔为

$$LAG_{i,j} = EF_j - ES_i - STF_{i,j} \tag{4.45}$$

（5）搭接关系为混合搭接时，应分别计算时间间隔，然后取其中的最小值。

3. 计算工作的总时差和自由时差

搭接网络计划中工作的总时差和自由时差仍用单代号求总时差和自由时差公式，即

$$TF_n = T_p - T_c \tag{4.46}$$

$$TF_i = \min\{LAG_{i,j} + TF_j\} \tag{4.47}$$

$$FF_n = T_p - EF_n \tag{4.48}$$

$$FF_i = \min\{LAG_{i,j}\} \tag{4.49}$$

4. 计算工作的最迟完成时间和最迟开始时间

计算工作的最迟完成时间和最迟开始时间仍用单代号求最迟完成时间和最迟开始时间公式，即

$$LF_i = EF_i + TF_i \tag{4.50}$$

$$LS_i = ES_i + TF_i \tag{4.51}$$

4.5.4.3 关键线路的确定

同单代号网络计划一样，可以利用相邻两项工作之间的时间间隔来判定关键线路。即从搭接网络计划的终点节点开始，逆着箭线方向依次找出相邻两项工作之间时间间隔为零的线路就是关键线路。

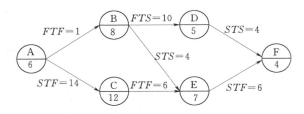

图 4.60 工程项目单代号搭接网络计划图

【例 4.15】 工程项目单代号搭接网络计划如图 4.60 节点中下方数字为该工作的持续时间。

试计算单代号搭接网络计划的时间参数并确定关键线路。

解：

对于这道题，要先根据已知条件，算出各工作的最早开始时间和最早完成时间，第二步计算相邻两项工作之间的时间间隔，第三步利用相邻两项工作之间的时间间隔来判定关键线路。

1. 参数计算

（1）计算各工作的最早开始时间和最早完成时间。

1）$ES_A=0$，$EF_A=6$；

2）根据 $FTF=1$，$EF_B=EF_i+FTF_i=6+1=7$，$ES_B=ES_j=EF_j-D_j=7-8=-1$，显然不合理。为此，应将工作 B 与虚拟工作 S（起始节点）相连，重新计算工作 B 的最早开始时间和最早完成时间得：$ES_B=0$，$EF_B=8$。

3）根据 $STF=14$，$EF_C=ES_i+STF_{i,j}=14$，$ES_C=EF_j-D_j=14-12=2$。

4）根据 $FTS=10$，$ES_D=EF_i+FTS_{i,j}=8+10=18$，$EF_D=ES_j+D_j=18+5=23$。

5）根据 $FTF=6$，$ES_E=20-7=13$，$EF_E=14+6=20$，其次，根据 $STS=4$，$ES_E=4$，$EF_E=11$，所以取大值，$ES_E=13$，$EF_E=20$。

6）根据 $STS=4$　$ES_F=22$，$EF_F=26$，其次，根据 $STF=6$　$ES_F=19-4=15$，$EF_F=13+6=19$，所以取大值 $ES_F=22$，$EF_F=26$，工期为 26。

（2）计算相邻两项工作之间的时间间隔。

$$LAG_{A,B}=EF_B-EF_A-1=8-6-1=1$$
$$LAG_{B,D}=ES_D-EF_B-10=18-8-10=0$$
$$LAG_{D,F}=ES_F-ES_D-4=22-18-4=0$$

因为 B 工作是和 S 虚工作联的，所以 SBDF 是一条关键线路。

$$LAG_{B,E}=ES_E-ES_B-4=13-0-4=9$$
$$LAG_{A,C}=EF_C-ES_A-14=14-0-14=0$$
$$LAG_{C,E}=EF_E-EF_C-6=20-14-6=0$$
$$LAG_{E,F}=EF_F-ES_E-6=26-13-6=7$$

2. 线路确定

工作 B 的最早开始时间为 0，所以它也是一个起始工作。根据"从搭接网络计划的终点开始，逆着箭线方向依次找出相邻两项工作之间时间间隔为零的线路就是关键线路"，其关键线路为 BDF，如图 4.61 所示。

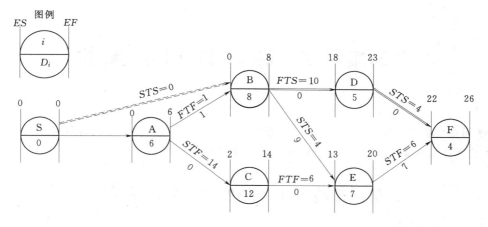

图 4.61　单代号搭接网络图见参数计算结果

复 习 思 考 题

一、填空题

1. 网络计划按表示方法的不同，分为_____、_____两种。

2. 双代号网络图按有无时间坐标分为_____、_____。

3. 双代号网络图主要由_____、_____和三个基本要素组成。

4. 双代号网络图中虚工作的作用有_____、_____、_____。

5. 工期泛指完成任务所需要的时间，一般有_____、_____、_____三种。

6. 网络计划的优化有_____、_____、_____。

7. 时标网络图绘制方法有_____、_____。

8. 时间间隔 $LAG_{i,j}$ 表示_____和_____之间的时间间隔。

二、简答题

1. 双代号网络图中是以箭线表示工作吗？单代号网络图中是以节点表示工作吗？

2. 简述网络图和横道图的优缺点。

3. 节点的编号原则有哪些？

4. 什么是关键线路？

5. 简述用节点位置号辅助绘制双代号网络图的绘制步骤。

6. 总时差和自由时差的含义是什么？

7. 确定双代号网络图的关键线路的方法有哪些？

8. 简述时标网络图关键线路的判别。

9. 简述单代号网络计划关键线路判别的方法。

10. 什么是网络优化？

学习项目 5 进 度 计 划 的 编 审

【学习目标】 通过本项目的学习，了解进度计划编制的阶段；了解进度计划的内容；掌握进度计划提交的时间和内容；掌握进度计划审核的时间和审批程序。

学习情境 5.1 进 度 计 划 的 编 制

工程项目的进度计划是对工程实施过程进行监理的前提，没有进度计划，也就谈不上对工程项目的进度进行监理。因此，在工程开始施工之前，承包人应向监理工程师提供一份科学、合理的工程项目进度计划。工程进度计划的作用，对于监理工程师来说，其意义超出了对进度计划进行控制的需要。例如，监理工程师需要根据进度计划来确定监理工作实施方案和施工要求；督促承包人做好具体工程开工之前的准备工作；根据进度计划的安排批复施工图纸以满足现场的要求；监理工程师还需要依据工程进度计划在项目的施工过程中，协调人力、物力、监督实际进度，评价由于各种管理失误，恶劣气候或由于业主的主管因素等变化而对工程进度的影响。

5.1.1 编制阶段和进度划分

根据项目实施的不同阶段，承包商分别编制总体进度计划和年、月进度计划；对于起控制作用的重点工程项目应单独编制单位工程或单项工程进度计划。

5.1.2 进度计划的主要内容

1. 总体进度计划的内容

工程项目的施工总进度计划是用来指导工程全局的，它是工程从开工一直到竣工为止，各个主要环节的总的进度安排，起着控制构成工程总体的各个单位工程或各个施工阶段工期的作用。

（1）工程项目的总工期，即合同工期。

（2）完成各单位工程及各施工阶段所需要的工期、最早开始和最迟结束的时间。

（3）各单位工程及各施工阶段需要完成的工程量及工程用款计划。

（4）各单位工程及各施工阶段所需要配备的人力和设备数量。

（5）各单位或分部工程的施工方案和施工方法（即施工组织设计）等。

（6）施工组织机构设置及质量保证体系，包括人员配备、实验室等。

2. 年进度计划的内容

对于一个建设工程项目来说，仅有工程项目的总进度计划对于工程的进度控制是不够的，尤其是当工程项目比较大时，还需要编制年度进度计划。年度进度计划要受工程总进度计划的控制。

（1）本年计划完成的单位工程及施工阶段的工程项目内容、工程数量及投资指标。

（2）施工队伍和主要施工设备的转移顺序。

（3）不同季节及气温条件下各项工程的时间安排。

（4）在总体进度计划下对各单项工程进行局部调整或修改的详细说明等。

在年度计划的安排过程中应重点突出组织顺序上的联系，如大型机械的转移顺序、主要施工队伍的转移顺序等。首先安排重点、大型、复杂、周期长、占劳动力和施工机械多的工程，优先安排主要工种或经常处于短线状态的工种的施工任务，并使其连续作业。

3. 月（季）度计划的内容

月（季）进度计划受年度进度计划的控制。月（季）进度计划是年度进度计划实现的保证，而年度进度计划的实现，又保证了总进度计划的实现。

（1）本月（季）计划完成的分项工程内容及顺序安排。

（2）完成本月（季）及各分项工程的工程数量及资料。

（3）在年度计划下对各单位工程或分项工程进行局部调整或修改的详细说明等。

（4）对关键单位工程或分项工程、监理工程师认为有必要时，应制定旬计划。

4. 单项工程进度计划的内容

单项工程进度计划是指一个工程项目中具体某一项工程，如某一桥梁工程、隧道工程或立交工程的进度计划。由于某些重点的单项工程的施工工期常常关系到整个工程项目施工总工期的长短，因此在施工进度计划的编制过程中将单独编制重点单项工程进度计划，单项工程进度计划必须服从工程的总进度计划，并且于其他单项工程按照一定的组织关系统一起来，否则，即使其他各项工程的计划都得以实现，只有一个单项工程没有按计划完成，则整个工程项目仍不能完成，不能实现全线通车，也就是说没有达到项目的总目标。

（1）本单项工程的具体施工方案和施工方法。

（2）本单项工程的总体进度计划及各道工序的控制日期。

（3）本单项工程的工程用款计划。

（4）本单项工程的施工准备及结束清场的时间安排。

（5）对总体进度计划及其他相关工程的控制、依赖关系和说明等。

5.1.3　进度计划的编制

施工总进度计划是施工现场各项施工活动在时间和空间上的体现。编制施工总进度计划是根据施工部署中的施工方案和工程项目开展的程序，对整个工地的所有工程项目做出时间和空间上的安排。其作用在于确定各个建筑物及其主要工种、工程、准备工作和全工地性工程的施工期限及开、竣工的日期，从而确定建筑施工现场劳动力、材料、成品、半成品、施工机械的需要数量和调配情况，以及现场临时设施的数量、水电供应数量和能源、交通的需要数量等。因此，正确地编制施工总进度计划是保证各项目以及整个建设工程按期交付使用，充分发挥投资效益，降低建筑工程成本的重要条件。

编制施工总进度计划的基本要求是：保证拟建工程在规定的期限内完成，采用合理的施工方法保证施工的连续性和均衡性，发挥投资效益，节约施工费用。

根据施工部署中拟建工程分期分批投产的顺序，将每个系统的各项工程分别划出，在控制的期限内进行各项工程的具体安排。如建设项目的规模不大，各系统工程项目不多时，也可不按分期分批投产顺序安排，而直接安排总进度计划。

5.1.3.1　施工总进度计划的编制

施工总进度计划一般是建设工程项目的施工进度计划。它是用来确定建设工程项目中所包含的各单位工程的施工顺序、施工时间及相互衔接关系的计划。编制施工总进度计划的依据有施工总方案、资源供应条件、各类定额资料、合同文件、工程项目建设总进度计划、工程动工时间目标、建设地区自然条件及有关技术经济资料等。

施工总进度计划的编制步骤和方法如下。

1. 收集编制依据

（1）初步设计、扩大初步设计等工程技术资料。

（2）项目总进度计划或施工合同文件（总承包单位编制施工总进度计划时以此为依据），以确定工程施工的开竣工日期。

（3）有关定额和指标，如概算指标、扩大结构定额、万元指标或类似建筑所需消耗的劳动力材料和工期指标。

（4）施工中可能配备的人力、机具设备，以及施工准备工作中所取得的有关建设地点的自然条件和技术经济等资料，如有关气象、地质、水文、资源供应以及运输能力等。

施工总进度计划还应根据工艺关系、组织关系、搭接关系、起止关系、劳动计划、材料计划、机械计划以及其他保证性计划等因素综合确定。因此，在编制施工进度计划时，首先要收集和整理有关拟建工程项目施工进度计划编制的依据。

2. 施工进度控制目标

施工进度控制目标时编制施工进度计划的重要依据，也是施工进度计划顺利执行的前提。只有确定出科学合理的进度控制目标，提高施工进度计划的预见性和主动性，才能有效地控制施工进度。

3. 计算工程量

根据批准的工程项目一览表，按单位工程分别计算其主要实物工程量，不仅是为了编制施工总进度计划，而且还为了编制施工方案和选择施工、运输机械，初步规划主要施工过程的流水施工，以及计算人工、施工机械及建筑材料的需要量。因此，工程量只需粗略地计算即可。

工程量的计算可按初步设计（或扩大初步设计）图纸和有关额定手册或资料进行。常用的定额、资料如下：

（1）每万元、每10万元投资工程量、劳动量及材料消耗扩大指标。

（2）概算指标和扩大结构定额。

（3）已建成的类似建筑物、构筑物的资料。

对于工业建设工程量来说，计算出的工程量应填入工程量汇总表，见表5.1。

表5.1　　　　　　　　　　　　工 程 量 汇 总 表

序号	工程量名称	单位	合计	生产车间			仓库运输			管　网				生活福利		大型临时设备		备注
				××车间	……	……	仓库	铁路	公路	供电	供水	排水	供热	宿舍	文化福利	生产	生活	

4. 确定各单位工程的施工期限

各单位工程的施工期限应根据合同工期确定，同时要考虑建筑类型、结构特征、施工方法、施工管理水平、施工机械化程度以及施工现场条件等因素。如果在编制施工总进度计划时没有合同工期，应保证计划工期不超过工期定额。

各单位工程的施工期限主要是由施工项目持续时间决定的。施工项目是包括一定内容的施工过程，是进度计划的基本组成单元。施工项目的持续时间应按正常情况确定，它的费用一般也是最低的。等编制出初始计划并经过计算后，再结合实际情况做必要的调整，这是避免因盲目抢工而造成浪费的有效办法。按实际施工条件来估算施工过程的持续时间是较为简便的方法，实际工作中也多采用这种方法。具体计算方法由经验估算法和定额计算法两种。

5. 确定各单位工程的开、竣工时间和相互搭接关系

在确定各单位工程的开、竣工时间和相互搭接关系时，应考虑以下几个方面：

（1）同一时期开工的项目不宜过多，以免造成人力、物力过于分散。

（2）在组织施工时，应尽量做到均衡施工。要不仅在时间的安排上，而且还应使劳动力、施工机械和主要材料的供应在整个工期内达到均衡。

（3）能够供工程施工使用的永久性工程，可尽量安排提前开工，这样可以节省临时工程费用。

（4）急需和关键的工程以及某些技术复杂、施工周期较长、施工难度较大的工程，应安排提前施工。

（5）施工顺序必须与主要生产系统投入生产的先后次序一致。另外，对于配套工程的施工期限和开工时间也要安排好，保证建成的工程迅速投入生产或交付使用。

（6）要考虑建设地区气候条件对施工的影响，施工季节不应导致工期延误或影响工程质量。

（7）安排一部分附属工程或零星项目作为后备项目，用来调节主要项目的施工进度。

（8）要使主要工种和主要施工机械能连续施工。

6. 编制初步施工总进度计划

施工总进度计划应安排全工地性的流水作业。全工地性的流水作业安排应以工程量大、工期长的单位工程为主导，组织若干条流水线，并以此带动其他工程。

施工总进度计划即可以用横道图表示，也可以用网络图表示，如果用横道图表示，则常用的格式见表 5.2。由于采用网络计划技术控制工程进度更加有效，所以人们更多地开始采用网络图来表示施工总进度计划。特别是电子计算机的广泛应用，为网络计划技术的推广和普及创造了更加有利的条件。

表 5.2　　　　　　　　　　　　　**施 工 总 进 度 计 划 表**

序号	单位工程名称	建筑面积/m²	结构类型	工程造价/万	施工时间/月	施工进度计划										
						第一年				第二年				第三年		
						一	二	三	四	一	二	三	四	一	二	三

7. 编制正式施工总进度计划

初步施工总进度计划编制完成后，还要对其进行检查。主要是检查各单项工程（或分部分项工程）的施工时间和施工顺序安排是否合理；总工期是否符合合同要求；资源是否均衡并分析资源供应是否得以保证；施工机械是否被充分利用等。经过检查，要对不符合要求的部分进行调整。通常的做法是改变某些工程的起止时间或调整主导工程的工期。如果是网络计划，则可以分别进行工期优化、费用优化和资源优化。如果必要，还可以改变施工方法和施工组织。

当初步施工总进度计划经过调整符合要求后，即可编制正式的施工总进度计划。施工总进度计划要与施工部署、施工方案、主导工程施工方案等互相联系、协调统一，不能冲突。在施工过程中，会因各种资源的供应及自然条件等因素的影响而打乱原计划，因此，计划的平衡是相对的。在计划实施过程中，应随时根据施工动态，对计划进行检查和调整，使施工进度计划更趋于合理。

正式的施工总进度计划确定后，应以此为依据编制劳动力、物资、大型施工机械等资源的需用量计划，以便组织供应，保证施工总进度的实现。

5.1.3.2　单位工程施工进度计划的编制

单位工程是指具有独立设计，可以独立组织施工，但建成后不能独立发挥效益的工程。建筑群体或工业交通、公共设施建设项目或其单项工程中的每一单位工程、改扩建项目的独立单位工程，在开工前都必须编制详细的单位工程施工进度计划，作为落实施工总进度计划和具体指导工程施工的计划文件。

单位工程施工进度计划是在已经确定的施工方案的基础上，根据规定的工期和各种资源供应条件，按照组织施工的原则，对单位工程中的各分部分项工程的施工顺序、施工起止时间和搭接关系进行合理规划，并用图表表示的一种计划安排。

1. 单位工程施工进度计划的作用

单位工程施工进度计划对整个施工活动做出全面的统筹安排，其主要作用表现如下：

（1）控制单位工程的施工进度，保证在规定时间内完成施工任务，并保证工程质量。

（2）确定各施工过程的施工顺序，施工持续时间及相互搭接、配合关系。

（3）为编制季度、月度施工作业计划提供依据。

（4）为确定劳动力和资源需用量计划及编制施工准备计划提供依据。

（5）指导施工现场的施工安排。

2. 单位工程施工进度计划的分类

根据施工项目划分的粗细程度不同，一般将单位工程施工进度计划分为指导性计划和控制性计划分类。

（1）指导性进度计划。指导性进度计划是按照分项工程或施工过程来划分施工项目的，其主要作用是确定各施工过程的施工顺序、施工持续时间及相互搭接、配合关系。适用于施工任务具体而明确、施工条件基本落实、各项资源供应正常、施工工期不太长的工程。

（2）控制性进度计划。控制性进度计划是按照分部工程来划分施工项目的，其主要作用是控制各分部工程的施工顺序、施工持续时间及相互搭接、配合关系。适用于工程结构较复杂、规模较大、工期较长而需跨年度施工的工程，也适用于工程规模不大或结构不复杂，但资源不落实的情况或因其他方面等可能变化的情况。

编制控制性施工进度计划的单位工程，在各分部工程的施工条件基本落实后，施工前仍需编制指导性施工进度计划，以指导施工。

3. 单位工程施工进度计划的编制依据

单位工程的施工进度计划宜依据下列资料编制：

（1）经过审批的建筑总平面图及单位工程全套施工图以及地质、地形图、工艺设计图、设备及其基础图、各种采用的标准图等图纸及技术资料。

（2）施工组织总设计对本单位工程的有关规定。

（3）施工工期要求及开、竣工日期。

（4）施工条件，劳动力、材料、构件及机械的供应条件，分包单位的情况等。

（5）确定的主要分部分项工程的施工方案，包括施工顺序、施工段划分、施工起点流向、施工方法、质量及安全措施等。

（6）劳动定额及机械台班定额。

（7）其他有关要求和资料，如工程合同。

4. 单位工程施工进度计划内容

单位工程施工进度计划的内容包括如下：

（1）编制说明：主要是对单位工程施工进度计划的编制依据、指导思想、计划目标、资源保证要求以及应重视的问题等作出说明。

（2）进度计划图：即表示施工进度计划的横道图或网络计划图。

（3）单位工程施工进度计划的风险分析及控制措施：风险分析应包括技术风险、经济风险、环境风险和社会风险的分析等。控制措施包括技术措施、组织措施、合同措施和经济措施等。

5. 单位工程施工进度计划的编制步骤和方法

（1）划分工作项目。工作项目是包括一定工作内容的施工过程，它是施工进度计划的基本组成单元。工作项目内容的多少，划分的粗细程度，应该根据计划的需要来决定。对于大型建设工程，经常需要编制控制性施工进度计划，此时工作项目可以划分得粗一些，一般指明确到分部工程即可，例如在装配式单层厂房控制性施工进度计划中，只列出土方工程、基础工程、预制工程、安装工程等各分部工程项目。如果编制实施性施工进度计划，工作项目就应划分得细一些。在一般情况下，单位工程施工进度计划中的工作项目应明确到分项工程或更具体，以满足指导施工作业、控制施工进度的要求。例如，在装配式单层厂房实施性施工进度计划中，应将基础工程进一步划分为挖基础、做垫层、砌基础、回填土等分项工程。

由于单位工程中的工作项目较多，应在熟悉施工图纸的基础上，根据建筑结构特点及已确定的施工方案，按施工顺序逐项列出，以防止漏项或重项。凡是与工程对象施工直接有关的内容均应列入计划，而不属于直接施工的辅助性项目和服务性项目则不必列入。例如，在多层混合结构住宅建筑工程施工进度计划中，应将主体工程中的搭脚手架，砌砖墙，现浇圈梁、大梁及混凝土板，安装预制楼板和灌缝等施工过程列入。而完成主体工程中的运输砖、砂浆及混凝土，搅拌混凝土和砂浆，以及楼板的预制和运输等项目，既不是在建筑物上直接完成，也不占用工期，则不必列入计划之中。

另外，有些分项工程在施工顺序上和时间安排上是相互穿插进行的，或者由同一专业施工队完成的，为了简化进度计划的内容，应尽量将这些项目合并，以突出重点。例如，防潮层施工可以合并在砌筑基础项目内，安装门窗框可以并入砌墙工程。

（2）确定施工顺序。确定施工顺序是为了按照施工的技术规律和合理的组织关系，解决各工作项目之间在时间上的先后顺序和搭接问题，以达到保证质量、安全施工、充分利用空间、争取时间、实现合理安排工期的目的。

（3）计算工程量。工程量的计算应根据施工图和工程量计算规则，针对所划分的每一个工作项目进行。当编制施工进度计划时已有预算文件，且工作项目的划分与施工进度计划一致时，可以直接套用施工预算的工程量，不必重新计算。若某些项目有出入，但出入不大时，应结合工程的实际情况进行某些必要的调整。计算工程量时应注意以下问题：

1）工程量的计算单位应与现行定额手册中所规定的计量单位相一致，以便计算劳动力、材料和机械数量时直接套用定额，而不必进行换算。

2）要结合具体的施工方法和安全技术要求计算工程量。例如，在计算柱基土方工程量时，应根据所采用的施工方法（单独基坑开挖、基槽开挖还是大开挖）和边坡稳定要求（放边坡还是加支撑）进行计算。

3）应结合施工组织的要求，按已划分的施工段分层分段进行计算。

（4）计算劳动量和机械台班数。当某工作项目是由若干个分项工程合并而成时，则应分别根据各分项工程的时间定额（或产量定额）及工程量，按式（5.1）计算出合并后的综合时间定额（或综合产量定额）。

$$H=\frac{Q_1 H_1 + Q_2 H_2 + \cdots + Q_i H_i + \cdots + Q_n H_n}{Q_1 + Q_2 + \cdots + Q_i + \cdots + Q_n} \tag{5.1}$$

式中　　H——综合时间定额，工日$/m^2$，工日$/m^2$，工日$/t$，…；

Q_i——工作项目中第 i 个分项工程的工程量；

H_i——工作项目中第 i 个分项工程的时间定额。

根据工作项目的工作量和所采用的定额，即可按式（5.2）或式（5.3）计算出各工作项目所需要的劳动量和机械台班数。

$$P=QH \tag{5.2}$$

或

$$P=\frac{Q}{S} \tag{5.3}$$

式中　　P——工作项目所需要的劳动量，工日，或机械台班数，台班；

Q——工作项目的工程量，m^3，m^2，t，…；

S——工作项目所采用的人工产量定额，$m^3/$工日，$m^3/$工日，$t/$工日，…，或机械台班产量定额，$m^3/$台班，$m^3/$台班，$t/$台班，…。

零星项目所需要的劳动量可结合实际情况，根据承包单位的经验进行估算。

由于水暖电卫等工程通常由专业施工单位施工，因此，在编制施工进度计划时，不计算其劳动量和机械台班数，仅安排其与土建施工相配合的进度。

（5）确定工作项目的持续时间。根据工作项目所需要的劳动量或机械台班数，以及该工作项目每天安排的工人数或配备的机械台班数，即可按式（5.4）计算出各工作项目的持续时间。

$$D=\frac{P}{RB} \tag{5.4}$$

式中　　D——完成工作项目所需要的时间，即持续时间，d；

R——每班安排的工人数或施工机械台班数；

B——每天工作班数。

在安排每班工人数和机械台班数时，应综合考虑以下问题：

1）要保证各个工作项目上工人班组中每一个工人拥有足够的工作面（不能少于最小工作面），以发挥高效率并保证施工安全。

2）要使各个工作项目上的工人数量不低于正常施工时所必需的最低限度（不能小于最

小劳动组合），以达到最高的劳动生产率。

由此可见，最小工作面限定了每班安排人数的上限，而最小劳动组合限定了每班安排人数的下限。对于施工机械台数的确定也是如此。

每天的工作班数应根据工作项目施工的技术要求和组织要求来确定。例如浇筑大体积混凝土，要求不留施工缝连续浇筑时，就必须根据混凝土工程量决定采用双班制或三班制。

以上是根据安排的工人数和配备的机械台班数来确定工作项目的持续时间。但有时根据组织要求（如组织流水施工时），需要采用倒排的方式来安排进度，即先确定各个工作项目的持续时间，然后以此来确定所需要的工人数和机械台班数。此时，需要把式（5.4）变换成式（5.5）。利用该公式即可确定各工作项目所需要的工人数和机械台班数。

$$R = \frac{P}{DB} \tag{5.5}$$

如果根据以上求得的工人数或机械台数已超过承包单位现有的人力、物力，除了寻求其他途径增加人力、物力外，承包单位应从技术上和施工组织上采取积极措施加以解决。

（6）绘制施工进度计划图。绘制施工进度计划图，首先应选择施工进度计划的表达形式。目前，采用来表达建设工程施工进度计划的方法有横道图和网络图两种形式。横道图比较简单，而且非常直观，多年来被人们广泛地用于表达施工进度计划，并以此作为控制工程进度的主要依据。

但是，采用横道图控制工程进度具有一定的局限性。随着计算机的广泛应用，网络计划技术日益受到人们的青睐。

（7）施工进度计划的检查与调整。当施工进度计划初始方案编制好后，需要对其进行检查与调整，以便使进度计划更加合理，进度计划检查的主要内容如下：

1）各工作项目的施工顺序、平行搭接和技术间歇是否合理。

2）总工期是否满足合同规定。

3）主要工种的工人是否能满足连续、均衡施工的要求。

4）主要机具、材料等的利用是否均衡和充分。

在上述四个方面中，首要的是前两个方面的检查，如果不满足要求，必须进行调整。只有在前两个方面均达到要求的前提下，才能进行后两个方面的检查与调整。前者是解决可行与否的问题，而后者是优化的问题。

进度计划的初始方案若是网络计划，则可分别进行工期优化、费用优化及资源优化。待优化结束后，还可将优化后的方案用时标网络计划表达出来，以便于有关人员更直观地了解进度计划。

学习情境 5.2　进度计划的审批

5.2.1　进度计划的提交

5.2.1.1　提交及审核时间

1. 总体进度计划

除另有规定外，承包人应在合同协议书签订之后的 28 天内，向驻地监理工程师提交（2份）格式和内容符合监理工程师规定的工程进度计划，以及为完成该计划而建议采用的实时性施工方案和说明。驻地监理工程师（包括经驻地审核报总监理工程师审核）应在收到该计划的 14 天内审查同意或提出修改意见。如需修改则将进度计划退回承包人，承包人在接到监理工程师指令的 14 天内将修订后的进度计划提交给驻地监理工程师。

2. 年度进度计划

一般承包人应在每年的 11 月底前，根据已同意的总体进度计划或其修订的进度计划，向驻地监理工程师提交 2 份其格式和内容符合监理工程师规定的下一年度的施工进度供审查，该计划应包括本年度预计完成的和下一年度预计完成的分项工程数量和工程量以及为实现此计划采取的措施。由总监理工程师和驻地监理工程师对年度进度计划进行审核与批复。进度计划获得同意的时间最迟不宜超过 12 月 20 日，以免影响下一年度的施工。

3. 月进度计划

承包人应在确保合同工期的前提下，每三个月对进度计划进行一次修订，一般应在前一个进度计划的最后一个月的 25 日前提交给监理工程师。施工过程中，如果监理工程师认为有必要或者工程的实际进度不符合经监理同意的进度计划，监理工程师可要求承包人每 1 个月提交一次工程进度修订计划，以确保工程在预定工期内完成。

5.2.1.2　提交内容和审批程序

1. 承包人提交工程进度计划的内容

承包人提交的进度计划内容应符合"进度计划审核的主要内容"中的规定并符合规定的图表格式。

2. 批复程序

所有的进度计划均先报驻地监理工程师，由驻地监理工程师组织监理人员进行初审，按照总监理工程师关于进度计划管理的授权进行批复或转报总监理工程师批复。一般总体进度计划、年度计划、关键主体工程进度和复杂工程施工方案，由驻地工程师提出审查意见后报总监理工程师批复，报业主备案，其他计划由驻地监理工程师审查批复，向总监理工程师备案。审核工作应按以下程序进行：

（1）阅读有关文件、列出问题、调查研究、搜集资料、酝酿完善或调整的建议。

（2）与承包人对有关进度计划编制问题进行讨论或澄清，并提出修改建议。

（3）汇总、综合、确定批复意见。

（4）如承包人进度计划不被接受，监理工程师应提出修改建议并退回承包人，督促承包人重新编制，并按上述程序再予以提交和审核。施工进度计划审批程序参见图 5.1。

3. 批复的主要内容

监理工程师对承包人编制的进度计划不管同意与否，均要以书面的形式予以批复，批复主要内容应包括：

（1）明确是否接受提交的进度计划，并说明理由。

（2）提出完善进度计划或重新编制进度计划的建议和要求。

（3）对可接受的进度计划，应明确指出需要补充的内容、完善的措施、时限要求和补充提交的资料。

（4）对需要新编制的进度计划，应明确编制要求、重点及编制中应注意的问题。

5.2.1.3　编制进度计划的时间要求

进度计划的编制必须在该计划控制的时限到来之前完成，以确保对工程施工的指导

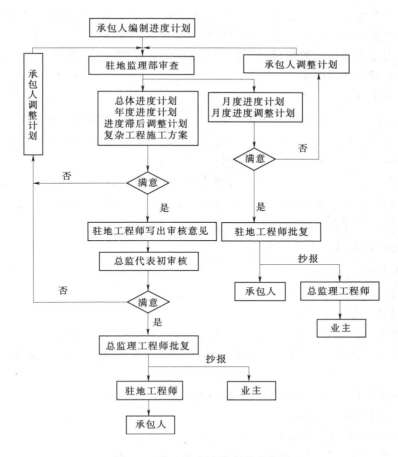

图 5.1　施工进度计划审批程序图

作用。

5.2.2　进度计划的审批

5.2.2.1　进度计划审核的基本要求

　　进度计划的审核是通过审核承包人的进度计划，使工程实施的时间安排合理、施工方案和工艺可行、有效，施工能力与计划目标相适应。

　　1. 以合同为依据

　　监理工程师在审核进度计划时必须以合同为依据，以实现合同规定的分阶段进度计划，确保合同总工期内完成工程施工要求为目标。即工程进度计划以月保季、季保年，年计划保证总工期实现为目标，审查进度计划的合理性和对施工的指导性。

　　2. 资源投入满足工程进度计划需要

　　承包人为完成工程投入的人员、设备、资金和材料等资源是实现工程进度计划的重要措施和保证。进度计划的审查要对资源的数量、性能、规格及人员，以及符合要求的资源的投入时间，进行详细核算，保证完成进度计划的需要。

　　3. 施工方案满足技术规范要求

　　合理的施工方案是使所建工程质量达到合同目标的基础。审核进度计划时，要对各分项工程，特别是主要分项工程的施工方案和施工工艺的合理性和可行性进行认真的审核。施工方案及施工工艺必须符合有关技术规范的规定，符合施工现场水文、地质、气象、交通等条件，符合业主为达到预期的质量目标，在工程合同中规定的施工方案或施工工艺要求，承包人的资源投入必须与之相适应。

4. 相关工程协调

进度计划审核中心须根据工程内容、特点，全面综合协调各施工单位的工程进度计划，突出保证关键主体工程，便于工程管理和对已完工程的有效保护，使各项工程、各工种和各施工单位施工作业协调、有序地进行，避免相互影响和干扰。

为此，各阶段进度计划中，应明确关键工程项目并予以优先安排，重点保护；分项工程、施工单位间的相互关系和交接明确；为后续工程进展创造有利的施工条件；工作量计划和形象进度兼顾，以保证形象计划为主。

5.2.2.2　进度计划审核的主要内容

1. 总体进度计划

（1）审核内容：

1）工程项目的合同工期。

2）完成各单位工程及各施工阶段所需要的工期、最早开始和最迟结束的时间。

3）各单位工程及各施工阶段需要完成的工程量及现金流动估算，配备的人员及机械数量。

4）各单位工程或分部工程的施工方案和施工方法等。

（2）应提供的资料：

1）施工总体安排和施工总体布置（应附总施工平面图）。

2）工程进度计划以关键工程网络图和主要工作横道图形式分别绘制，并辅以文字说明。一般对总体进度计划图和复杂的单位工程应采用网络图，对工序少，施工简单的单位工程采用横道图或斜条图，对工作量的进度计划的表示采用 S 曲线图。

3）永久占地和临时占地计划。

4）资金需求计划。

5）材料采购、设备调配和人员进场计划。

6）主要工程施工方案。

7）质量保证体系及质量保证措施（附施工组织机构框图和质保体系图）。

8）安全生产措施（附安全生产组织框图）和环境保护措施。

9）雨、冬季施工质量保证措施。

（3）总体进度除满足基本要求外，还应注意以下几点：

1）承包人对投标书中所拟施工方案的具体落实措施的可行性和可靠性。

2）承包人进驻施工现场后，针对更详细掌握的现场情况和施工条件（如地形、地质、施工用地、拆迁、便道、设计变更等），对工程进度和施工方案以及相应施工准备、施工力量和施工活动的补充和调整。

3）对特别重要、复杂工程及不利季节施工的工程和采用新工艺、新技术的施工安排和措施的可行性和可靠性。

2.关键工程进度计划

关键工程进度计划是总体工程进度计划主要组成部分，对项目总工期起着控制作用，其内容应与总体进度计划协调一致，有更强的针对性，并在计划中明确、突出，加大措施保证其实现。

（1）审核的内容：

1）施工方案和施工方法。

2）总体进度计划及各道工序的控制日期。

3）现金流动估算。

4）各工程阶段的人力和设备的配额及运输安排。

5）施工准备及结束清偿的时间。

6）对总体进度计划及其他相关工程的控制、依赖关系和说明等。

（2）应提供的资料：

1）施工进度计划应细化分项工程各道工序的控制日期，并以图表的形式表达。

2）施工场地布置图，主要料场分布图（如取土场）。

3）资金需求计划。

4）材料采购计划、设备调配计划和人员进场计划。

5）具体施工方案和施工方法。

6）质量保证体系及质量保证措施（附施工组织机构框图和质保体系图）。

7）安全生产措施（附安全生产组织框图）和环境保护措施。

8）雨季施工质量保证措施。

9）冬季施工质量保证措施。

3.年度计划的审核

（1）审核的内容：

1）本年度计划完成的工程项目、内容、工程数量及工作量。

2）施工队伍和主要施工设备、数量及调配顺序。

3）不同季节及气温条件下各项工程的时间安排。

4）在总体计划下对各分项工程进行局部调整或修改的详细说明等。

（2）应提供的资料：

1）本年度工程进度计划（计划完成的工程项目、内容、数量及投资）。

2）计划进度图表，进度图表中各分项工程的进度均要细化到月。

3）资源投入计划，包括主要施工设备投入、调配计划、主要技术和管理人员投入计划、劳力组织计划、资金投入计划（主要指承包人在合同中承诺的由承包人投入到本工程的资金）。

4）资金流量估算表（计划需业主支付给承包人的）。

5）永久和临时占地计划。

6）保证工期和质量的措施。

7）特殊季节施工质量保证措施。

（3）审核注意事项：

1）年度进度计划是在总体进度计划和各关键工程进度计划已获得监理工程师批复的基

础上编制，年度计划审核要注意以下事项。

2）工期和进度必须符合总体进度计划的要求。

3）工作量和形象进度计划应保持一致，以形象进度为主。

4）人员、设备、材料等投入应在数量、进程时间和分配上应进一步具体化，明确各分项工程所分配的具体数量，保证适应工程进展的需要。

5）各分项工程的开工和完成日期以及各分项工程或各单位工程间的相互衔接关系进一步明确。

6）根据实际进展情况，对单位工程或分项工程及完成它所采取的工程措施和资源投入进行局部调整或修改。

4. 月进度计划审核

月进度计划审核的基本要求和主要内容与年度计划审核基本相同，只是时间跨度更小，对各分项工程的控制更加具体，不再赘述。

5.2.2.3 各工程进度计划审核的准备

1. 搜索与进度计划审核有关的技术资料

为了使通过监理工程师审核和批复的施工组织计划或工程进度计划合理，并对工程实施具有指导性，监理工程师应全面地搜集与工程有关的资料，并进行现场调查，这些资料包括：

（1）合同文件及其涉及的技术规范。

（2）地质、水文和气象资料。

（3）当地料源、土场分布情况。

（4）当地交通条件及水、电分布资料。

（5）社会环境及当地民风、民俗。

（6）与编制进度计划有关的工程定额和手册等。

2. 阅读合同文件

重点从以下几个方面掌握合同文件。

（1）工期。工程合同中对工期的规定有总的工期目标和分阶段工期目标，对进度的控制有工作量控制和形象进度控制，以及各期工程的起止时间和有关施工单位的进场时间。熟悉合同时，必须注意全面掌握，各目标兼顾，并充分考虑不利施工季节可能对工程顺利进展的影响。

（2）工作量。应注意掌握：工程的分期及其工程范围和内容。如小桥涵的护栏有的包含在路基桥涵工程中，有的包含在交通工程中。分隔带换土有的包含在路基或路面工程中，有的包含在绿化工程中。要明确界定范围，避免计划安排的遗漏或重复和施工作业的相互干扰。

（3）新技术、新工艺的采用。采用新技术、新工艺，往往对施工工艺、技术指标、试验、测试、数据的收集、验收与评定有特殊的要求，对进度的影响较大，阅读合同时应注意以下几点：

1）与常规施工方法的不同。

2）新技术或新材料的特性及主要控制指标。

3）新材料、新工艺施工前的考察、研讨、培训等准备。

4) 试验、试验段所需的时间。

5) 需要专用机械或设备。

6) 与常规方法在施工效率方面的不同。

3. 监理人员的组织与分工

工程计划的编报和审核是一项技术含量高，涉及范围广，各学科知识相互渗透和影响的工作，应由监理主要负责人组织各专业工程师参加，在全面搜集资料、熟悉合同、了解现场及本工程特点的基础上进行。应注意以下事项。

（1）参加审核人员的数量和专业视工程规模、内容、复杂程度而定，技术和业务应能覆盖整个工程。

（2）人员分工力求各尽所能，扬长避短，可参考如下方法：主要负责人负责组织协调工作，并对进度计划总体安排的合理性、工程总工期目标和分阶段工期目标的保证措施、主要工程施工方案的采用、各合同或各单位工程以及各期工程的协调等进行审核，根据审核工作进展情况适时调整人员分工。其他人员根据专业分别审查其有关内容。

（3）各级监理审批权限。各级监理审批进度计划的权限由总监理工程师决定。一般情况下，总体进度和年度进度计划由总监理工程师批复，月进度计划由驻地工程师批复。当工程实际进度严重偏离计划进度，驻地工程师应指令承包人调整进度计划。由驻地工程师审查同意后报总监理工程师审批。重要或关键工程的总体进度计划应经驻地工程师审查同意后报总监理工程师审批。

4. 审核中的资料分析与整理

（1）分析整理的目的。对已掌握资料分析与整理，目的如下：

1) 分析可能影响工程正常进展、影响实现合同规定阶段控制目标和工期目标的因素。

2) 掌握和分析承包人为实现本工程的预期目标拟投入的人力、设备、资金的适应能力。

3) 探头避免或减少各种不利施工的自然因素（如雨季、冬季施工、不良地质条件）影响的施工安排和技术措施。

4) 明确工程施工的技术难点和采用新技术、新工艺应予重点控制的环节和技术措施。

5) 明确可能影响安全生产的工程部位和施工环节，及其在计划中采取的措施。

（2）分析和整理的重点。

1) 设计资料和实际情况的符合性。由于种种原因（设计管理中的协调、勘探设计的深度、技术水平等），常有设计资料与实际不符的情况发生，补充必要的勘探资料或变更设计，有利于工程按计划进展。常见情况有：

a. 地质资料方面，转孔的密度未能控制实际地质情况或描述不符合实际。

b. 当地料场、取土场及地材质量和储存量、供应能力不准确。

c. 工程各部位设计不协调（即设计文件中的各组成部分，不协调一致）等。

2) 施工环境的影响。

a. 气候的影响。

b. 地质、水文的影响。

c. 当地工农业生产对本工程所需材料、劳务、水、电供应能力。

d. 当地风俗、习惯的影响，如传统节日、麦收、秋收等。

3) 承包人履约能力（从承包人进场、组织机构、质检系统、人员和机械设备进场及施工准备情况等方面分析承包人合同意识和质量意识）。

5. 计划审查注意事项

（1）保证合同工期。总体进度计划是整个工程的进度安排，总工期、分阶段工期目标必须得到保证，并符合合同要求。

年度、月度或其他进度计划是总体进度计划的特定阶段，工期和进度的安排必须符合总体进度计划。如上一阶段实际进度与总体计划进度有偏差（主要指进度滞后），应在下阶段中予以调整，如发生的偏差较大，超出了正常范围，应考虑总体计划的调整。

总体计划中工程开始和完成日期、工程进度和资源投入是针对工程总体而言，年度或月度计划中必须把工作衔接、资源投入明确落实到具体项目。

（2）重视形象进度。保证工作量进度与形象进度一致是保证全工程协调有序进展和为后续工程创造有利工作条件的措施之一。审查进度计划和实际控制进度时，应防止片面追求和加大工作量计划可能导致对总体进度的干扰。如地形复杂的大填大挖路段，其工作量占工程总金额的比重不一定很大，但是机械难以进场和调整，工作面小，操作困难，工程初期对其难度估计不足，后期可能成为影响后续工程施工的部位。

（3）控制关键工程。关键工程进度计划，必须在技术、物质、人员、资金方面得以充分保证，有关的非关键工程要在不干扰其顺利实施的条件下与关键工程协调安排。

（4）保证质量目标。进度计划中对质量保证的审核应注意：

1）合同中承诺的主要技术管理人员必须按要求到位，质量保证体系需完善、有效，不得随意更换，并根据现场实际需要适时调整。如认为技术和管理人员不足应要求承包人补充。

2）承包人所投入的主要机械设备的数量、规格和性能应与合同中的承诺一致，并根据批准的施工方案和工艺的需要来进行充实和调整。审查重点是大型专用设备，如起重设备、土方工程中的重型压实设备。

3）指定的施工工艺落实，有的工程合同文件中对工程施工工艺提出明确要求，进度计划审批时应注意予以保证。例如，规定对水泥混凝土工程采用集中机械拌和、搅拌运输、场地硬化、使用大模板；楼板结构层用覆盖养生；钢筋混凝土预制梁（板）先做试验梁合格后允许批量预制等。

（5）多工种、多单位施工协调。建设工程一般有多个承包人参与施工。为了相互配合，协调作业，减少干扰，有序地进行施工，必须对各个承包人编制的计划进行协调，以下方面可供参考：

在明确并保证关键建设工程施工不受干扰的情况下，尽可能多地开展施工作业；

现场清理，特别是挖、弃方量比较大的现场清理工作（主要指路线征地界以内部分），宜在隔离栅安装前完成；

群众生产、生活的通道、便道，应及时疏通并能正常通行，排水系统应在雨季前疏通等。

（6）施工环境的影响。

1）施工现场条件的影响。

a. 原地面、路堑或取土场含水量过高，压实前需做排水、翻晒、或因有不适宜土，需做部分清除或分层剖离处理。

b. 岩溶地质条件和地质条件出现意外情况的处理。

c. 工程实际与实际地质、水文不符（如路槽有渗水、涌水情况发生，地基承载力不足等）的设计变更。

d. 冬、雨季不利施工季节或因意外地下文物、构造物（如电力、电信、水利设施等）因素影响的停工。

2）施工环境的影响。

a. 工程建设所需地方材料的供应能力及其质量的影响。

b. 民风、民俗对本工程劳务的影响。

c. 预计提供施工用地及地物拆迁进展对工程安排的影响。

d. 当地有关部门和群众可能对施工进度的影响。

（7）采用新技术、新工艺的影响。采用新技术、新工艺的工程不论承包人是否有类似工程施工的经历，全面展开施工前，应具备如下条件，并在进度计划中安排。

1）具备和掌握了技术规范、操作规程，对施工人员进行了岗位培训，并有严密的施工组织和质量保证措施。

2）机械设备检测仪器的配备适应工程需要，工程材料符合要求。

3）进行了试验段或关键施工环节的施工检测，取得的检测数据符合设计要求，并在总结经验基础上，调整完善了施工方案和操作规程。

（8）必须对承包人提交的资料进行复核、计算。

【例 5.1】　某道路工程，包括拆迁旧物、清理现场、临时工程、地下管线、涵洞和排水构造物、路基工程、路面工程、桥梁、沿线设施、整修共九个分项，各分项工程的持续时间和相互之间的逻辑关系见表 5.3。指令工期为 850 天。施工单位编制的进度计划如图 5.2 所示。

表 5.3　　　　　　　各分项工程的持续时间和相互之间的逻辑关系

分项代号	分项名称	紧前分项	工期/天	投入班组数
A	拆迁旧物、清理现场	—	30	1
B	临时工程	—	20	2
C	地下管线	A、B	250	4
D	涵洞和排水构造物	B	100	5
E	路基工程	C、D	300	8
F	路面工程	E	400	10
G	桥梁	B	360	15
H	沿线设施	F、G	90	2
I	整修	H	15	2

作为监理工程师，请给出审批意见。

解：

监理工程师对这份进度计划进行了审批，提出以下审查意见。

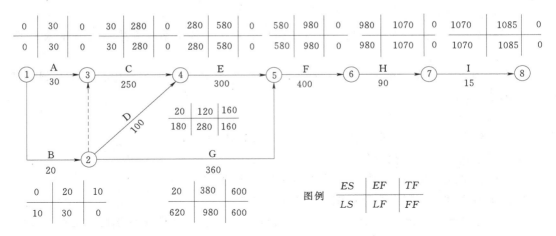

图 5.2 施工单位编制的进度计划

（1）指令工期为 850 天，而进度计划是按比指令工期推迟 235 天进行编制的，而时间延期未得到任何批准。审查未批准承包商提交的进度计划，对承包商有如下建议：

1）涵洞和排水构造物这个分项的机动时间为 160 天。为缩短总工期，将这个分项的五个作业班组抽出一个去支援地下管线工程。

2）将路基工程和路面工程分为两个作业段，进行流水施工。

（2）需补做人工、材料、机械设备的详细计划安排表，以便说明施工过程不同时间所需的具体数量。

（3）对桥梁工程需做出详细分部工程计划安排。

承包商结合监理工程师的审查意见，对进度计划进行修订。新的进度计划如图 5.3 所示，各分项的持续时间和相互之间的逻辑关系见表 5.4。

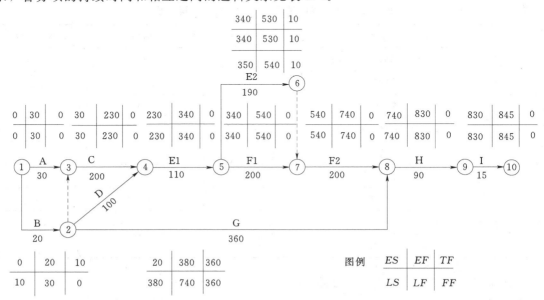

图 5.3 修订的进度计划

表 5.4   各分项的持续时间和相互之间新的逻辑关系

分项代号	分项名称	紧前分项	工期/天	投入班组数
A	拆迁旧物、清理现场	—	30	1
B	临时工程	—	20	2
C	地下管线	A、B	200	5
D	涵洞和排水构造物	B	125	4
E1	路基工程施工段 1	C、D	110	8
E2	路基工程施工段 2	E1	190	8
F1	路面工程施工段 1	E1	200	10
F2	路面工程施工段 2	F1、E2	200	10
G	桥梁	B	360	15
H	沿线设施	F2、G	90	2
I	整修	H	15	2

复 习 思 考 题

一、填空题

1. 根据项目实施的不同阶段，承包商分别编制_____、_____、_____。

2. 承包人应在合同协议书签订之后的_____内向驻地监理工程师提交工程进度计划。

二、简答题

1. 编制进度计划的依据是什么？

2. 进度计划的基本内容有哪些？

3. 简述施工总进度计划的编制步骤。

4. 简述施工进度计划审批程序。

5. 简述进度计划审核的主要内容。

学习项目 6　单位工程施工组织设计

【学习目标】　通过本项目的学习，了解施工组织的概念及施工组织编制原则；熟悉施工组织设计编制的依据和程序；掌握施工组织编制的内容。

学习情境 6.1　工程概况和施工特点分析

6.1.1　工程概况

工程概况是对拟建工程的基本情况、施工条件及工程特点做概要性介绍和分析，是施工组织设计的第一项内容。其编写目的，一是可使编制者进一步熟悉工程情况，做到心中有数，以便使设计切实可行、经济合理；也可使审批者能较正确、全面地了解工程的设计与施工条件，从而判定施工方案、进度安排、平面布置及技术措施等是否合理可行。

工程概况的编写应力求简单明了，常以文字叙述或表格形式表现，并辅之以平、立、剖面简图。

工程概况主要要包括以下内容：

6.1.1.1　工程建设概况

主要包括拟建工程的名称、建造地点、建设单位、工程的性质、用途、资金来源及工程造价、开竣工日期、设计单位，监理单位，施工总、分包单位；上级有关文件或要求；施工图纸情况（齐全否、会审情况等）；施工合同签订情况及其他应说明的情况等。

6.1.1.2　工程设计概况

主要包括建筑、结构、装饰、设备等设计特点及主要工作量。如建筑面积及层数、层高、总高、平面形状及尺寸，功能与特点；基础的种类与埋深、构造特点，结构的类型，构件的种类、材料、尺寸、重量、位置特点，结构的抗震设防情况等；内外装饰的材料、种类、特点；设备的系统构成、种类、数量等。

对新材料、新结构、新工艺及施工要求高、难度大的施工过程应着重说明。对主要的工作量、工程量应列出数量表，以明确工程施工的重点。

各专业设计简介应包括下列内容：

（1）建筑设计简介应依据建设单位提供的建筑设计文件进行描述，包括建筑规模、建筑功能、建筑特点、建筑耐火、防水及节能要求等，并应简单描述工程的主要装修做法。

（2）结构设计简介应依据建设单位提供的结构设计文件进行描述，包括结构形式、地基基础形式、结构安全等级、抗震设防类别、主要结构构件类型及要求等。

（3）机电及设备安装专业设计简介应依据建设单位提供的各相关专业设计文件进行描述，包括给水、排水及采暖系统、通风与空调系统、电气系统、智能化系统、电梯等各个专业系统的做法要求。

6.1.1.3 建设地点的特征

包括建设地点的位置；地形、周围环境，工程地质，不同深度的土壤分析，地下水位、水质；当地气温、主导风向、风力、雨量、冬雨期时间、冻结期与冻层厚度，地震烈度等。

6.1.1.4 施工条件

包括三通一平情况，材料、构件、加工品的供应情况，施工单位的建筑机械、运输工具、劳动力的投入能力，施工技术和管理水平等。

通过对工程特点、建设地点特征及施工条件等的分析，找出施工的重点、难点和关键问题，以便在选择施工方案、组织物资供应、配备技术力量及进行施工准备等方面采取有效措施。

6.1.2 工程施工特点的分析

主要说明工程施工的重点所在，以便突出重点，抓住关键，使施工顺利地进行，提高施工单位的经济效益和管理水平。

不同类型的建筑、不同条件下的工程施工，均有其不同的施工特点。如砖混结构住宅建筑的施工特点是：砌砖和抹灰工程量大，水平与垂直运输量大等。又如现浇钢筋混凝土高层建筑的施工特点主要有：结构和施工机具设备的稳定性要求高，钢材加工量大，混凝土浇筑难度大，脚手架搭设要进行设计计算，安全问题突出，要有高效率的垂直运输设备等。

学习情境6.2 施工方案的选择

施工方案是单位工程施工组织设计的核心。所确定的施工方案合理与否，不仅影响到施工进度计划的安排和施工平面图的布置，而且将直接关系到工程的施工效率、质量、工期和技术经济效果，因此，必须引起足够的重视。为了防止施工方案的片面性，必须对拟定的几个施工方案进行技术经济分析比较，使选定的施工方案施工上可行，技术上先进，经济上合理，而且符合施工现场的实际情况。

施工方案的选择一般包括：确定施工程序和施工流程，确定施工顺序，合理选择施工机械和施工方法，制定技术组织措施等。

6.2.1 单位工程的施工顺序

施工顺序是指单位工程中，各分部、分项工程之间进行施工的先后次序。它主要解决工序间在时间上的搭接问题，以充分利用空间、争取时间、缩短工期。选择合理的施工顺序是确定施工方案、编制施工进度计划时首先应考虑的问题，它对于施工组织能否顺利进行，对于保证工程的进度、工程的质量，都起着十分重要的作用。

施工顺序的宏观确定原则是：先红线外工程（包括上下水管线、电力、电信、煤气管道、热力管道、交通道路等），后红线内工程；红线内工程应先全场（包括场地平整、修筑临时道路、接通水电管线等）后单项。在宏观安排全部施工过程时，要注意主体工程与配套工程（如变电室、热力点、污水处理等）相适应，力争配套工程为主体施工服务，主体工程竣工时能立即投入使用。单位工程施工中应遵循的先地下，后地上，先主体后围护，先结构后装修的原则。

（1）先地下，后地上。地下埋设的管道、电缆等工程应首先完成，对地下工程也应按先深后浅的程序进行，以免造成施工返工或对上部工程的干扰。

（2）先土建，后设备。不论是工业建筑还是民用建筑，一般土建施工应先于水暖电等建筑设备的施工。

（3）先结构后装饰。一般情况下先进行结构工程施工，后进行装饰装修工程，但有时为了压缩工期，也可以部分搭接施工。

（4）先安装主体设备，后安装配套设备；先安装重、高、大型设备，后安装中、小型设备；设备、工艺管线交叉作业；边安装设备，边单机试车。

以上施工顺序并非一成不变，由于影响施工的因素很多，故施工程序应视具体施工条件及要求作适当调整。特别是随着建筑工业化的不断发展，有些施工程序也将发生变化。

对于工业厂房，应合理安排土建施工与设备安装的施工程序。工业厂房的施工很复杂，除了要完成一般土建工程外，还要同时完成工艺设备和工业管道等安装工程。为早日投产，不仅要加快土建工程施工速度，为设备安装提供工作面，而且应该根据设备性质、安装方法、厂房用途等因素，合理安排土建工程与工艺设备安装工程之间的施工程序。一般有三种施工程序。

（1）封闭式施工：是指土建主体结构完成之后（或装饰工程完成之后），即可进行设备安装。它适用于一般机械工业厂房（如精密仪器厂房）。

封闭式施工的优点：由于工作面大，有利于预制构件现场就地预制、拼装和安装就位的布置，适合选择各种类型的起重机和便于布置开行路线，从而加快主体结构的施工速度；围护结构能及早完工，设备基础能在室内施工，不受气候影响，可以减少设备基础施工时的防雨、防寒设施费用；可利用厂房内的桥式吊车为设备基础施工服务。其缺点是：出现某些重复性工作，如部分柱基回填土的重复挖填和运输道路的重新铺设等；设备基础施工条件较差，场地拥挤，其基坑不宜采用机械挖土；当厂房土质不佳，而设备基础与柱基础又连成一片时，在设备基础基坑挖土过程中，易造成地基不稳定，须增加加固措施费用；不能提前为设备安装提供工作面，因此工期较长。

（2）敞开式施工：是指先施工设备基础、安装工艺设备，然后建造厂房。它适用于冶金、电站等工业的某些重型工业厂房（如冶金工业厂房中的高炉间）。

（3）设备安装与土建施工同时进行，这样土建施工可以为设备安装创造必要的条件，同时又可采取防止设备被砂浆、垃圾等污染的保护措施，从而加快了工程的进度。例如，在建造水泥厂时，经济效益最好的施工程序便是两者同时进行。

6.2.1.1 多层砖混结构房屋的施工顺序

多层砖混结构房屋的施工，一般可划分为基础工程、主体结构工程、屋面及装饰工程三个施工阶段。其基本施工顺序如图 6.1 所示。

1. 基础工程的施工顺序

基础工程施工阶段是指室内地坪（±0.00）以下的所有工程施工阶段。其施工顺序一般是：挖土→垫层→基础→铺设防潮层→回填土。如果有地下障碍物、坟穴、防空洞、软弱地基等问题，需先进行处理；如有桩基础，应先进行桩基础施工；如有地下室，则应在基础完成后或完成一部分后，施工地下室墙，在做完防潮层后施工地下室顶板，最后回填土。

需注意的是，挖基槽（坑）和做垫层的施工搭接要紧凑，时间间隔不宜过长，以防雨后基槽（坑）内灌水，影响地基的承载力。垫层施工后要留有一定的技术间歇时间，使其具有一定强度后，再进行下一道工序。各种管沟的挖土、做管沟垫层、砌管沟墙、管道铺设等应

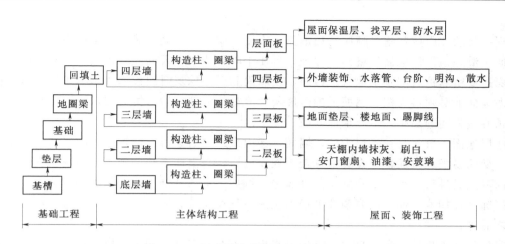

图 6.1 四层砖混结构房屋施工顺序示意图

尽可能与基础工程施工配合，平行搭接进行。回填土根据施工工艺的要求，可以在结构工程完工以后进行，也可在上部结构开始以前完成，施工中采用后者的较多，这样，一方面可以避免基槽遭雨水或施工用水浸泡；另一方面可以为后续工程创造良好的工作条件，提高生产效率。回填土原则上是一次分层夯填完毕。对零标高以下室内回填土（房心土），最好与基槽（坑）回填土同时进行，但要注意水、暖、电、卫、煤气管道沟的回填标高，如不能同时回填，也可在装饰工程之前，与主体结构施工同时交叉进行。

2. 主体结构工程的施工顺序

主体结构工程施工阶段的工作，若圈梁、构造柱、楼板、楼梯为现浇时，其施工顺序应为立构造柱筋→砌墙→安柱模→浇筑混凝土→安梁、板、梯模板→安梁板、板、梯钢筋→浇梁、板、梯混凝土。若楼板为预制时，砌筑墙体和安装预制楼板工程量较大，因此砌墙和安装楼板是主体结构工程的主导施工过程，它们在各楼层之间的施工是先后交替进行，各层预制楼梯段的吊装应在砌墙、安装楼板的同时相继完成。在组织主体结构工程施工时，一方面应尽量使砌墙连续施工；另一方面应当重视现浇楼梯、厨房、卫生间现浇楼板的施工。现浇厨房、卫生间楼板的支模、绑筋可安排在墙体砌筑的最后一步插入，在浇筑构造柱、圈梁的同时浇筑厨房、卫生间楼板。特别是当采用现浇钢筋混凝土楼梯时，更应与楼层施工紧密配合，否则由于混凝土养护时间的需要，会使后续工程不能按计划投入而拖长工期。

3. 屋面和装饰工程的施工顺序

这个阶段具有施工内容多、劳动消耗量大、手工操作多、需要时间长等特点。

屋面工程的施工顺序一般为：找平层→隔气层→保温层→找平层→冷底子油结合层→防水层或找平层→防水层→隔热层。

装饰工程可分为室内装饰（天棚、墙面、楼地面、楼梯等抹灰，门窗扇安装，门窗油漆、安玻璃，油墙裙，做踢脚线等）和室外装饰（外墙抹灰、勒脚、散水、台阶、明沟、水落管等）。室内外装饰工程的施工顺序通常有先内后外、先外后内、内外同时进行三种顺序，具体确定为哪种顺序应视施工条件和气候条件而定。通常室外装饰应避开冬季或雨季；当室内为水磨石楼面，为防止楼面施工时水的渗漏对外墙面的影响，应先完成水磨石的施工；如果为了加速脚手架的周转或要赶在冬、雨期到来之前完成室外装修，则应采取先外后内的顺序。

同一层的室内抹灰施工顺序有楼地面→天棚→墙面和天棚→墙面→楼地面两种。前一种顺序便于清理地面，地面质量易于保证，且便于收集墙面和天棚的落地灰，节省材料，但由于地面需要留养护时间及采取保护措施，使墙面和天棚抹灰时间推迟，影响工期。后一种顺序在做地面前必须将天棚和墙面上的落地灰和渣滓扫清洗净后再做面层，否则会影响楼面面层同预制楼板间的黏结，引起地面起鼓。

底层地面一般多是在各层天棚、墙面、楼面做好之后进行。楼梯间和踏步抹面，由于其在施工期间易损坏，通常是在其他抹灰工程完成后，自上而下统一施工。门窗扇安装可在抹灰之前或之后进行，视气候和施工条件而定。例如，室内装饰工程若是在冬季施工，为防止抹灰层冻结和加速干燥，门窗扇和玻璃均应在抹灰前安装完毕。门窗玻璃安装一般在门窗扇油漆之后进行。

室外装饰工程总是采取自上而下的流水施工方案。在自上而下每层装饰、水落管安装等分项工程全部完成后，即可拆除该层的脚手架，然后进行散水及台阶的施工。

4. 水、暖、电、卫等工程的施工顺序

水、暖、电、卫等工程不同于土建工程，可以分成几个明显的施工阶段，它一般与土建工程中有关的分部分项工程进行交叉施工，紧密配合。

（1）在基础工程施工时，先将相应的管道沟的垫层、地沟墙做好，然后回填土。

（2）在主体结构施工时，应在砌砖墙和现浇钢筋混凝土楼板的同时，预留出上下水管和暖气立管的孔洞、电线孔槽或预埋木砖和其他预埋件。

（3）在装饰工程施工前，安设相应的各种管道和电器照明用的附墙暗管、接线盒等。水、暖、电、卫安装一般在楼地面和墙面抹灰前或后穿插施工。若电线采用明线，则应在室内粉刷后进行。

室外外网工程的施工可以安排在土建工程施工之前或与土建工程施工同时进行。

6.2.1.2　多层现浇钢筋混凝土框架结构房屋的施工顺序

钢筋混凝土框架结构多用于多层民用房屋和工业厂房，也常用于高层建筑。这种房屋的施工一般可划分为基础工程、主体结构工程、围护工程和装饰工程等四个施工阶段。图6.2即为多层现浇钢筋混凝土框架结构房屋施工顺序示意图。

1. ±0.00以下工程施工顺序

多层全现浇钢筋混凝土框架结构房屋的基础一般可分为有地下室和无地下室基础工程。若有地下室，且房屋建造在软土地基时，基础工程的施工顺序一般为：桩基→围护结构→土方开挖→垫层→地下室底板→地下室墙、柱（防水处理）→地下室顶板→回填。

若无地下室，且房屋建造在土质较好的地区时，基础工程的施工顺序一般为：挖土→垫层→基础（扎筋、支模、浇混凝土、养护、拆模）→回填。

在多层框架结构房屋基础工程施工之前，和砖混结构房屋一样，也要先处理好基础下部的松软土、洞穴等，然后分段进行平面流水施工。施工时，应根据当地的气候条件，加强对垫层和基础混凝土的养护，在基础混凝土达到拆模要求时及时拆模，并提早回填土，从而为上部结构施工创造条件。

2. 主体结构工程的施工顺序（采用木模板）

现浇钢筋混凝土框架结构的主体结构的施工顺序为：绑柱钢筋→安柱、梁、板模板→浇

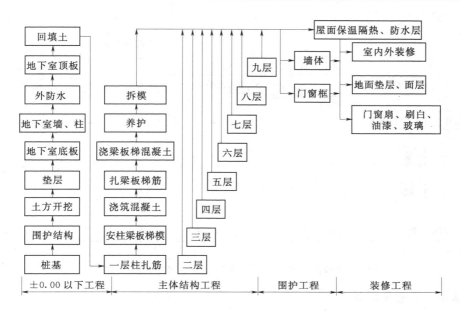

图 6.2 多层现浇钢筋混凝土框架结构房屋施工顺序示意图

（地下室一层、桩基础）

注：主体二～九层的施工顺序同一层

筑混凝土→绑扎梁、板钢筋→浇梁、板混凝土。柱、梁、板的支模、绑筋、浇混凝土等施工过程的工程量大，耗用的劳动力和材料多，而且对工程质量和工期也起着决定性作用。故需把多层框架在竖向上分成层，在平面上分成段，即分成若干个施工段，组织平面上和竖向上的流水施工。

3. 围护工程的施工顺序

围护工程的施工包括墙体工程、安装门窗框和屋面工程。墙体工程包括砌筑用的脚手架的搭拆，内、外墙砌筑等分项工程。不同的分项工程之间可组织平行、搭接、立体交叉流水施工。屋面工程、墙体工程应密切配合，如在主体结构工程结束之后，先进行屋面保温层、找平层施工，待外墙砌筑到顶后，再进行屋面防水层的施工。脚手架应配合砌筑工程搭设，在室外装饰之后、做散水坡之前拆除。内墙的砌筑则应根据内墙的基础形式而定，有的需在地面工程完成后进行，有的则可在地面工程之前与外墙同时进行。

屋面工程的施工顺序与砖混结构居住房屋屋面工程的施工顺序相同。

4. 装饰工程的施工顺序

装饰工程的施工分为室内装饰和室外装饰。室内装饰包括天棚、墙面、楼地面、楼梯等抹灰，门窗扇安装，门窗油漆，安玻璃等；室外装饰包括外墙抹灰、勒脚、散水、台阶、明沟等施工。其施工顺序与砖混合结构居住房屋的施工顺序基本相同。

6.1.2.3 装配式钢筋混凝土单层工业厂房的施工顺序

单层工业厂房由于生产工艺的需要，无论在厂房类型、建筑平面、造型或结构构造上都与民用建筑有很大差别，具有设备基础和各种管网，因此，单层工业厂房的施工要比民用建筑复杂。装配式钢筋混凝土单层工业厂房的施工可分为基础工程、预制工程、结构安装工程、围护工程和装饰工程等五个施工阶段，图 6.3 即为装配式钢筋混凝土单层工业厂房施工示意图。

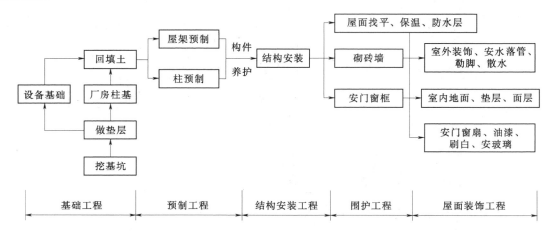

图 6.3 装配式钢筋混凝土单层工业厂房施工顺序示意图

1. 基础工程的施工顺序

单层工业厂房的柱基础一般为现浇钢筋混凝土杯形基础，宜采用平面流水施工。它的施工顺序与现浇钢筋混凝土框架结构的独立基础施工顺序相同。

对于厂房的设备基础，由于与其厂房柱基础施工顺序的不同，故常常会影响到主体结构的安装方法和设备安装投入的时间。因此，需根据具体情况决定其施工顺序。通常有两种方案：

(1) 当厂房柱基础的埋置深度大于设备基础的埋置深度时，则采用"封闭式"施工，即厂房柱基础先施工，设备基础后施工。

一般来说，当厂房施工处于冬季或雨季施工时，或设备基础不大，在厂房结构安装后对厂房结构的稳定性并无影响时，或对于较大、较深的设备基础采用了特殊的施工方法（如沉井）时，可采用"封闭式"施工。

(2) 当设备基础埋置深度大于厂房柱基础的埋置深度时，通常采用"开敞式"施工，即设备基础与厂房柱基础同时施工。

如果设备基础与厂房柱基础埋置深度相同或接近时，那么两种施工顺序均可随意选择。只有当设备基础较大、较深，其基坑的挖土范围已经与厂房柱基础的基坑挖土范围连成一片或深于厂房柱基础，以及厂房柱基础所在地土质不佳时，方采用"开敞式"施工。

在单层工业厂房基础工程施工之前，和民用房屋一样，也要先处理好基础下部的松软土、洞穴等，然后分段进行平面流水施工。施工时，应根据当时的气候条件，加强对钢筋混凝土垫层和基础的养护，在基础混凝土达到拆模要求时及时拆模，并提早回填土，从而为现场预制工程创造条件。

2. 预制工程的施工顺序

单层工业厂房结构构件的预制方式，一般可采用加工厂预制和现场预制相结合的方法。在具体确定预制方案时，应结合构件技术特征、当地加工厂的生产能力、工程的工期要求、现场施工及运输条件等因素，经过技术经济分析之后确定。通常，对于尺寸大、自重大的大型构件，因运输困难而带来较多问题，所以多采用在拟建厂房内部就地预制，如柱、托架梁、屋架、鱼腹式预应力吊车梁等；对于种类及规格繁多的异形构件，可在拟建厂房外部集中预制，如门窗过梁等；对于数量较多的中小型构件，可在加工厂预制，如大型屋面板等标准构件、木制品及钢结构构件等。加工厂生产的预制构件应随着厂房结构安装工程的进展陆续运往现场，以便安装。

单层工业厂房钢筋混凝土预制构件现场预制的施工顺序为：场地平整夯实→支模→扎筋（有时先扎筋后支模）→预留孔道→浇筑混凝土→养护→拆模→张拉预应力钢筋→锚固→灌浆。

现场内部就地预制的构件，一般来说，只要基础回填土、场地平整完成一部分以后就可以开始制作。但构件在平面上的布置、制作的流向和先后次序，主要取决于构件的安装方法、所选择起重机性能及构件的制作方法。制作的流向应与基础工程的施工流向一致。这样既能使构件早日开始制作，又能及早让出工作面，为结构安装工程提早开始创造条件。

（1）当预制构件采用分件安装方法时，预制构件的施工有三种方案：

1）若场地狭窄而工期又允许时。不同类型的构件可分别进行制作，首先制作柱和吊车梁，待柱和吊车梁安装完毕再进行屋架制作。

2）若场地宽敞时，可以依次安排柱、梁及屋架的连续制作。

3）若场地狭窄而工期要求又紧迫，可首先将柱和梁等构件在拟建厂房内部就地制作，接着或同时将屋架在拟建厂房外部进行制作。

（2）当预制构件采用综合安装方法时，由于是分节间安装完各种类型的所有构件，因此，构件需一次制作。这样在构件的平面布置等问题上，要比分件安装法困难得多，需视场地的具体情况确定出构件是全部在拟建厂房内就地预制，还是一部分在拟建厂房外预制。

3. 结构安装工程的施工顺序

结构安装工程的施工顺序取决于安装方法。当采用分件安装方法时，一般起重机分三次开行才安装完全部构件，其安装顺序是：第一次开行安装全部柱子，并对柱子进行校正与最后固定；待杯口内的混凝土强度达到设计强度的70%后，起重机第二次开行安装吊车梁、连系梁和基础梁；第三次开行安装屋盖系统。当采用综合吊装方法时，其安装顺序是：先安装第一节间的四根柱，迅速校正并灌浆固定，接着安装吊车梁、连系梁、基础梁及屋盖系统，如此依次逐个节间地进行所有构件安装，直至整个厂房全部安装完毕。抗风柱的安装顺序一般有两种：一是在安装柱的同时，先安装该跨一端的抗风柱，另一端的抗风柱则在屋盖系统安装完毕后进行；二是全部抗风柱的安装均待屋盖系统安装完毕后进行。

结构安装工程是装配式单层工业厂房的主导施工阶段，应单独编制结构安装工程的施工作业设计。其中，结构吊装的流向通常应与预制构件制作的流向一致。当厂房为多跨且有高低跨时，构件安装应从高低跨柱列开始，先安装高跨，后安装低跨，以适应安装工艺的要求。

4. 围护结构工程的施工顺序

单层工业厂房的围护结构工程的内容和施工顺序与现浇钢筋混凝土框架结构房屋的基本相同。

5. 装饰工程的施工顺序

装饰工程的施工分为室内装饰和室外装饰。室内装饰包括地面的平整、垫层、面层，门窗扇和玻璃安装，以及油漆、刷白等分项工程；室外装饰包括勾缝、抹灰、勒脚、散水坡等分项工程。

一般单层工业厂房的装饰工程施工是不占总工期的，常与其他施工过程穿插进行。如地面工程应在设备基础、墙体工程完成了地下部分和转入地下的管道及电缆、管道沟完成之后进行，或视具体情况穿插进行；钢门窗的安装一般与砌筑工程穿插进行，或在砌筑工程完成之后进行；门窗油漆可在内墙刷白后进行，或与设备安装同时进行；刷白应在墙面干燥和大型屋面板灌缝后进行，并在油漆开始前结束。

6. 水、暖、电、卫等工程的施工顺序

水、暖、电、卫等工程与砖混结构房屋水、暖、电、卫等工程的施工顺序基本相同，但应注意空调设备安装工程的安排。生产设备的安装，一般由专业公司承担，由于其专业性强、技术要求高，应遵照有关专业的生产顺序进行。

上面所述三种类型房屋的施工过程及其顺序，仅适用于一般情况。建筑施工是一个复杂的过程，建筑结构、现场条件、施工环境不同，均会对施工过程及其顺序的安排产生不同的影响。因此，对于每一个单位工程，必须根据其施工特点和具体情况，合理地确定施工顺序，最大限度地利用空间，争取时间。为此应组织立体交叉、平行流水施工，以期达到时间和空间的充分利用。

6.2.2　单位工程的施工起点流向

确定施工流向（流水方向）主要解决施工过程在平面上、空间上的施工顺序，是指导现场施工的主要环节。确定单位工程施工起点流向时，主要考虑下列因素：

（1）车间的生产工艺过程。先试车投产的段、跨先施工，按生产流程安排施工流向。

（2）建设单位的要求。建设单位对生产使用要求在先的部位应先施工。

（3）施工的难易程度。技术复杂、进度慢、工期长的部位或层段应先施工。

（4）构造合理、施工方便。如基础施工应"先深后浅"，抹灰施工应"先硬后软"，高低跨单层厂房的结构吊装应从并列处开始，屋面卷材防水层应由檐口铺向屋脊，有外运工的基坑开挖应从距大门的远端开始等。

（5）保证质量和工期。如室内装饰施工及室外装饰的面层施工一般宜自上至下进行（外墙石材除外），有利于成品保护，但工期较长；当工期极为紧张时，某些施工过程也可自下至上，但应与结构施工保持一层以上的安全间隔；对高层建筑，也可采取自中至下，自上至中的装饰施工流向，既可缩短工期，又易于保证质量和安全。自上至下的流向还应根据建筑物的类型、垂直运输设备及脚手架的布置等，选择水平向下或垂直向下的流向，如图 6.4 所示。

6.2.3　选择施工方法和施工机械

施工方法和施工机械的选择是施工方案中最重要的问题之一，它直接影响施工进度、质量、安全及工程成本。因此，编制施工组织设计时，必须根据建筑结构特点、抗震要求、工程量大小、工期长短、资源供应情况、施工现场情况和周围环境等因素，制定出多个可行方案，并进行技术经济分析比较，确定出最优方案。

6.2.3.1　选择施工方法

选择施工方法时，应重点考虑影响整个单位工程施工的分部分项工程的施工方法。主要是选择工程量大且在单位工程中占有重要地位的分部分项工程、施工技术复杂或采用新技术、新工艺及对工程质量起关键作用的分部分项工程、不熟悉的特殊结构工程或由专业施工单位施工的特殊专业工程的施工方法，要求详细而具体，必要时应编制单独的分部分项工程

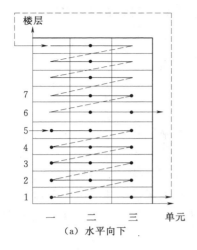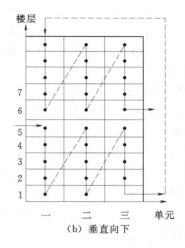

图 6.4　室内装饰装修工程自中而下再自上而中的流向

的施工作业设计，提出质量要求及达到这些质量要求的技术措施，指出可能发生的问题并提出预防措施和必要的安全措施。而对于按照常规做法和工人熟悉的分项工程，则不必详细拟订，只提出应注意的一些特殊问题即可。通常，施工方法选择的内容如下。

1. 土方工程

（1）平整场地、基坑、基槽、地下室的挖土方法，放坡要求，所需人工、机械的型号及数量。

（2）余土外运方法，所需机械的型号及数量。

（3）地表水、地下水的排水方法，排水沟、集水井、轻型井点的布置，所需设备的型号及数量。

2. 钢筋混凝土工程

（1）模板工程：模板的类型、支模方法和支承方法（如钢、木立柱、桁架、钢制托具等），以及隔离剂的选用。

（2）钢筋工程：明确构件厂与现场加工的范围；钢筋调直、切断、弯曲、成型、焊接方法；钢筋运输及安装方法。

（3）混凝土工程：搅拌、供应（集中或分散）与输送方法；砂石筛洗、计量、上料方法；拌和料、外加剂的选用及掺量；搅拌、运输设备的型号及数量；浇筑顺序的安排，工作班次，分层浇筑厚度，振捣方法；施工缝的位置；养护制度。

3. 结构安装工程

（1）构件尺寸、自重、安装高度。

（2）选用吊装机械型号及吊装方法，塔吊回转半径的要求，吊装机械的位置或开行路线。

（3）吊装顺序，运输、装卸、堆放方法，所需设备型号及数量。

（4）吊装运输对道路的要求。

4. 垂直及水平运输

（1）标准层垂直运输量计算表。

（2）垂直运输方式的选择及其型号、数量、布置、服务范围、穿插班次。

（3）水平运输方式及设备的型号及数量。

（4）地面及楼面水平运输设备的行驶路线。

5．装饰工程

（1）室内外装饰抹灰工艺的确定。

（2）施工工艺流程与流水施工的安排。

（3）装饰材料的场内运输，减少临时搬运的措施。

6．特殊项目

（1）对四新（新结构、新工艺、新材料、新技术）项目，高耸、大跨、重型构件，水下、深基础、软弱地基，冬季施工等项目均应单独编制，单独编制的内容包括：工程平剖示意图、工程量、施工方法、工艺流程、劳动组织、施工进度、技术要求与质量、安全措施、材料、构件及机具设备需要量。

（2）对大型土方、打桩、构件吊装等项目，无论内、外分包均应由分包单位提出单项施工方法与技术组织措施。

6.2.3.2　选择施工机械

选择施工方法必须涉及施工机械的选择问题。机械化施工是改变建筑工业生产落后面貌、实现建筑工业化的基础。因此，施工机械的选择是施工方法选择的中心环节。选择施工机械时应着重考虑以下几方面：

（1）选择施工机械时，应首先根据工程特点，选择适宜主导工程的施工机械。如在选择装配式单层工业厂房结构安装用的起重机类型时：当工程量较大且集中时，可以采用生产效率较高的塔式起重机；但当工程量较小或工程量虽大却相当分散时，则采用无轨自行式起重机较为经济。在选择起重机型号时，应使起重机在起重臂外伸长度一定的条件下，能适应起重机重量及安装高度的要求。

（2）各种辅助机械或运输工具应与主导机械的生产能力协调配套，以充分发挥主导机械的效率。如土方工程施工中采用汽车运土时，汽车的载重量应为挖土机斗容量的整数倍，汽车的数量应保证挖土机连续工作。

（3）在同一工地上，应力求建筑机械的种类和型号尽可能少一些，以利于机械管理。为此，工程量大且分散时，宜采用多用途机械施工，如挖土机既可用于挖土，又能用于装卸、起重和打桩。

（4）施工机械的选择还应充分考虑发挥施工单位现有机械的能力。当本单位的机械能力不能满足工程需要时，则应购置或租赁所需的新型机械或多用途机械。

6.2.4　施工方案的技术经济分析

6.2.4.1　技术经济分析的概念

每个工程和每道工序都可能采用不同的施工方法和多种不同的施工机械来完成，最后形成多种方案。我们应该根据工程实际条件，对几个可行的方案进行比较分析，选取条件许可、技术先进、经济合理的最优方案。

当前，建筑业普遍推行工程建设项目的招标、投标和工程总承包制度，建筑设计日渐复杂，新技术、新材料、新构件不断涌现，不可预见的价格上涨因素也在增多，因此，建筑技术的采用越来越离不开技术经济的分析。经济已成为制约技术的一个重要因素。同时，新技术的推广、应用，也会带来工期的加快、质量的提高及成本的降低。

施工方案的技术经济比较主要有定性和定量的分析。前者是结合实际的施工经验对方案的一般优缺点进行分析和比较。通常从以下几个方面考虑：施工操作上的难易程度和安全可靠性；为后续工程（或下道工序）提供有利施工条件的可能性；利用现有的施工机械和设备情况；对冬雨季施工带来困难的多少；能否为现场文明施工创造有利条件等等。定量的技术经济分析一般是计算出不同施工方案的各项技术经济指标后进行分析比较。

6.2.4.2　建筑工程技术经济指标

1. 工期

当工程必须在短期内投入生产或使用时，选择方案就要在确保工程质量和安全施工的条件下，把缩短工期问题放在首位来考虑。

$$施工过程的持续时间＝工程总量/单位时间内完成的工程量$$

当两个方案的持续时间不同时，如果整个项目由于某一方案持续时间的缩短而提前交工，则应考虑间接费的节约及工程项目提前竣工所产生的经济效果。

2. 单位产品的劳动消耗量

它反映了施工的机械化程度与劳动生产率水平。在方案中劳动消耗越少，机械化程度和劳动生产率越高，也反映了重体力劳动的减轻和人力的节省。劳动消耗量以工日计算。

$$单位产品劳动消耗量＝\frac{完成该产品的全部劳动工日数}{工程总量} \tag{6.1}$$

劳动工日数应包括主要工种用工、辅助用工和准备工作用工。

$$劳动生产率(工日/m^2)＝\frac{总用工量}{总建筑面积} \tag{6.2}$$

$$综合机械化程度＝\frac{机械化完成的实物量}{全部实物量}×100\% \tag{6.3}$$

3. 降低成本率

$$降低成本率＝节约金额/预算造价×100\% \tag{6.4}$$

学习情境6.3　施 工 进 度 计 划

6.3.1　单位工程施工进度计划的作用

施工进度计划是施工组织设计的主要组成部分，是具体指导施工的计划文件。

施工进度计划的作用有：

（1）控制单位工程的施工进度，保证在规定的工期内完成符合质量要求工程施工任务。

（2）确定单位工程各施工过程的施工顺序、施工持续时间和相互间的逻辑关系。各专业之间的配合关系。

（3）为编制季度、月度作业计划提供依据。

（4）为制定各项资源的需要量计划和编制施工准备作业计划的依据。

6.3.2　单位工程施工进度计划的编制依据

单位工程施工进度计划编制的依据如下：

（1）经过审批的建筑总平面图和单位工程全套图纸。

（2）相关的各种标准图集、规范、规程等技术资料。

（3）施工总组织设计对本单位工程的要求。

（4）施工工期和开竣工日期。

（5）施工条件、劳动力、材料、构件、机械的供应条件以及分包单位的情况等。

（6）主要分部分项工程的施工方案。

（7）工程量清单、施工图预算、劳动定额、机械台班定额。

（8）施工合同和其他技术资料等。

6.3.3 单位工程施工进度计划编制程序

单位工程施工进度计划的编制程序见图6.5所示。

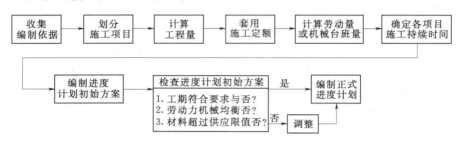

图6.5 单位工程施工进度计划编制程序图

单位工程进度计划的编制方法与进度计划的调整在学习项目5已详细讲述，此处不再赘述。

学习情境6.4 施工准备工作及劳动力和物资需要量计划

6.4.1 施工准备工作计划

施工准备工作既是单位工程的开工条件，也是施工中的一项重要内容，开工之前必须为开工创造条件，开工以后必须为作业创造条件，因此，它贯穿于施工过程的始终。施工准备工作应有计划地进行，为便于检查、监督施工准备工作的进展情况，使各项施工准备工作的内容有明确的分工，有专人负责，并规定期限，可编制施工准备工作计划，并拟在施工进度计划编制完成后进行。其表格形式可参见表6.1。

表6.1　　　　　　　　　　　　　　　施工准备工作计划表

序号	准备工作项目	工 程 量		简要内容	负责单位或负责人	起 止 日 期		备 注
		单位	数量			日/月	日/月	

施工准备工作计划是编制单位工程施工组织设计时的一项重要内容，详见学习项目2。在编制年度、季度、月度生产计划中应考虑并做好贯彻落实工作。

6.4.2 劳动力需要量计划

劳动力需要量计划，主要是作为安排劳动力的平衡、调配和衡量劳动力耗用指标、安排生活福利设施的依据，其编制方法是将施工进度计划表内所列各施工过程每天（或旬、月）

所需工人人数按工种汇总而得。其表格形式见表6.2。

表6.2　　　　　　　　　　　　　　劳动力需要量计划表

序号	工种名称	人数	月			月			备注
			上旬	中旬	下旬	上旬	中旬	下旬	

6.4.3　施工机械需要量计划

施工机械需要量计划主要用于确定施工机械的类型、数量、进场时间，可据此落实施工机械来源，组织进场。其编制方法为：将单位工程施工进度计划表中的每一个施工过程每天所需的机械类型、数量和施工日期进行汇总，即得施工机械需要量计划。其表格形式见表6.3。

表6.3　　　　　　　　　　　　　　施工机械需要量计划

序号	机械名称	类型、型号	需　要　量		货源	使用起止时间	备注
			单位	数量			

6.4.4　主要材料及构件需要量计划

主要材料需要量计划，是备料、供料和确定仓库、堆场面积及组织运输的依据，其编制方法是将施工进度计划表中各施工过程的工程量，按材料名称、规格、数量、使用时间计算汇总而得。其表格形式见表6.4。

对于某分部分项工程是由多种材料组成时，应按各种材料分类计算，如混凝土工程应换算成水泥、砂、石、外加剂和水的数量列入表格。

表6.4　　　　　　　　　　　　　　主要材料需要量计划

序号	材料名称	规　格	需　要　量		供应时间	备　注
			单位	数量		

建筑结构构件、配件和其他加工半成品的需要量计划主要用于落实加工订货单位，并按照所需规格、数量、时间，组织加工、运输和确定仓库或堆场，可根据施工图和施工进度计划编制，其表格形式见表6.5。

表 6.5	构件和半成品需要量计划								
序号	构件、半成品名称	规格	图号、型号	需要量		使用部位	加工单位	供应日期	备注
				单位	数量				

学习情境 6.5 施工平面图设计

单位工程施工平面图是对拟建工程的施工现场所作的平面布置图。施工平面图既是布置施工现场的依据，也是施工准备工作的一项重要依据，它是实现文明施工、节约并合理利用土地、减少临时设施费用的先决条件。因此，它是施工组织设计的重要组成部分。施工平面图不但要在设计时周密考虑，而且还要认真贯彻执行，这样才会使施工现场井然有序，施工顺利进行，保证施工进度，提高效率和经济效果。

一般单位工程施工平面图的绘制比例为 1：200～1：500。

6.5.1 单位工程施工平面图设计内容

（1）已建和拟建的地上地下的一切建筑物、构筑物及其他设施（道路和各种管线等）的位置和尺寸。

（2）测量放线标桩位置、地形等高线和土方取弃场地。

（3）自行式起重机的开行路线、轨道式起重机的轨道布置和固定式垂直运输设备位置。

（4）各种搅拌站、加工厂以及材料、构件、机具的仓库或堆场。

（5）生产和生活用临时设施的布置。

（6）一切安全及防火设施的位置。

6.5.2 施工平面图设计原则

（1）在保证施工顺利进行的前提下，现场布置紧凑，占地要省，不占或少占农田。

（2）在满足施工顺利进行的条件下，尽可能减少临时设施，减少施工用的管线，尽可能利用施工现场附近的原有建筑物作为施工临时用房，并利用永久性道路供施工使用。

（3）最大限度地减少场内运输，减少场内材料、构件的二次搬运；各种材料按计划分期分批进场，充分利用场地；各种材料堆放的位置，根据使用时间的要求，尽量靠近使用地点，节约搬运劳动力和减少材料多次转运中的损耗。

（4）临时设施的布置，应便利于施工管理及工人生产和生活。办公用房应靠近施工现场，福利设施应在生活区范围之内。

（5）施工平面布置要符合劳动保护、保安、防火的要求。

施工现场的一切设施都要有利于生产，保证安全施工。要求场内道路畅通，机械设备的钢丝绳、电缆、缆风等不得妨碍交通，如必须横过道路时，应采取措施。有碍工人健康的设施（如熬沥青、化石灰等）及易燃的设施（如木工棚、易燃物品仓库）应布置在下风向；离开生活区远一些。工地内应布置消防设备，出人口设门卫。山区建设中还要考虑防洪泄洪等特殊要求。

根据以上基本原则并结合现场实际情况，施工平面图可布置几个方案，选其技术上最合理、费用上最经济的方案。可以从如下几个方面进行定量的比较：施工用地面积；施工用临时道路、管线长度；场内材料搬运量；临时用房面积等。

6.5.3 单位工程施工平面图设计依据

（1）建筑总平面图，包括等高线的地形图、建筑场地的原有地下沟管位置、地下水位、可供使用的排水沟管。

（2）建设地点的交通运输道路，河流，水源，电源，建材运输方式，当地生活设施，弃土、取土地点及现场可供施工的用地。

（3）各种建筑材料、预制构件、半成品、建筑机械的现场存储量及进场时间。

（4）单位工程施工进度计划及主要施工过程的施工方法。

（5）建设单位可提供的房屋及生活设施，包括临时建筑物、仓库、水电设施、食堂、宿舍、锅炉房、浴室等。

（6）一切已建及拟建的房屋和地下管道，以便考虑在施工中利用或影响施工的则提前拆。

（7）建筑区域的竖向设计和土方调配图。

（8）如该单位工程属于建筑群中的一个工程，则尚需全工地性施工总平面图。

6.5.4 单位工程施工平面图设计步骤

单位工程施工平面图的设计步骤如图 6.6 所示。

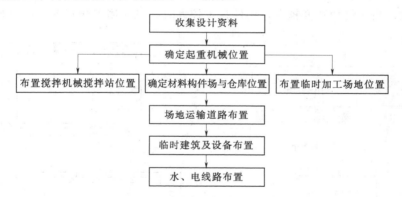

图 6.6 单位工程施工平面图的设计步骤

6.5.4.1 起重运输机械的布置

起重运输机械的位置直接影响搅拌站、加工厂及各种材料、构件的堆场或仓库等位置和道路、临时设施及水、电管线的布置等，因此，它是施工现场全局的中心环节，应首先确定。由于各种起重机械的性能不同，其布置位置亦不相同。

1. 固定式垂直运输机械的位置

固定式垂直运输机械有井架、龙门架、桅杆等，这类设备的布置主要根据机械性能、建筑物的平面形状和尺寸、施工段划分的情况、材料来向和已有运输道路情况而定。其布置原则是，充分发挥起重机械的能力，并使地面和楼面的水平运距最小。布置时应考虑以下几个方面。

（1）当建筑物各部位的高度相同时，应布置在施工段的分界线附近；当建筑物各部位的

123

高度不同时，应布置在高低分界线较高部位一侧，以使楼面上各施工段的水平运输互不干扰。

（2）井架、龙门架的位置以布置在窗口处为宜，以避免砌墙留槎和减少井架拆除后的修补工作。

（3）井架、龙门架的数量要根据施工进度、垂直提升构件和材料的数量、台班工作效率等因素计算确定，其服务范围一般为 50～60m。

（4）卷扬机的位置不应距离起重机械过近，以便司机的视线能够看到整个升降过程，一般要求此距离大于建筑物的高度，水平距外脚手架 3m 以上。

2. 塔式起重机的布置

塔式起重机是集起重、垂直提升、水平输送三种功能为一体的机械设备。按其在工地上使用架设的要求不同可分为固定式、轨行式、附着式、内爬式四种。

布置塔式起重的位置要根据现场建筑物四周的施工场地的条件及吊装工艺。如在起重臂操作范围内，使起重机的起重幅度能将材料和构件运至任何施工地点，避免出现"死角"。在高空有高压电线通过时，高压线必须高出起重机，并留有安全距离。如果不符合上述条件，则高压线应搬迁。在搬迁高压线有困难时，则要采取安全措施。

有轨式起重机的轨道一般沿建筑物的长向布置，其位置和尺寸取决于建筑物的平面形状和尺寸、构件自重、起重机的性能及四周施工场地的条件。通常轨道布置方式有三种：单侧布置、双侧布置和环状布置，如图 6.7 所示。当建筑物宽度较小、构件自重不大时，可采用单侧布置方式；当建筑物宽度较大，构件自重较大时，应采用双侧布置或环形布置方式。

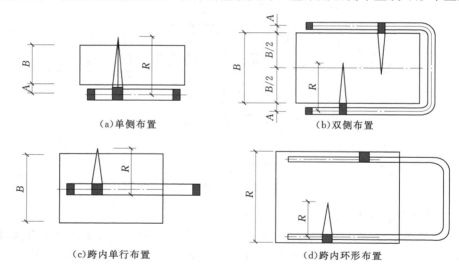

图 6.7　塔式起重机布置方案

轨道布置完成后，应绘制出塔式起重机的服务范围。它是以轨道两端有效端端点的轨道中点为圆心，以最大回转半径为半径画出两个半圆，连接两个半圆，即为塔式起重机服务范围，如图 6.8 所示。

在确定塔式起重机服务范围时，尽可能避免死角，如果确实难以避免，则要求死角范围越小越好，同时在死角上不出现吊装最重、最高的构件，并且在确定吊装方案时，提出具体的安全技术措施，以保证死角范围内的构件顺利安装。为了解决这一问题，有时还将塔吊与井架或龙门架同时使用，如图 6.9 所示，但要确保塔吊回转时无碰撞的可能，以保证施工安全。在确定塔式起重机服务范围时，还应考虑有较宽敞的施工用地，以便安排构件堆放及搅拌出料进入料斗后能直接挂钩起吊。主要临时道路也宜安排在塔吊服务范围之内。

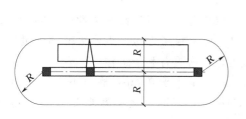 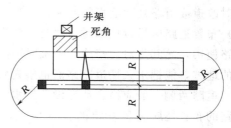

图 6.8　塔吊服务范围示意图　　　　图 6.9　塔吊、龙门架示意图

3. 无轨自行式起重机的开行路线

无轨自行式起重机械分为履带式、轮胎式、汽车式三种起重机。它一般不用作水平运输和垂直运输，专用作构件的装卸和起吊。吊装时的开行路线及停机位置主要取决于建筑物的平面布置、构件自重、吊装高度和吊装方法等。

6.5.4.2　搅拌站、加工厂及各种材料、构件的堆场或仓库的布置

搅拌站、各种材料、构件的堆场或仓库的位置应尽量靠近使用地点或在塔式起重机服务范围之内，并考虑到运输和装卸的方便。

（1）当起重机布置位置确定后，再布置材料、构件的堆场及搅拌站。材料堆放应尽量靠近使用地点，减少或避免二次搬运，并考虑运输及卸料方便。基础施工时使用的各种材料可堆放在基础四周，但不宜距基坑（槽）边缘太近，以防压塌土壁。

（2）当采用固定式垂直运输设备，则材料、构件堆场应尽量靠近垂直运输设备，以缩短地面水平运距；当采用轨道式塔式起重机时，材料、构件堆场以及搅拌站出料口等均应布置在塔式起重机有效起吊服务范围之内；当采用无轨自行式起重机时，材料、构件堆场及搅拌站的位置，应沿着起重机的开行路线布置，且应在起重臂的最大起重半径范围之内。

（3）预制构件的堆放位置要考虑到吊装顺序。先吊的放在上面，后吊的放在下面，预制构件的进场时间应与吊装就位密切配合，力求直接卸到其就位位置，避免二次搬运。

（4）搅拌站的位置应尽量靠近使用地点或靠近垂直运输设备。有时在浇筑大型混凝土基础时，为了减少混凝土运输，可将混凝土搅拌站直接设在基础边缘，待基础混凝土浇完后再转移。砂、石堆场及水泥仓库应紧靠搅拌站布置。同时，搅拌站的位置还应考虑到使这些大宗材料的运输和装卸较为方便。

（5）加工厂（如木工棚、钢筋加工棚）的位置，宜布置在建筑物四周稍远位置，且应有一定的材料、成品的堆放场地；石灰仓库、淋灰池的位置应靠近搅拌站，并设在下风向；沥青堆放场及熬制锅的位置应远离易燃物品，也应设在下风向。

6.5.4.3　现场运输道路的布置

场内道路的布置，主要是满足材料构件的运输和消防的要求。这样就应使道路通到各材料及构件堆放场地，并离它越近越好，以便装卸。消防对道路的要求，除了消防车能直接开到消火栓处之外，还应使道路靠近建筑物，木料场，以便消防车能直接进行灭火抢救。

布置道路时还应考虑下列几方面要求。

（1）尽量使道路布置成直线，以提高运输车辆的行车速度，并应使道路形成循环，以提高车辆的通过能力。

（2）应考虑第二期开工的建筑物位置和地下管线的布置，要与后期施工结合起来考虑，以免临时改道或道路被切断影响运输。

（3）布置道路应尽量把临时道路与永久道路相结合，即可先修永久性道路的路基，作为临时道路使用，尤其是对需修建场外临时道路时，要着重考虑这一点，可节约大量投资。在有条件的地方，能把永久性道路路面也事先修建好，这更有利于运输。

（4）道路两侧一般应结合地形设置排水沟，沟深不小于0.4m，底宽不小于0.3m。

道路的布置还应满足一定的技术要求，如路面的宽度，最小转弯半径等，可参考表6.6，施工临时道路的路面种类和厚度参见表6.7。

表6.6　　　　　　　　　　　施工现场最小道路宽度及转弯半径

车辆、道路类别	道路宽度/m	最小转弯半径/m	车辆、道路类别	道路宽度/m	最小转弯半径/m
汽车单行道	≥3.5	9	平板拖车单行道	≥4.0	12
汽车双行道	≥6.0	9	平板拖车双行道	≥8.0	12

表6.7　　　　　　　　　　　临时道路路面种类和厚度

路面种类	特点及其使用条件	路基土壤	路面厚度/cm	材料配合比
混凝土路面	强度高，适宜通行各种车辆	一般土壤	10～15	≥C15
石路面	雨天照常通车，可通行较多车辆，但材料级配要求严格	砂质土	10～15	体积比：黏土：砂：石子＝1：0.7：3.5
		黏质土或黄土	14～18	
碎（砾）石路面	雨天照常通车，碎（砾）石本身含土较多，不加砂	砂质土	10～13	碎（砾）石＞65%，当地土壤含量≤35%
		砂质土或黄土	15～20	
碎砖路面	可维持雨天通车，通行车辆较少	砂质土	13～15	垫层：砂或炉渣4～5cm 底层：7～10cm碎砖 面层：2～5cm碎砖
炉渣或矿渣路面	可维持雨天通车，通行车辆较少，当附近有此材料可利用时	一般土壤	10～15	炉渣或矿渣75%，当地土壤25%
		较松软时	15～30	
砂土路面	雨天停车，通行车辆较少，附近不产石料面只有砂时	砂质土	15～20	粗砂50%，细砂、粉砂和黏质土50%
		黏质土	15～30	
风化石屑路面	雨天不通车，通行车辆较少，附近有石屑可利用	一般土壤	10～15	石屑90%，黏土10%

6.5.4.4　行政管理、文化、生活、福利用临时设施的布置

这类临时设施包括：各种生产管理办公用房、会议室、警卫传达室、宿舍、食堂、开水房、医务、浴室、文化文娱室、福利性用房等。在能满足生产和生活的基本需求下，尽可能减少。如有可能，尽量利用已有设施或正式工程，以节约临时设施费用。必须修建时应经过计算确定面积。

布置临时设施时，应保证使用方便，不妨碍施工，并符合防火及安全的要求。通常，办公室的布置应靠近施工现场，宜设在工地出入口处；工人休息室应设在工人作业区；宿舍应布置在安全的上风向；门卫、收发室宜布置在工地出入口处。行政管理、临时宿舍、生活福利用临时房屋面积参考表见表6.8。

表 6.8　　　　　**行政管理、文化、生活、福利用临时设施的布置**

序号	临时房屋名称	单位	参考面积/m²
1	办公室	m²/人	3.50
2	单层宿舍（双层床）	m²/人	2.60~2.80
3	食堂兼礼堂	m²/人	0.90
4	医务室	m²/人	0.06(≥30.00m²)
5	浴室	m²/人	0.10
6	俱乐部	m²/人	0.10
7	门卫、收发室	m²/人	6.00~8.00

6.5.4.5 水电管网布置

1. 施工供水管网的布置

施工供水管网首先要经过计算、设计，然后进行设置，其中包括水源选择、用水量计算（包括生产用水、机械用水、生活用水、消防用水等）、取水设施、贮水设施、配水布置、管径的计算等。

（1）单位工程施工组织设计的供水计算和设计可以简化或根据经验进行安排，一般5000~10000m²的建筑物，施工用水的总管径为100mm，支管径为40mm或25mm。

（2）消防用水一般利用城市或建设单位的永久消防设施。如自行安排，应按有关规定设置，消防水管线的直径不小于100m，消火栓间距不大于120m，布置应靠近十字路口或道边，距道边应不大于2m，距建筑物外墙不应小于5m，也不应大于25m，且应设有明显的标志，周围3m以内不准堆放建筑材料。

（3）高层建筑的施工用水应设置蓄水池和加压泵，以满足高空用水的需要。

（4）管线布置应使线路长度短，消防水管和生产、生活用水管可以合并设置。

（5）为了排除地表水和地下水，应及时修通下水道，并最好与永久性排水系统相结合，同时，根据现场地形，在建筑物周围设置排除地表水和地下水的排水沟。

2. 施工用电线网的布置

施工用电的设计应包括用电量计算、电源选择、电力系统选择和配置。用电量包括电动机用电量、电焊机用电量、室内和室外照明容量。如果是扩建的单位工程，可计算出施工用电总数供建设单位解决，不另设变压器；单独的单位工程施工，要计算出现场施工用电和照明用电的数量，选择变压器和导线的截面及类型。变压器应布置在现场边缘高压线接入处，距地面高度应大于30cm，在2m以外四周用高度大于1.7m铁丝网围住，以确保安全，但不宜布置在交通要道口处。

必须指出，建筑施工是一个复杂多变的生产过程，各种施工材料、构件、机械等随着工程的进展而逐渐进场，又随着工程的进展而不断消耗、变动，在整个施工生产过程中，现场的实际布置情况是在随时变动着的。因此，对于大型工程、施工期限较长的工程或现场较为狭窄的工程，就需要按不同的施工阶段来分别布置几张施工平面图，以便能把在不同的施工阶段内现场的合理布置情况全面地反映出来。图 6.10 为一工程实例的平面布置图。

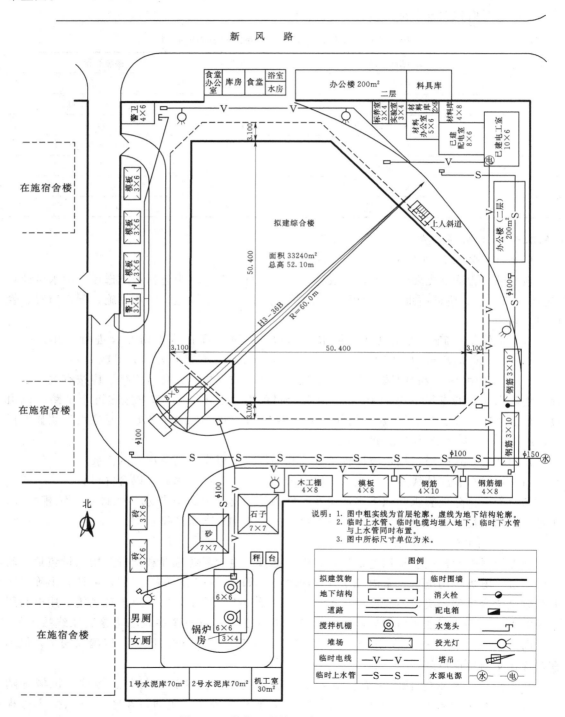

图 6.10　单位工程施工平面图设计实例

学习情境 6.6　主要技术组织措施

技术组织措施是指在技术和组织方面对保证工程质量、安全、节约和文明施工所采用的方法。制定这些方法是施工组织设计编制者为确保工程安全、按时、高质、低耗完成工程项目的必要措施，是一项创造性的工作。

6.6.1　保证工程质量措施

保证工程质量的关键是对施工组织设计的工程对象经常发生的质量通病制订防治措施，可以按照各主要分部分项工程提出的质量要求，也可以按照各工种工程提出的质量要求。保证工程质量的措施可以从以下各方面考虑。

（1）确保拟建工程定位、放线、轴线尺寸、标高测量等准确无误的措施。

（2）为了确保地基土壤承载能力符合设计规定的要求而应采取的有关技术组织措施。

（3）各种基础、地下结构、地下防水施工的质量措施。

（4）确保主体承重结构各主要施工过程的质量要求；各种预制承重构件检查验收的措施；各种材料、半成品、砂浆、混凝土等检验及使用要求。

（5）对新结构、新工艺、新材料、新技术的施工操作提出质量措施或要求。

（6）冬、雨期施工的质量措施。

（7）屋面防水施工、各种抹灰及装饰操作中，确保施工质量的技术措施。

（8）解决质量通病措施。

（9）执行施工质量的检查、验收制度。

（10）提出各分部工程的质量评定的目标计划等。

6.6.2　安全施工措施

安全施工措施应贯彻安全操作规程，对施工中可能发生的安全问题进行预测，有针对性地提出预防措施，以杜绝施工中伤亡事故的发生。安全施工措施主要包括如下内容：

（1）提出安全施工宣传、教育的具体措施；对新工人进场上岗前必须作安全教育及安全操作的培训。

（2）针对拟建工程地形、环境、自然气候、气象等情况，提出可能突然发生自然灾害时有关施工安全方面的若干措施及其具体的办法，以便减少损失，避免伤亡。

（3）提出易燃、易爆品严格管理及使用的安全技术措施。

（4）防火、消防措施；高温、有毒、有尘、有害气体环境下操作人员的安全要求和措施。

（5）土方、深坑施工，高空、高架操作，结构吊装、上下垂直平行施工时的安全要求和措施。

（6）各种机械、机具安全操作要求；交通、车辆的安全管理。

（7）各处电器设备的安全管理及安全使用措施。

（8）狂风、暴雨、雷电等各种特殊天气发生前后的安全检查措施及安全维护制度。

6.6.3　降低成本措施

降低成本措施的制定应以施工预算为尺度，以企业（或基层施工单位）年度、季度降低成本计划和技术组织措施计划为依据进行编制。要针对工程施工中降低成本潜力大的（工程量大、有采取措施的可能性及有条件的）项目，充分开动脑筋，把措施提出来，并计算出经济效益和指标，加以评价、决策。这些措施必须是不影响质量且能保证安全的，它应考虑以下几方面：

（1）生产力水平是先进的。

（2）能有精心施工的领导班子来合理组织施工生产活动。

（3）有合理的劳动组织，以保证劳动生产率的提高，减少总的用工数。

（4）物资管理的计划性，从采购、运输、现场管理及竣工材料回收等方面，最大限度地降低原材料、成品和半成品的成本。

（5）采用新技术、新工艺，以提高工效，降低材料耗用量，节约施工总费用。

（6）保证工程质量，减少返工损失。

（7）保证安全生产，减少事故频率，避免意外工伤事故带来的损失。

（8）提高机械利用率，减少机械费用的开支。

（9）增收节支，减少施工管理费的支出。

（10）工程建设提前完工，以节省各项费用开支。

降低成本措施应包括节约劳动力、材料费、机械设备费用、工具费、间接费及临时设施费等措施。一定要正确处理降低成本、提高质量和缩短工期三者的关系，对措施要计算经济效果。

6.6.4　现场文明施工措施

现场场容管理措施主要包括以下几个方面：

（1）施工现场的围挡与标牌，出入口与交通安全，道路畅通，场地平整。

（2）暂设工程的规划与搭设，办公室、更衣室、食堂、厕所的安排与环境卫生。

（3）各种材料、半成品、构件的堆放与管理。

（4）散碎材料、施工垃圾运输，以及其他各种环境污染，如搅拌机冲洗废水、油漆废液、灰浆水等施工废水污染，运输土方与垃圾、白灰堆放、散装材料运输等粉尘污染，熬制沥青、熟化石灰等废气污染，打桩、搅拌混凝土、振捣混凝土等噪声污染。

（5）成品保护。

（6）施工机械保养与安全使用。

（7）安全与消防。

6.6.5　施工组织设计技术经济分析

技术经济分析的目的是，论证施工组织设计在技术上是否可行，在经济上是否合算，通过科学的计算和分析比较，选择技术经济效果最佳的方案，为不断改进和提高施工组织设计水平提供依据，为寻求增产节约途径和提高经济效益提供信息。技术经济分析既是单位工程施工组织设计的内容之一，也是必要的设计手段。

6.6.5.1　技术经济分析的基本要求

（1）全面分析。要对施工的技术方法、组织方法及经济效果进行分析，对需要与可能进行分析，对施工的具体环节及全过程进行分析。

（2）作技术经济分析时应抓住施工方案、施工进度计划和施工平面图三大重点，并据此建立技术经济分析指标体系。

（3）在作技术经济分析时，要灵活运用定性方法和有针对性地应用定量方法。在作定量分析时，应对主要指标、辅助指标和综合指标区别对待。

（4）技术经济分析应以设计方案的要求、有关的国家规定及工程的实际需要为依据。

6.6.5.2　单位工程施工组织设计技术经济分析的指标体系

单位工程施工组织设计中技术经济指标应包括：工期指标、劳动生产率指标、质量指标、安全指标、成本率、主要工程工种机械化程度、三大材料节约指标等。这些指标应在单位工程施工组织设计基本完成后进行计算，并反映在施工组织设计文件中，作为考核的依据。

施工组织设计技术经济分析指标可在图6.11所列的指标体系中选用。其中，主要的指标如下：

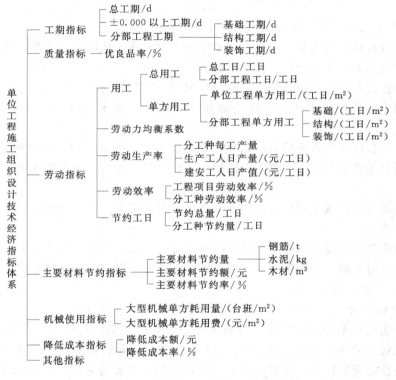

图6.11　单位工程施工组织设计技术经济分析指标体系

（1）总工期指标：即从破土动工至竣工的全部日历天数。

（2）质量优良品率：它是在施工组织设计中确定的控制目标，主要通过保证质量措施实现，可分别对单位工程、分部分项工程进行确定。

（3）单方用工：它反映劳动的使用和消耗水平，不同建筑物的单方用工之间有可比性。

$$单方用工 = \frac{总用工量（工日）}{建筑面积（m^2）} \tag{6.5}$$

（4）主要材料节约指标：主要材料节约情况随工程不同而不同，靠材料节约措施实现。可分别计算主要材料节约量、主要材料节约额或主要材料节约率：

$$主要材料节约量 = 技术组织措施节约量 \tag{6.6}$$

或　　　　　　　$$主要材料节约量 = 预算用量 - 施工组织设计计划用量 \tag{6.7}$$

$$主要材料节约率 = \frac{主要材料计划节约额（元）}{主要材料预算金额（元）} \times 100\% \qquad (6.8)$$

或
$$主要材料节约率 = \frac{主要材料节约量}{主要材料预算用量} \times 100\% \qquad (6.9)$$

（5）大型机械耗用台班数及费用。

$$大型机械单方耗用台班数 = 耗用总台班（台班）/建筑面积（m^2） \qquad (6.10)$$

$$单方大型机械费 = 计划大型机械台班费（元）/建筑面积（m^2） \qquad (6.11)$$

（6）降低成本指标。

$$降低成本额 = 预算成本 - 施工组织设计计划成本 \qquad (6.12)$$

$$降低成本率 = \frac{降低成本额（元）}{预算成本（元）} \times 100\% \qquad (6.13)$$

6.6.5.3　单位工程施工组织设计技术经济分析的重点

技术经济分析应围绕质量、工期、成本三个主要方面。选用某一方案的原则是，在质量能达到优良的前提下，工期合理，成本节约。

对于单位工程施工组织设计，不同的设计内容，应有不同的技术经济分析重点。

（1）基础工程应以土方工程、现浇混凝土、打桩、排水和防水、运输进度与工期为重点。

（2）结构工程应以垂直运输机械选择、流水段划分、劳动组织、现浇钢筋混凝土支模、绑扎钢筋、混凝土浇筑与运输、脚手架选择、特殊分项工程施工方案和各项技术组织措施为重点。

（3）装饰工程应以施工顺序、质量保证措施、劳动组织、分工协作配合、节约材料及技术组织措施为重点。

单位工程施工组织设计的技术经济分析重点是：工期、质量、成本，劳动力使用，场地占用和利用，临时设施，协作配合，材料节约，新技术、新设备、新材料、新工艺的采用。

6.6.5.4　技术经济分析方法

1. 定性分析方法

定性分析法是根据经验对单位工程施工组织设计的优劣进行分析。例如，工期是否适当，可按一般规律或施工定额进行分析；选择的施工机械是否适当，主要看它能否满足使用要求、机械提供的可能性等；流水段的划分是否适当，主要看它是否给流水施工带来方便；施工平面图设计是否合理，主要看场地是否合理利用，临时设施费用是否适当。定性分析法比较方便，但不精确，不能优化，决策易受主观因素制约。

2. 定量分析方法

（1）多指标比较法。该方法简便实用，也用得较多。比较时要选用适当的指标，注意可比性。有两种情况要区别对待。

1）一个方案的各项指标明显地优于另一个方案，可直接进行分析比较。

2）几个方案的指标优劣有穿插，互有优势，则应以各项指标为基础，将各项指标的值按照一定的计算方法进行综合后得到一个综合指标进行分析比较。

通常的方法是：首先根据多指标中各项指标在技术经济分析中的重要性的相对程度，分别定出权值 W_i，再用同一指标依据其在各方案中的优劣程度定出其相应的分值 C_{ij}，假设有 m 个方案和 n 种指标，则第 j 方案的综合指标值 A_j 为

$$A_j = \sum_{i=1}^{n} C_{i,j} W_i \qquad\qquad (6.14)$$

式中 $j=1$，2，$3\cdots$，m，$i=1$，2，$3\cdots$，n，其中综合指标值最大者为最优方案。

（2）单指标比较法。该方法多用于建筑设计方案的分析比较。

复 习 思 考 题

一、填空题

1. 施工方案的选择一般包括_____、_____、_____。

2. 单位工程施工平面布置图，首先应布置_____。

3. 技术组织措施是指在_____和_____方面对保证工程质量、安全、节约和文明施工所采用的方法。

二、简答题

1. 施工组织设计的意义？

2. 单位工程施工组织设计的基本内容有哪些？

3. 制定和选择施工方案的基本要求是什么？

4. 编制施工组织设计的基本原则是什么？

5. 简述多层砖混民用住宅楼的施工特点及施工阶段的划分？

6. 单位工程施工进度计划的作用？

7. 简述单位工程施工平面图一般包括哪些内容？

学习项目7 工程进度计划实施中的比较

【学习目标】 通过本项目的学习，掌握横道图比较法的方法步骤；了解S曲线的绘制步骤和比较方法；了解香蕉曲线的绘制步骤和比较方法；掌握前锋线比较法的方法步骤并能熟练运用；掌握列表比较法的方法步骤。

学习情境7.1 横道图比较法

横道图比较法是指将项目实施过程中检查实际进度收集到的数据，经加工整理后直接用横道线平行绘于原计划的横道线处，进行实际进度与计划进度的比较方法。采用横道图比较法，可以形象、直观地反映实际进度与计划进度的比较情况。

例如，某工程项目基础工程的计划进度和截止到第8周末的实际进度如图7.1所示，其中双线条表示该工程计划进度，粗实线表示实际进度。从图中实际进度与计划进度的比较可以看出，到第8周末进行实际进度检查时，挖土方和做垫层两项工作已经完成；支模板按计划应该完成75%，但实际只完成50%，任务量拖欠25%；绑扎钢筋按计划应该完成40%，而实际只完成20%，任务量拖欠20%。

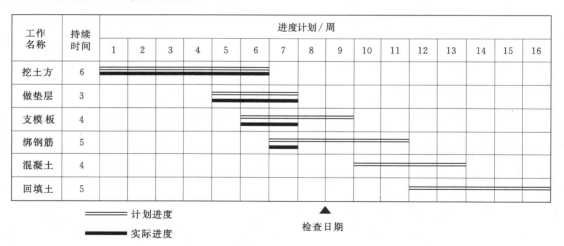

图 7.1 某基础工程实际进度与计划进度的比较图

根据各项工作的进度偏差，进度控制者可以采取相应的纠偏措施对进度计划进行调整，以确保该工程按期完成。

图7.1所表达的比较方法仅适用于工程项目中的各项工作都是均匀进展的情况，即每项工作在单位时间内完成的任务量都相等的情况。事实上，工程项目中各项工作的进展不一定是匀速的。根据工程项目中各项工作的进展是否匀速，可分别采用以下两种方法进行实际进

度与计划进度的比较。

7.1.1　匀速进展横道图比较法

　　匀速进展是指在工程项目中，每项工作在单位时间内完成的任务量都是相等的，即工作的进展速度是均匀的。此时，每项工作累计完成的任务量与时间呈线性关系，如图 7.2 所示。

　　完成的任务量可以用实物工程量、劳动消耗量或费用支出表示。为了便于比较，通常用上述物理量的百分比表示。

　　采用匀速进展横道图比较法时，其步骤如下：

　　（1）编制横道图进度计划。

　　（2）在进度计划上标出检查日期。

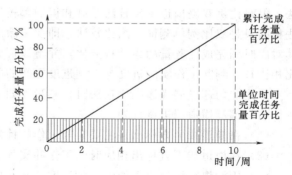

图 7.2　工作匀速进展时其任务量
与时间关系曲线

　　（3）将检查收集到的实际进度数据经加工整理后按比例用涂黑的粗线标于计划进度的下方，如图 7.3 所示。

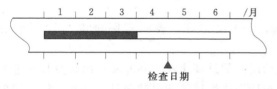

图 7.3　匀速进展横道图比较法

　　（4）对比分析实际进度与计划进度：

　　1）如果涂黑的粗线右端落在检查日期左侧，表明实际进度拖后。

　　2）如果涂黑的粗线右端落在检查日期右侧，表明实际进度超前。

　　3）如果涂黑的粗线右端与检查日期重合，表明实际进度与计划进度一致。

　　必须指出，该方法仅适用于工作从开始到结束的整个过程中，其进展速度均为固定不变的情况。如果工作的进展速度是变化的，则不能采用这种方法进行实际进度与计划进度的比较；否则，会得出错误的结论。

　　【例 7.1】　某工程的基坑按施工进度计划安排，需要 10 天时间完成，每天工作进度相同，在第 6 天检查时，工程实际完成 55％。试对此工程进行横道图比较。

　　解：

　　（1）编制横道图进度计划，如图 7.4 所示。

　　（2）在进度计划上标出检查日期。

　　（3）将前 6 天实际进度按比例用涂黑的粗线标于计划进度的下方，如图 7.4 所示。

　　（4）对比分析实际进度与计划进度：涂黑的粗线右端落在检查日期左侧，实际进度拖后。

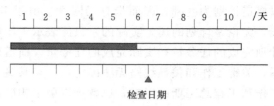

图 7.4　本工程匀速进展横道图

7.1.2　非匀速横道图比较法

　　当工作在不同单位时间里的进展速度不相等时，累计完成的任务量与时间的关系就不可能是线性关系。此时，应采用非匀速进展横道图比较法进行工作实际进度与计划进度的比较。

非匀速进展横道图比较法有双比例单侧横道图比较法和双比例双侧横道图比较法两种方法，但双比例双侧横道图比较法绘制和识别都较复杂，故本书所讲的非匀速进展横道图比较法指的只是双比例单侧横道图比较法，即在用涂黑粗线表示工作实际进度的同时，还要标出其对应时刻完成任务量的累计百分比，并将该百分比与其同时刻计划完成任务量的累计百分比相比较，判断工作实际进度与计划进度之间的关系。

采用非匀速进展横道图比较法时，其步骤如下：

（1）编制横道图进度计划。

（2）在横道线上方标出各主要时间工作的计划完成任务量累计百分比。

（3）在横道线下方标出相应时间工作的实际完成任务量累计百分比。

（4）用涂黑粗线标出工作的实际进度，从开始之日标起，同时反映出该工作在实施过程中的连续与间断情况。

（5）通过比较同一时刻实际完成任务量累计百分比和计划完成任务量累计百分比，判断工作实际进度与计划进度之间的关系。

1）如果同一时刻横道线上方累计百分比大于横道线下方累计百分比，表明实际进度拖后，拖欠的任务量为两者之差。

2）如果同一时刻横道线上方累计百分比小于横道线下方累计百分比，表明实际进度超前，超前的任务量为两者之差。

3）如果同一时刻横道线上下方两个累计百分比相等，表明实际进度与计划进度一致。

这种比较法，不仅适合于施工速度是变化情况下的进度比较，同时除找出检查日期进度比较情况外还能提供某一指定时间段实际进度与计划进度比较情况的信息。当然这就必须要求实施部门按规定的时间记录当时的完成情况。

值得指出：由于工作的施工速度是变化的，因此横道图中进度横线，不管计划的还是实际的，都只表示工作的开始时间、持续天数和完成的时间，并不表示计划完成量和实际完成量，这两个量分别通过标注在横道线上方及下方的累计百分比数量表示。实际进度的涂黑粗线是从实际工程的开始日期划起，若工作实际施工间断，亦可在图中将涂黑粗线作相应的空白。

横道图比较法虽有记录和比较简单、形象直观、易于掌握、使用方便等优点，但由于其以横道计划为基础，因而带有局限性。由于工作进展速度是变化的，因此，在图中的横道线，无论是计划的还是实际的，只能表示工作的开始时间、完成时间和持续时间，并不表示计划完成的任务量和实际完成的任务量。横道计划不能够明确的反映各项工作之间的逻辑关系，关键工作和关键线路无法确定，一旦某些工作实际进度出现偏差时，难以预测其对后续工作和工程总工期的影响，也就难以确定相应的进度计划调整方法。因此，横道图比较法也不能用来确定关键工作和关键线路，这种方法主要用于工程项目中某些工作实际进度与计划进度的局部比较。

【例7.2】　某工程的绑扎钢筋工程按施工计划安排需要9天完成，工程每天计划完成任务的累计百分比分别为5％、10％、20％、35％、50％、65％、80％、90％、100％，第4天检查情况是：工作1天、2天、3天末和检查日期的实际完成任务的百分比，分别为：6％、12％、22％、40％。试对此工程进行横道图比较。

解：

（1）编制横道图进度计划，如图7.5所示。

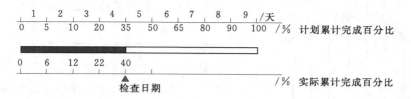

图7.5　某钢筋绑扎工程非匀速进展横道图比较图

（2）在横道线上方标出钢筋工程每天计划完成任务的累计百分比分别为5％、10％、20％、35％、50％、65％、80％、90％、100％。

（3）在横道线的下方标出工作1天、2天、3天末和检查日期的实际完成任务的百分比，分别为：6％、12％、22％、40％。

（4）用涂黑粗线标出实际进度线。

（5）比较实际进度与计划进度的偏差，从图中可以看出，该工作在第1天实际进度比计划进度提前1％，第2天实际进度比计划进度提前2％，第3天实际进度比计划进度提前2％，第4天实际进度比计划进度提前5％。

【**例7.3**】　某工作第4周之后的计划进度与实际进度如图7.6所示。

从图中可获得哪些正确的信息？

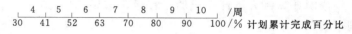

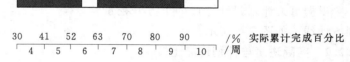

解：

分析此图可得到如下信息：

（1）原计划第4周至第6周为匀速进展。

（2）原计划第8周至第10周为匀速进展。

图7.6　某工作的实际进度与计划进度比较图

（3）实际第6周后半周末进行本工作。

（4）第9周末实际进度与计划进度相同。

学 习 情 境 7.2　S 曲 线 比 较 法

S曲线比较法是以横坐标表示时间，纵坐标表示累计完成任务量，绘制一条按计划时间累计完成任务量的S曲线；然后将工程项目实施过程中各检查时间实际累计完成任务量的S曲线也绘制在同一坐标系中，进行实际进度与计划进度比较的一种方法。

从整个工程项目实际进展全过程看，单位时间投入的资源量一般是开始和结束时较少，中间阶段较多。与其相对应，单位时间完成的任务量也呈同样的变化规律。而随工程进展累计完成的任务量则应呈S形变化。由于其形似英文字母"S"，S曲线因此而得名。

7.2.1　S曲线的绘制

S曲线的绘制步骤如下：

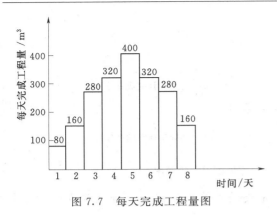

图 7.7　每天完成工程量图

（1）确定单位时间计划完成任务量。

（2）计算不同时间累计完成任务量。

（3）根据累计完成任务量绘制 S 曲线。

【例 7.4】　某土方工程总的开挖量为 2000m³，按照施工方案，计划 8 天完成，每天计划完成的土方开挖量如图 7.7 所示。

试绘制该土方工程的计划 S 曲线。

解：

1. 确定单位时间计划完成任务量

将每天计划完成的土方开挖量列于表 7.1 中。

表 7.1　　　　　　　　　　　完成工程量汇总表

时间/天	1	2	3	4	5	6	7	8
每天完成量/m³	80	160	280	320	400	320	280	160
累计完成量/m³	80	240	520	840	1240	1560	1840	2000

2. 计算不同时间累计完成任务量

依次计算每天累计完成的工程量，结果列于表 7.1 中。

3. 根据累计完成任务量绘制 S 曲线

根据每天计划累计完成的土方开挖量绘制 S 曲线，如图 7.8 所示。

7.2.2　实际进度与计划进度比较

同横道图比较法一样，S 曲线比较法也是在图上进行工程项目实际进度与计划进度的直观比较。在工程项目实施过程中，按照规定时间将检查收集到的实际累计完成任务量绘制在原计划 S 曲线图上，即可得到实际进度 S 曲线，如图 7.9 所示。

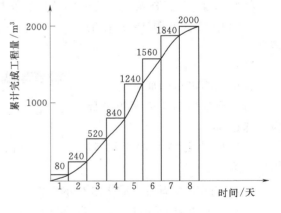

图 7.8　S 曲线图

通过比较实际进度 S 曲线和计划进度 S 曲线，可以获得如下信息。

1. 工程项目实际进展状况

如果工程实际进展点落在计划 S 曲线左侧，表明此时实际进度比计划进度超前，如图 7.9 中的 a 点；如果工程实际进展点落在 S 计划曲线右侧，表明此时实际进度拖后，如图 7.9 中的 b 点；如果工程实际进展点正好落在计划 S 曲线上，则表示此时实际进度与计划进度一致。

2. 工程项目实际进度超前或拖后的时间

在 S 曲线比较图中可以直接读出实际进度比计划进度超前或拖后的时间。如图 7.9 所示，Δt_a 表示 T_a 时刻实际进度超前的时间；Δt_b 表示 T_b 时刻实际进度拖后的时间。

3. 工程项目实际超额或拖欠的任务量

在 S 曲线比较图中也可直接读出实际进度比计划进度超额或拖欠的任务量。如图 7.9 所示，ΔQ_a 表示 T_a 时刻超额完成的任务量，ΔQ_b 表示 T_b 时刻拖欠的任务量。

4. 后期工程进度预测

如果后期工程按原计划速度进行，则可做出后期工程计划 S 曲线如图 7.9 中虚线所示，从而可以确定工期拖延预测值 Δt_c。

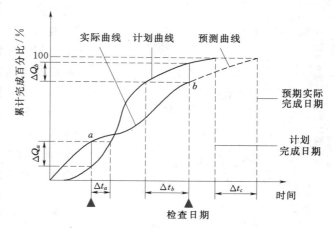

图 7.9 S 曲线比较图

【例 7.5】 某土方工程的总开挖量为 10000m³，要求在 10 天内完成，不同时间计划土方开挖量和实际完成任务情况如表 7.2 所示。

表 7.2 土 方 开 挖 量

时间/天	1	2	3	4	5	6	7	8	9	10
计划完成量/m³	200	600	1000	1400	1800	1800	1400	1000	600	200
实际完成量/m³	800	600	600	700	800	1000				

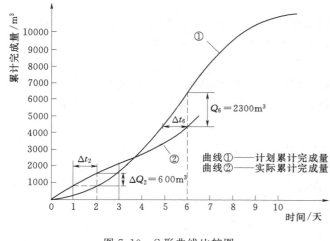

图 7.10 S 形曲线比较图

试应用 S 形曲线对第 2 天和第 6 天的工程实际进度与计划进度进行比较分析。

解：

（1）绘制出的计划和实际累计完成工程量 S 形曲线如图 7.10 所示。

（2）由 S 形曲线图可知：在第 2 天检查时实际完成工程量与计划完成工程量的偏差 $\Delta Q_2 = 600\text{m}^3$，即实际超计划完成 600m³。在时间进度上提前 $\Delta t_2 = 1$ 天完成相应工程量。

（3）在第 6 天检查时，实际完成工程量与计划完成工程量的偏差 $\Delta Q_6 = -2300\text{m}^3$，即实际比计划完成量少 2300m³。

学习情境7.3 香蕉曲线比较法

香蕉曲线是由两条 S 曲线组合而成的闭合曲线。由 S 曲线比较法可知，工程项目累计完

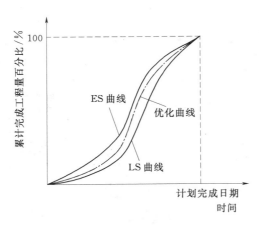

图 7.11　香蕉曲线比较图

成的任务量与计划时间的关系，可以用一条 S 曲线表示。对于一个工程项目的网络计划来说，如果以其中各项工作的最早开始时间安排进度而绘制成的 S 曲线称为 ES 曲线，如果以其中各项工作的最迟开始时间安排进度而绘制成的 S 曲线称为 LS 曲线。两条 S 曲线具有相同的起点和终点，因此两条曲线是闭合的。在一般情况下，ES 曲线上的各点均落在 LS 曲线相应点的左侧，由于形似"香蕉"，故称为香蕉曲线，如图 7.11 所示。

7.3.1　香蕉曲线的绘制

香蕉曲线的绘制方法与 S 曲线的绘制方法基本相同，所不同的是香蕉曲线是按工作最早开始时间和最迟开始时间分别安排进度分别绘制成的两条 S 曲线组合而成的。其绘制步骤如下：

（1）以工程项目的网络计划为基础，分别绘制出各项工作按最早开始时间安排进度的时标网络图和按最迟开始时间安排进度的时标网络图。

（2）分别计算各项工作的最早开始时间和最迟开始时间。

（3）计算项目总任务量，即对所有工作在各单位时间计划完成的任务量累加求和。

（4）根据各项工作按最早开始时间安排的进度计划，确定各项工作在各单位时间的计划完成任务量，即将各项工作在某一单位时间计划完成的任务量累加求和，再确定不同的时间累计完成的任务量或任务量的百分比。

（5）根据各项工作按最迟开始时间安排的进度计划，确定各项工作在各单位时间的计划完成任务量，即将各项工作在某一单位时间计划完成的任务量累加求和，再确定不同的时间累计完成的任务量或任务量的百分比。

（6）绘制香蕉曲线。分别根据各项工作按最早开始时间、最迟开始时间安排的进度计划而确定的累计完成任务量或任务量的百分比描绘各点，并连接各点得到 ES 曲线和 LS 曲线，由 ES 曲线和 LS 曲线组成香蕉曲线。

【例 7.6】 已知某施工项目网络如图 7.12 所示，图中箭线上方括号内的数字表示各项工作计划完成的任务量，以劳动消耗量表示，箭线下方的数字表示各项工作的持续时间。

试绘制此工程的香蕉曲线。

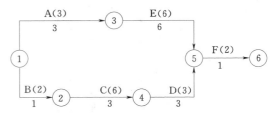

图 7.12　某工程项目网络计划图

解：

（1）以网络图为基础，计算各工作的最早开始时间和最迟开始时间，见表 7.3。

（2）假设各工作匀速进行，即各工作每天的劳动消耗量相同，确定每项工作每天的劳动消耗量。

工作 A：3÷3＝1　　工作 B：2÷1＝2　　工作 C：6÷3＝2

工作 D：3÷3＝1　　工作 E：6÷6＝1　　工作 F：2÷1＝2

表 7.3　　　　　　　　　　　　　　　各工作的有关时间参数

序号	工作编号	工作名称	$D_{i,j}$/天	ES_i	LS_i
1	1－2	A	3	0	0
2	1－3	B	1	0	2
3	3－4	C	3	1	3
4	4－5	D	3	4	6
5	2－5	E	6	3	3
6	5－6	F	1	9	9

1）计算工程项目劳动消耗总量 Q。

$$Q=3+2+6+6+3+2=22$$

2）根据各项工作按最早开始时间安排的进度计划，确定工程项目每天的计划劳动消耗量和累计劳动消耗量，如图 7.13 所示。

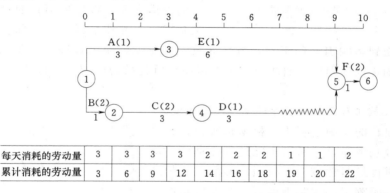

每天消耗的劳动量	3	3	3	3	2	2	2	1	1	2
累计消耗的劳动量	3	6	9	12	14	16	18	19	20	22

图 7.13　按各工作最早开始时间安排的进度计划及劳动消耗量

3）根据各项工作按最迟开始时间安排的进度计划，确定工程项目每天的计划劳动消耗量和累计劳动消耗量，如图 7.14 所示。

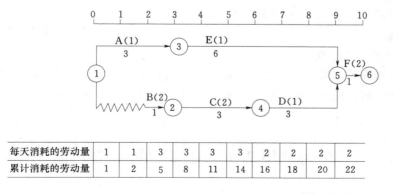

每天消耗的劳动量	1	1	3	3	3	3	2	2	2	2
累计消耗的劳动量	1	2	5	8	11	14	16	18	20	22

图 7.14　按各工作最迟开始时间安排的进度计划及劳动消耗量

（3）根据不同的累计劳动消耗量分别绘制 ES 曲线和 LS 曲线，便得到香蕉曲线，如图 7.15 所示。

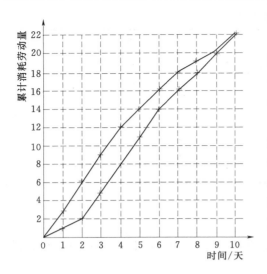

图 7.15 本工程的香蕉曲线图

7.3.2 香蕉曲线的作用

在工程项目实施过程中，根据检查得到的实际累计完成任务量，按同样的方法在原计划香蕉曲线上绘出实际进度曲线，便可以进行实际进度与计划进度的比较了。

在项目的实施中，进度控制的理想状态是任意时刻按实际进度描绘的点都应该落在香蕉型曲线的闭合区域内。利用香蕉曲线不但可以进行计划进度的合理安排，实际进度与计划进度的比较，还可以对后期工程进行预测。其主要作用如下。

1. 合理安排工程项目进度计划

如果工程项目中的各项工作均按最早开始时间安排进度，将导致项目的投资加大；而如果各项工作都按最迟开始时间安排进度，则一旦工程进度受到影响因素的干扰，就将导致工期延期，使工程进度风险加大。因此，一个科学合理的进度计划优化曲线应处于香蕉曲线所包括的区域内，如图 7.11 中的中间那条曲线。

2. 定期比较工程项目的实际进度与计划进度

在工程项目的实施过程中，根据每次检查收集到的实际完成任务量，绘制出实际进度 S 曲线，便可以与计划进度进行比较。工程项目实际进度的理想状态是任一时刻工程实际进展点应落在香蕉曲线的范围之内，如果工程实际进展点落在 ES 曲线的左侧，表明此刻实际进度比各项工作按最早开始时间安排的计划进度超前；如果工程 LS 曲线的右侧，则表明此刻实际进度比各项工作按最迟开始时间安排的计划进度落后。

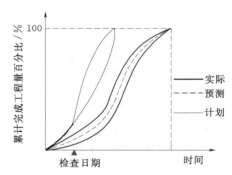

图 7.16 工程进展趋势预测图

3. 预测后期工程进展趋势

利用香蕉曲线可以对后期工程的进展情况进行预测。如在图 7.16 中，该工程项目在检查日实际进度超前，检查日期之后的后期工程进度安排如图中虚线所示，预计该工程项目提前完成。

学习情境 7.4　前 锋 线 比 较 法

7.4.1　前锋线比较法的概念

前锋线比较法是通过绘制某检查时刻工程项目实际进度前锋线，进行工程实际进度与计划进度比较的方法，它主要适用于时标网络计划。所谓前锋线，是指在原时标网络计划上，从检查时刻的时标点出发，用点画线依此将各项工作实际进展位置点连接而成的折线。前锋线比较法就是通过实际进度前锋线与原进度计划中各工作箭线交点的位置来判断工作实际进度与计划进度的偏差，进而判定该偏差对后续工作及总工期影响程度的一种方法。

7.4.2　前锋线比较法的步骤

采用前锋线比较法进行实际进度与计划进度的比较，其步骤如下。

1. 绘制时标网络计划图

工程项目实际进度前锋线是在时标网络计划图上标示，为清楚起见，可在时标网络计划图的上方和下方各设一时间坐标。

2. 绘制实际进度前锋线

一般从时标网络计划图上方时间坐标的检查日期开始绘制，依次连接相邻工作的实际进展位置点，最后与时标网络计划图下方坐标的检查日期相连接。

工作实际进展位置点的标定方法有两种。

（1）按该工作已完任务量比例进行标定。假设工程项目中各项工作均为匀速进展，根据实际检查时刻该工作已完成任务量占计划完成任务量的比例，在工作箭线上从左至右按相同的比例标定其实际进展位置点。

（2）按尚需作业时间进行标定。当某些工作的持续时间难以按实物工程量来计算而只能凭经验估算时，可以先估算出检查时刻到该工作全部完成尚需作业的时间，然后在该工作箭线上从左至右逆向标定其实际进展位置点。

3. 进行实际进度与计划进度的比较

前锋线可以直观地反映出检查日期有关工作实际进度与计划进度之间的关系。对某项工作来说，其实际进度与计划进度之间的关系可能存在以下三种情况：

（1）工作实际进展位置点落在检查日期的左侧，表明该工作实际进度拖后，拖后的时间为两者之差。

（2）工作实际进展位置点与检查日期重合，表明该工作实际进度与计划进度一致。

（3）工作实际进展位置点落在检查日期的右侧，表明该工作实际进度超前，超前的时间为两者之差。

4. 预测进度偏差对后续工作及总工期的影响

通过实际进度与计划进度的比较确定进度偏差后，还可根据工作的自由时差和总时差预测该进度偏差对后续工作及项目总工期的影响。由此可见，前锋线比较法既适用于工作实际进度与计划进度之间的局部比较，又用来分析和预测工程项目整体进度状况。

值得注意的是，以上比较是针对匀速进展的工作。对于非匀速进展的工作，比较方法较复杂，此处不赘述。

【例 7.7】　已知某工程双代号网络计划如图 7.17 所示，该项任务要求工期为 14 天。第 5 天末检查发现：A 工作已完成 3 天工作量，B 工作已完成 1 天工作量，C 工作已全部完成，E 工作已完成 2 天工作量，D 工作已全部完成，G 工作已完成 1 天工作量，H 工作尚未开始，其他工作均未开始。

试应用前锋线比较法分析工程实际进度

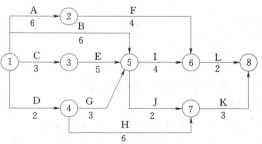

图 7.17　某工程双代号网络图

143

与计划进度。

解：

1. 绘制前锋线比较图

将［例7.7］所示的网络进度计划图绘成时标网络图，如图7.18所示。再根据提示的有关工作的实际进度，在该时标网络图上绘出实际进度前锋线。

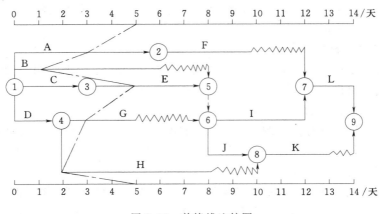

图7.18　前锋线比较图

2. 实际进度与计划进度比较及预测

由图7.18可见，工作A进度偏差2天，不影响工期；工作B进度偏差4天，影响工期2天；工作E无进度偏差，正常；工作G进度偏差2天，不影响工期；工作H进度偏差3天，不影响工期。

【例7.8】　某分部工程双代号时标网络计划执行到第2周末及第8周末时，检查实际进度后绘制的前锋线如图7.19所示。

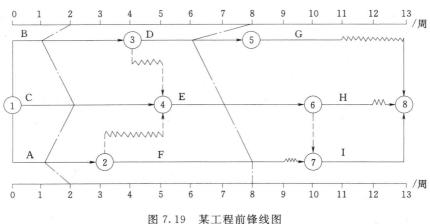

图7.19　某工程前锋线图

能从图中可获得哪些信息？

解：

（1）第2周末检查时，A工作拖后1周，F工作变为关键工作。

（2）第2周末检查时，B工作拖后1周，但不影响工期。

（3）第2周末检查时，C工作正常。

（4）第 8 周末检查时，D 工作拖后 2 周，但不影响工期。

（5）第 8 周末检查时，E 工作拖后 1 周，并影响工期 1 周。

学习情境 7.5 列 表 比 较 法

7.5.1 列表比较法的概念

当采用无时间坐标网络计划时也可以采用列表比较法。

列表比较法是通过将某一检查日期某项工作的尚有总时差与原有总时差的计算结果列于表格之中进行比较，以判断工程实际与计划进度相比超前或滞后情况的方法。即是记录检查时正在进行的工作名称和已进行的天数，然后列表计算有关参数，根据原有总时差和尚有总时差判断实际进度与计划进度的比较方法。

7.5.2 列表比较法的步骤

（1）计算检查时正在进行的工作。

（2）计算工作最迟完成时间。

（3）计算工作时差。

（4）填表分析工作实际进度与计划进度的偏差。

具体结论可归纳如下：

1）若工作总时差大于原总时差，说明实际进度超前，且为两者之差。

2）若工作总时差等于原总时差，说明实际进度与计划一致。

3）若工作总时差小于原总时差但仍为非负值，说明实际进度落后但计划工期不受影响，此时滞后的天数为两者之差。

4）若工作总时差小于原总时差但为负值，说明实际进度落后且计划工期已受影响，此时滞后的天数为两者之差，而计划工期的延迟天数与工序尚有总时差相等，此时应当调整计划。

【例 7.9】 某工程进度计划如图 7.20 所示，第 5 天末检查发现：A 工作已完成 3 天工作量，B 工作已完成 1 天工作量，C 工作已全部完成，E 工作已完成 2 天工作量，D 工作已全部完成，G 工作已完成 1 天工作量，H 工作尚未开始，其他工作均未开始。

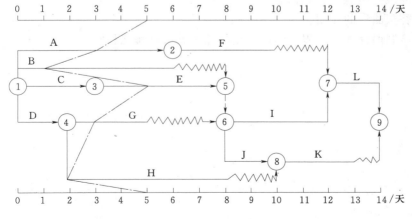

图 7.20 某工程进度计划图

试应用列表比较法分析工程实际进度与计划进度。

解:

应用列表比较法,检查分析结果见表7.4。

表7.4　　　　　　　　　　　列表比较法分析检查结果表

工作名称	检查计划时尚需作业天数	到计划最迟完成时尚余天数	原有总时差	尚有总时差	进度偏差	情况判别	
						影响工期	影响紧后工作最早开始时间
A	6-3=3	8-5=3	2	3-3=0	2	否	影响F工作2天
B	6-1=5	8-5=3	2	3-5=-2	4	影响工期2天	影响I、J工作各2天
E	5-2=3	8-5=3	0	3-3=0	0	否	否
G	3-1=2	8-5=3	3	3-2=1	2	否	否
H	6-0=6	11-5=6	3	6-6=0	3	否	影响K工作1天

复 习 思 考 题

一、填空题

1. 香蕉曲线是由_____和_____两条S曲线组合而成的闭合曲线。

2. 前锋线比较法中工作实际进展位置点落在检查日期的左侧,表明该工作实际进度_____,拖后的时间为_____。

3. 列表比较法中若工作总时差小于原总时差但仍为非负值,说明实际进度_____但计划工期不受影响,此时滞后的天数为_____。

4. 如果工作的进度偏差大于该工作的总时差,则此进度偏差必将_____其后续工作和总工期。

二、简答题

1. 建设工程实际进度与计划进度的比较方法有哪些?

2. 简述匀速进展与非匀速进展横道图比较法的区别。

3. 从S曲线中可获得什么信息?

4. 简述香蕉曲线的作用。

5. 如何绘制前锋线?工程实际进展点的标定方法有哪几种?

学习项目 8　工程施工阶段的进度控制

【学习目标】　通过本项目的学习，了解工程施工阶段进度目标的分解体系；掌握施工阶段进度目标的确定；了解施工阶段进度目标控制的工作流程；了解施工阶段进度控制的工作内容；掌握施工阶段影响进度的因素；掌握施工阶段进度的检查与调整方法。

学习情境 8.1　施工阶段进度控制目标的确定

8.1.1　施工进度控制目标体系

建设工程施工阶段进度控制的最终目的是保证工程项目按期建成交付使用。为了有效地控制施工进度，首先要将施工进度总目标从不同角度进行层层分解，形成施工进度控制目标体系，从而作为实施进度控制的依据。

建设工程施工阶段进度控制目标分解图如图 8.1 所示。

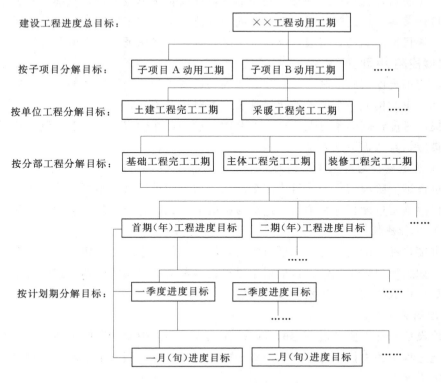

图 8.1　建设工程目标分解体系

1. 按子项目分解，确定各单位工程开工以及动用日期

各单位工程的进度目标在工程项目建设总进度计划及土木工程年度计划中都有体现。在

147

施工阶段应进一步明确各单位工程的开工和交工动用日期，以确定施工总进度目标的实现。

2. 按单位工程（承包项目）分解，明确分工条件和承包责任

在一个单位工程中多个承包单位参加施工时，应按承包单位将承包单位的进度目标分解，确定出分包单位的进度目标，列入分包合同，以便落实分包责任，并根据各专业工程交叉施工方案和前后衔接条件，明确各不同承包单位工作面交接的条件和时间。

3. 按施工阶段（分部工程）分解，划定进度控制分界点

根据工程项目的特点，应将其施工分成几个阶段，如土建工程可分为基础、主体和装修阶段。每一阶段的起止时间都要有明确的标志。特别是不同单位承包的不同施工段之间，更要明确划定时间分界点，以此作为形象进度的控制标志，从而使单位工程动用目标具体化。

4. 按计划期分解，组织综合施工

将工程项目的施工进度控制目标按年度、月（旬）进行分解，并用实物工程量、货币工程量及形象进度表示，将更有利于监理工程师明确对各承包单位的进度要求。同时，还可以据此监督其实施，检查其完成情况。计划期越短，进度目标越细，进度跟踪就越及时，发生进度偏差时也就更能有效地采取措施予以纠正。这样，就形成一个有计划、有步骤地协调施工、长期目标对短期目标自上而下逐级控制、短期目标对长期目标自下而上逐级保证、逐步趋近进度总目标的局面，最终达到工程项目按期竣工交付使用的目的。

如图 8.1 所示，各单位工程交工动用的分目标以及按单位工程、分部工程和不同计划期划分的分目标。各目标之间相互联系，共同构成建设工程施工进度控制目标体系。其中，下级目标受上级目标的制约，下级目标保证上级目标，最终保证施工进度总目标的实现。

8.1.2　进度控制目标的确定

为了对施工进度实施控制，必须建立明确的进度目标，并按项目的分解建立各分层次的进度分目标，由此构成一个完整的建设施工进度目标系统。

为了提高进度计划的预见性和进度控制的主动性，在确定施工进度控制目标时，进度控制管理人员应认真考虑下列因素：

1. 项目总进度计划对施工工期的要求

项目可按进展阶段的不同分解为多个层次，项目的进度目标则可按此层次分解为不同的进度分目标。施工进度目标是项目总进度目标的分目标，它应满足总进度计划的要求。

2. 项目的特殊性

施工进度目标的确定，应考虑项目的特殊性，以保证进度目标切合实际，有利于进度目标的实现。如大型建设工程项目，应根据尽早提供可动用单元的原则，集中力量分期分批建设，以便尽早投入使用，尽快发挥投资效益。

3. 合理的施工时间

任何建设项目都需要经过一定的时间才能完成，不能随意制定施工期限，否则将会造成项目在实施过程中的失控。为了合理地确定施工时间，应参照施工工期定额和以往类似工程施工的实际进度。

4. 资金条件

资金是保证项目进行的先决条件，如果没有资金的保证，进度的目标则不能实现。所以，施工进度目标的确定应充分考虑资金的投入计划。

5. 人力条件

施工进度目标的确定应与可能投入的施工力量相适应。

6. 资源条件

确定施工进度目标应充分考虑材料、设备、构件等各种资源供应的可能性，还有这些资源的可供应量和供应时间。

7. 外界环境的影响

考虑工程项目所在地区地形、地质、水文、气象等方面的限制条件。

施工进度目标可按子项目、单位工程、分部工程及计划期进行分解，进度控制管理人员应根据所确定的分解目标，来检查和控制进度计划的实施。

作为建设项目管理人员，要想真正实现对工程项目的施工进度控制，就必须有明确、合理的各层次进度目标，只有实现了各个分进度目标，才能保证整个项目进度目标的实现。

【例 8.1】 某 80km 高等级公路包括路基、路面、桥梁、隧道等主要项目，其中桥梁 1 个和隧道 2 个。该工程定于 2016 年 2 月开工，合同工期为 300 天。请问：

（1）进度控制人员应从哪些方面进行进度目标的确定与分解？

（2）建立该工程进度目标体系。

解：

（1）该工程的总进度目标是 300 天。

首先第一层可以根据项目的组成划分为三个单位工程，即路基路面工程、桥梁工程、隧道工程。

第二层，路基路面工程可以以 20km 一个施工段划分成 A，B，C，D 四个段，桥梁工程可以划分成 A 桥，隧道工程可以划分 A 隧道，B 隧道。

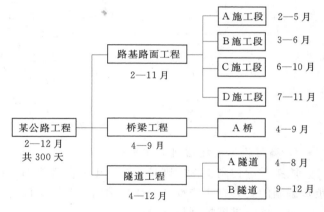

图 8.2　该公路工程进度目标体系

第三层，按计划工期划分，分成 4 个季度，第 1 个季度只有 1 个月，其他 3 个季度均为 3 个月时间。

（2）该工程的进度目标体系如图 8.2 所示。

学习情境 8.2　施工阶段进度控制的内容

8.2.1　施工阶段进度控制工作流程

建设工程施工阶段进度控制工作流程如图 8.3 所示。

8.2.2　施工阶段进度控制工作内容

8.2.2.1　监理单位的主要工作内容

建设工程施工阶段进度控制工作从审核承包单位提交的施工进度计划开始，直至建设工程保修期满为止，其主要工作内容如下。

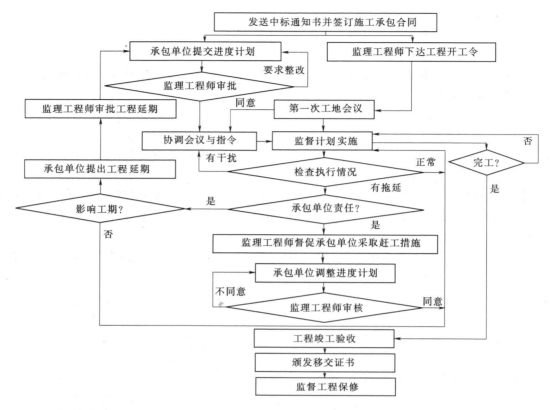

图 8.3　建筑工程施工进度控制的工作流程图

1. 编制施工进度控制工作细则

施工进度控制工作细则是在建设工程监理规划的指导下，由进度控制部门的监理工程师负责编制的更具有实施性和操作性的监理业务文件。其主要内容包括：

（1）施工进度控制目标分解图。

（2）施工进度控制的主要工作内容和深度。

（3）进度控制人员的职责分工。

（4）与进度控制有关各项工作的时间安排及工作流程。

（5）进度控制的方法（包括进度检查周期、数据采集方式、进度报表格式、统计分析方法等）。

（6）进度控制的具体措施（包括组织措施、技术措施、经济措施及合同措施等）。

（7）施工进度控制目标实现的风险分析。

（8）尚待解决的有关问题。

2. 编制或审核施工进度计划

为了保证建设工程的施工任务按期完成，监理工程师必须严格审核承包单位提交的施工进度计划。对于采取平行承发包模式发包的某些大型建设工程，或单位工程较多，业主采取分批发包模式的建设工程，由于其没有一个负责全部工程的总承包单位，这时业主的协调工作增加，而接受业主委托进行监理的监理工程师就要编制施工总进度计划；当建设工程有一个总负责的总承包单位时，监理工程师只需对其提交的施工总进度计划进行审核而不需要编制。

监理工程师在审核施工进度计划时的内容主要如下：

（1）审核进度安排是否符合工程项目建设总进度计划中总目标和分目标的要求，是否符合施工合同中开工日期、竣工日期的规定。

（2）审核施工总进度计划中的项目是否有遗漏，分期施工是否满足分批动用的需要和配套动用的要求。

（3）审核施工顺序的安排是否符合施工工艺的要求。

（4）审核劳动力、材料、构配件、设备及施工机具、水、电等生产要素的供应计划是否能保证施工进度计划的实现，供应是否均衡及资源需求高峰期是否有足够能力实现计划供应。

（5）审核总包、分包单位分别编制的各项单位工程施工进度计划之间是否相协调，专业分工与计划衔接是否明确合理。

（6）审核对于业主负责提供的施工条件（包括资金、施工图纸、施工场地、采供的物资等），在施工进度计划中安排得是否明确、合理，是否有造成因业主违约而导致工程延期和费用索赔的可能存在。

如果监理工程师在审查施工进度计划的过程中发现问题，应及时向承包单位提出书面整改意见，重大问题要及时通知业主，也可以协助承包单位修改，修改完之后要求承包单位提交并按原审核程序进行审核，直至通过。

3. 按年、季、月编制工程综合计划

在按计划期编制的进度计划中，监理工程师应着重解决各承包单位施工进度计划之间、施工进度计划与资源（包括资金、设备、机具、材料及劳动力）保障计划之间及外部协作条件的延伸性计划之间的综合平衡与相互衔接问题。并根据上期计划的完成情况对本期计划作必要的调整，从而作为承包单位近期执行的指令性计划。

4. 下达工程开工令

总监理工程师应根据承包单位和业主双方关于工程开工的准备情况，在满足以下必要开工条件时发布工程开工令。

（1）施工许可证已获政府主管部门批准。

（2）征地拆迁工作能满足工程进度的需要。

（3）施工组织设计已批准。

（4）承包单位现场管理人员已到位，机具、施工人员已进场，主要材料已落实。

（5）进场道路及水、电、通信等已满足开工要求。

为了检查双方的准备情况，总监理工程师应参加由业主主持召开的第一次工地会议。第一次工地会议应包括以下主要内容：

（1）建设单位、承包单位和监理单位分别介绍各自驻施工现场的组织机构、人员及其分工。

（2）建设单位根据委托监理合同宣布对总监的授权。

（3）建设单位介绍开工准备情况。

（4）承包单位介绍施工准备情况。

（5）建设单位和总监理工程师对施工准备情况提出意见和要求。

（6）总监理工程师介绍监理规划的主要内容。

（7）研究确定各方在施工过程中参加工地例会的主要人员，召开工地例会的周期、地点及主要议题。

5. 协助承包单位实施进度计划

监理工程师要随时对建设工程进度进行跟踪检查，及时发现对进度计划在实施过程中所存在的问题，并向承包单位提出。当承包单位内外协调能力薄弱时，应适当帮助承包单位，解决存在的进度问题。

6. 监督施工进度计划的实施

监理人员应在建设工程施工过程中做好监理日志、监理工作记录，进行现场监督和旁站监理，监督好每一道工序、每一个分部分项工程的实施进度，从而保证项目整体进度计划的实施于实现。

7. 组织现场协调会

监理工程师应定期、根据需要及时组织召开不同层级的现场协调会议，以解决工程施工过程中的相互协调配合问题。

主要内容如下：

（1）承包人报告近期的施工活动，提出近期的施工计划安排和要求，简要陈述发生或存在的问题。

（2）监理单位就施工进度和质量予以简要评述，并根据承包人提出的施工活动安排和要求，安排监理人员进行施工监理和相关方之间的协调工作。

在平行、交叉施工单位多，工序交接频繁且工期紧迫的情况下，现场协调会甚至需要每日召开。

对于某些未曾预料的突发变故或问题，监理工程师还可以通过发布紧急协调指令，督促有关单位采取应急措施维护施工的正常秩序。

8. 签发工程进度款支付凭证

监理工程师应对承包单位申报的已完分项工程量进行核实，在质量监理人员检查验收后，签发工程进度款支付凭证。

9. 审批工程延期

造成工程进度拖延的原因有两个方面：一是由于承包单位自身的原因；一是由于承包单位以外的原因。前者所造成的进度拖延，称为工程延误；而后者所造成的进度拖延称为工程延期。

10. 向业主提供进度报告

监理工程师应随时整理进度资料，并做好工程记录，定期向业主提交工程进度报告。

11. 督促承包单位整理技术资料

监理工程师要根据工程进展情况，督促承包单位及时整理有关技术资料。

12. 签署工程竣工报验单、提交质量评估报告

当单位工程达到竣工验收条件后，承包单位在自行预验的基础上提交工程竣工报验单，申请竣工验收。监理工程师在对竣工资料及工程实体进行全面检查；验收合格后，签署工程竣工报验单，并向业主提出质量评估报告。

13. 整理工程进度资料

在工程完工以后，监理工程师应将工程进度资料收集起来，进行归类、编目和建档，以便为今后其他类似工程项目的进度控制提供参考。

14. 工程移交

监理工程师应督促承包单位办理工程移交手续，颁发工程移交证书。在工程移交后的保修期内，还要处理验收后质量问题的原因及责任等争议问题，并督促责任单位及时修理。当保修期结束且再无争议时，建设工程进度控制的任务即告完成。

8.2.2.2　施工单位进度控制的工作内容

施工进度控制是各项目标实现的重要工作，其任务是实现项目的工期或进度目标。主要分为进度的事前控制、事中控制和事后控制。

1. 进度的事前控制内容

（1）编制项目实施总进度计划，确定工程目标，作为合同条款和审核施工计划的依据。

（2）审核施工进度计划，看其是否符合总工期控制的目标要求。

（3）审核施工方案的可行性、合理性和经济性。

（4）编制主要材料、设备的采购计划。

（5）审核施工总平面图，看其是否合理、经济。

（6）完成现场的障碍物拆除，进行"七通一平"，创造必要的施工条件。

（7）按合同规定接受设计文件、资料及地方政府和上级的批文。

（8）按合同规定准备工程款项。

2. 进度的事中控制内容

（1）进行工程进度的检查。审核每旬、每月的施工进度报告。一是审核计划进度和实际进度的差异；二是审核形象进度、实物工程量与工程量指标完成情况的一致性。

（2）进行工程进度的动态管理，即分析进度差异的原因，提出调整的措施和方案，相应调整施工进度计划、设计计划、材料供应计划和资金计划，必要时调整工期计划。

（3）组织现场的协调会，实施进度计划调整后的安排。

（4）定期向业主、监理单位及上级机关报告工程进展情况。

3. 进度的事后控制内容

当实际进度与计划进度发生差异时，在分析原因的基础上采取以下措施：①制定保证总工期不突破的对策措施；②制定总工期突破后的补救措施；③调整相应的施工计划，并组织协调和平衡。

4. 项目经理部的进度控制程序。

（1）根据施工合同确定的开工日期、总工期和竣工期确定施工目标，明确计划开工日期、计划总工期和计划竣工日期，确定项目分期分批的开、竣工日期。

（2）编制施工进度计划，具体安排实现前述目标的工艺关系、组织关系、搭接关系、起止时间、劳动力计划、材料计划、机械计划、其他保证性计划。

（3）向监理工程师提出开工报告，按监理工程师开工令指定的开工日期开工。

（4）实施施工进度计划，在实施中加强协调和检查，若出现偏差（不必要的提前或延误）及时进行调整，并不断的预测未来的进度情况。

（5）项目竣工验收前抓紧收尾阶段进度控制，全部任务完成前后进行进度控制总结，并编写进度控制报告。

学习情境8.3　施工进度计划实施中的检查与调整

8.3.1　影响工程施工进度的因素

为了对工程项目的施工进度有效地控制，必须在施工进度计划实施之前对影响工程项目工程进度的因素进行分析，进而提出保证施工进度计划实现目标的措施，以实现对工程项目施工进度的主动控制。影响工程项目施工进度的因素有很多，归纳起来，主要有以下几个方面：

1. 工程建设相关单位的影响

影响工程项目施工进度的单位不只是施工承包单位。事实上，只要是与工程建设有关的单位（如政府有关部门、业主，设计单位、物资供应单位、资金贷款单位，以及运输、通信、供电等部门等），其工作进度的拖后必将对施工进度产生影响。因此，控制施工进度仅仅考虑施工承包单位是不够的，必须充分发挥监理的作用，协调各相关单位之间的进度关系。而对于那些无法进行协调控制的进度关系，在进度计划的安排中应留有足够的机动时间。

2. 物资供应进度的影响

施工过程中需要的材料、构配件、机具和设备等如果不能按期运抵施工现场或者运抵施工现场后发现其质量不符合有关标准的要求，都会对施工进度产生影响。因此，项目进度控制人员应严格把关，采取有效措施控制好物资供应进度。

3. 资金的影响

工程施工的顺利进行必须有足够的资金作保障。一般来说，资金的影响主要来自业主，或者是由于没有及时给足工程预付款，或者是由于拖欠了工程进度款，这些都会影响到承包单位流动资金的周转，进而殃及施工进度。项目进度控制人员应根据业主的资金供应能力，安排好施工进度计划，并督促业主及时拨付工程预付款和工程进度款，以免因资金供应不足而拖延进度，导致工期索赔。

4. 设计变更的影响

在施工过程中，出现设计变更是难免的，或者是由于原设计有问题需要修改，或者是由于业主提出了新的要求。项目进度控制人员应加强图纸审查，严格控制随意的工程变更，特别对业主的变更要求应引起重视。

5. 施工条件的影响

在施工过程中，一旦遇到气候、水文、地质及周围环境等方面的不利因素，必然会影响到施工进度。此时，承包单位应利用自身的技术组织能力予以克服。监理工程应积极疏通关系，协助承包单位解决那些自身不能解决的问题。

6. 各种风险因素的影响

风险因素包括政治、经济、技术及自然等方面的各种预见的因素。政治方面的有战争、内乱、罢工、拒付债务、制裁等；经济方面的有延迟付款、汇率浮动、换汇控制、通货膨胀、分包单位违约等；技术方面的有工程事故、试验失败、标准变化等；自然方面的有地震、洪水等。

7.承包单位自身管理水平的影响

施工现场的情况千变万化，如果承包单位的施工方案不当、计划不周、管理不善、解决问题不及时等，都会影响工程项目的施工进度。

8.其他

计划欠周密，参建各方协调不力，使计划实施脱节等。

正是由于上述各种因素的影响，施工进度计划的执行过程难免会产生偏差，一旦发现进度偏差，就应及时分析产生的原因，采取必要纠偏措施或调整原进度计划，这种调整过程是一种动态控制的过程。

8.3.2 施工进度的动态调整

调整网络计划的依据信息在施工项目实施过程中，往往由于某些因素的干扰，造成实际进度与计划进度不能始终保持一致，进度计划不变只是相对的，变化是绝对的。因此，为保证按期实现进度目标，在项目实施过程中，就需要不断对实际进度进行监测，将其进展情况与计划进度比较。

8.3.2.1 建设工程进度监测的系统过程和监测手段

1.监测体系

在工程实施过程中，监理工程师应根据进度监测的系统过程（图8.4）经常地、定期地对进度计划的执行情况进行跟踪检查，发现问题后及时采取措施加以解决。

2.监测手段

为了全面、准确地掌握进度计划的执行情况，监理工程师应认真做好以下三方面的工作。

（1）定期收集进度报表资料。进度报表是反映工程实际进度的主要方式之一。工程施工进度报表资料不仅是监理工程师实施进度控制的依据，同时也是其核对工程进度款的依据。在一般情况下，进度报表格式由监理单位提供给施工承包单位，施工承包单位按时填写完后提交给监理工程师核查。报表的内容根据施工对象及承包方式的不同而有所区别，但一般应包括工作的开始时间、完成时间、持续时间、逻辑关系、实物工程量和工作量，以及工作时

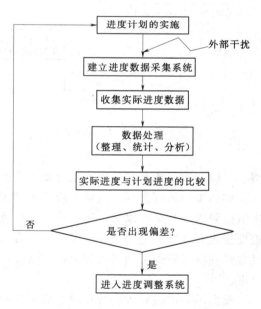

图8.4 建设工程进度监测系统过程

差的利用情况等。承包单位若能准确地填报进度报表，监理工程师就能从中了解到建设工程师的实际进展情况。

进度计划执行单位应按照进度监理制度规定的时间和报表内容，定期填写进度报表。监理工程师通过收集进度报表资料掌握工程实际进展情况。

（2）现场实地检查工程进展情况。派监理人员常驻现场，随时检查进度计划的实际执行情况，这样可以加强进度监测工作，掌握工程实际进度的第一手资料，使获取的数据更加及时、准确。至于每隔多长时间检查一次，应视建设工程的类型，规模，监理范围及施工现场

的条件等多方面的因素而定。可以每月或每半月检查一次，也可每星期或每周检查一次。如果在某一施工阶段出现不利情况时，甚至需要每天检查。

（3）定期召开现场会议。定期召开现场会议，监理工程师通过与进度计划执行单位的有关人员面对面的交谈，既可以了解工程实际进度状况，同时也可以协调有关方面的进度关系。

8.3.2.2　进度控制的检查

在施工项目的实施过程中，为了进行进度控制，进度控制人员应经常、定期跟踪检查施工实际进度情况，主要是收集施工进度材料，进行统计整理和对比分析，确定实际进度与计划进度之间的关系，以便主动地、及时地进行进度控制。

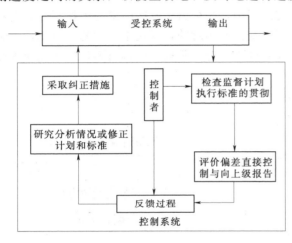

图 8.5　进度控制系统的组成

图 8.5 是进度控制系统的组成单元，进度控制人员对施工进度进行检查时的主要工作有以下几点：

1. 跟踪检查施工实际进度

为了对施工进度计划的完成情况进行统计、进行进度分析和调整计划提供信息，应对施工进度计划依据其实施记录进行跟踪调查。

跟踪检查施工实际进度是项目施工进度控制的关键措施。其目的是收集实际施工进度的有关数据。跟踪检查的时间和收集数据的质量，直接影响到控制工作的质量和效果。

一般检查的时间间隔与施工项目的类型、规模、施工条件和对进度执行要求程度有关。通常可以确定每月、半月、旬或周进行一次。如施工中遇到天气、资源供应等不利因素的严重影响，检查的时间间隔可以临时缩短，次数应频繁，甚至可以每日进行检查，或派人员现场督阵。检查和收集资料的方式一般采用进度报表的方式或定期召开进度工作报告会。为了保证资料汇报的准确性，进度控制人员要经常到现场查看施工项目的实际进度情况，从而保证经常、定期地准确掌握施工项目的实际进度。

根据不同的需要，进行日检查或定期检查的内容包括：①检查期内实际完成和累计完成工程量；②实际参加施工的人力、机械数量和生产效率；③窝工人数、窝工机械台班数机器原因分析；④进度偏差情况；⑤进度管理情况；⑥影响进度的特殊原因分析；⑦整理统计检查数据。

对收集到的施工项目实际进度数据要进行必要的整理，按计划控制的工作项目进行统计，形成与计划进度有可比性的数据、相同的量纲和形象进度。一般按实物工程量、工程量和劳动消耗量以及累计百分比整理和统计实际检查数据，以便与响应的计划完成量相对比。

2. 对比实际进度与计划进度

将收集到的资料整理和统计成具有与计划进度可比性的数据后，用施工项目实际进度与计划进度比较。常用的比较方法有横道图比较法、S 形曲线比较法、香蕉形比较法、前锋线比较法和列表比较法等（具体方法的应用请参照项目 7）。通过比较得出实际进度与计划进度相一致、提前、滞后的三种情况。

3. 施工进度与检查结果的处理

施工进度检查的结果，按照检查报告制度的规定，形成进度控制报告向有关主管人员和部门报告。

进度控制报告是把检查比较结果、有关施工进度线和发展趋势，提供给项目经理及各级业务职能负责人的最简单的书面形式报告。

进度控制报告是根据报告对象的不同，确定不同的编制范围和内容而分解编制的。一般分为：项目概要级进度报告；是报给项目经理、企业经理或业务部门以及建设单位（业主），它是以整个施工项目为对象说明进度计划执行情况的报告；项目管理级的进度报告是报给项目经理及企业业务部门的，它是以单位过程或项目分区为对象说明进度报告执行情况的报告；业务管理级的进度报告是就某个重点部位或重点问题为对象编写的报告，供项目管理者及各业务部门为其采取应急措施而使用的。

进度报告由计划负责人或进度管理人员与其他项目管理人员协作编写。报告时间一般与进度检查时间协调，也可按月、旬、周等间隔时间进行编写上报。

通过检查应向企业提供施工进度报告的主要内容包括：项目实际概况、管理概况、进度概况的总说明；施工图纸提供进度；材料物资、构配件供应进度；劳务记录及预测；日历计划；对建设单位、监理和施工者的工程变更指令、价格调整、索赔及工程款收支情况；进度偏差的状况和导致偏差的原因分析；解决措施；计划调整意见等。

8.3.2.3　进度计划的调整

1. 进度调整的系统过程

在建设工程实施过程中，进度调整的系统过程如图 8.6 所示。

2. 动态调整

监理机构要对进度计划进行动态的调整，必须对进度计划的实施状况进行动态的检查与分析。进度控制的动态原理图如图 8.7 所示。

（1）检查施工进度的实际进展。在施工进度计划的实施过程中，由于各种因素的影响，常常会打乱原始计划的安排而出现进度偏差。因此，监理工程师必须对施工进度计划的执行情况进行动态检查，并分析进度偏差产生的原因，以便为施工进度计划的调整提供必要信息。

（2）实际进度与计划进度相比较，找出偏差。在工程项目实施过程中，当通过实际进度与计划进度的比较，发

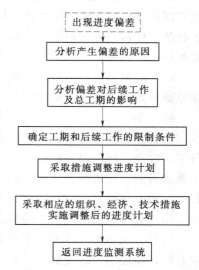

图 8.6　建设工程调整系统过程

现有进度偏差时，需要分析该偏差对后续工作及总工期的影响，从而采取相应的调整措施对原进度计划进行调整，以确保工期目标的顺利实现。进度偏差的大小及其所处的位置不同，对后续工作和总工期的影响程度是不同的，分析时需要利用网络计划中工作总时差和自由时差的概念进行判断。横道图比较法、S 曲线比较法、香蕉曲线比较法以及网络实际进度前锋线，都能方便地记录和对比工程进度，提供进度提前或滞后的信息。

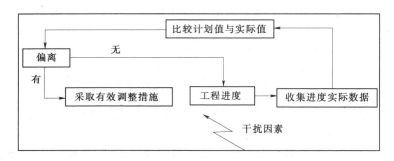

图 8.7　动态控制原理

分析步骤如下：

1）分析出现进度偏差的工作是否为关键工作。如果出现进度偏差的工作位于关键线路上，即该工作为关键工作，则无论其偏差有多大，都将对后续工作和总工期产生影响，必须采取相应的调整措施；如果出现偏差的工作是非关键工作，则需要根据进度偏差值与总时差和自由时差的关系作进一步分析。

2）分析进度偏差是否超过总时差。如果工作的进度偏差大于该工作的总时差，则此进度偏差必将影响其后续工作和总工期，必须采取相应的调整措施；如果工作的进度偏差未超过该工作的总时差，则此进度偏差不影响总工期。至于对后续工作的影响程度，还需要根据偏差值与其自由时差的关系作进一步分析。

3）分析进度偏差是否超过自由时差。如果工作的进度偏差大于该工作的自由时差，则此进度偏差将对其后续工作产生影响，此时应根据后续工作的限制条件确定调整方法；如果工作的进度偏差未超过该工作的自由时差，则此进度偏差不影响后续工作，因此，原进度计划可以不作调整。

（3）对偏差进行分析，采取措施进行调整。在对实施的进度计划分析的基础上，应确定调整原计划的方法，一般主要有以下两种：

第一类：改变某些工作间的逻辑关系。

若检查的实际施工进度产生的偏差影响了总工期，在工作之间的逻辑关系允许改变的条件下，改变关键线路和超过计划工期的非关键线路上的有关工作之间的逻辑关系，达到缩短工期的目的。用这种方法调整的效果是很显著的，例如可以把依次进行的有关工作改变成平行的、或互相搭接的以及分成几个施工段进行流水施工的，都可以达到缩短工期的目的。

第二类：缩短某些工作的持续时间。

这种方法是不改变工作之间的逻辑关系，而是利用技术或组织的方法缩短某些工作的持续时间，而使施工进度加快，并保证实现计划工期的方法。这些被压缩持续时间的工作是位于由于实际施工进度的拖延而引起总工期增长的关键线路和某些非关键线路上的工作。同时，这些工作又是可压缩的工作，即压缩后工作的持续时间不能短于工作的极限持续时间。这种方法实际上就是网络计划优化中的工期优化方法和工期与成本优化的方法，请参照前面的章节。压缩关键线路各关键工序的工期。压缩工期的措施通常有四大类。

1）组织措施。例如：①原来按先后顺序实施的活动改为平行施工；②采用多班制施工或者延长工人作业时间；③增加劳动力和设备等资源的投入；④在可能的情况下采用流水作业方法安排一些活动，能明显的缩短工期；⑤科学的安排（如合理的搭接施工）；⑥将原计划自己制作构件改为购买，将原计划自己承担的某些分项工程分包出去，这样可以提高工作效率，将自己的人力物力集中到关键工作上；⑦重新进行劳动组合，在条件允许的情况下，减少非关键工作的劳动力和资源的投入强度，将他们转向关键工作。

2）技术措施。例如：①将占用工期时间长的现场制造方案改为场外预制，场内拼装；②采用外加剂，以缩短混凝土的凝固时间，缩短拆模期等。

上述措施都会带来一些不利影响，都有一些使用条件。他们可能导致资源投入增加，劳动效率低下，使工程成本增加或质量降低。

3）经济措施。例如：①对承包商实行包干奖励；②提高提前竣工的奖金数额；③对所采取的技术措施缩短工作持续时间给予相应的经济补偿。

4）其他配套措施：①改善外部配合条件；②改善劳动条件；③实施强有力的调度等。

【例8.2】 某开发商开发甲、乙、丙、丁四幢住宅楼，分别与监理单位和施工单位签订了监理合同和施工合同。地下室为混凝土箱形结构、一至六层为砖混结构。施工单位确定的基础工程进度安排如表8.1所示。

表8.1 基础工程进度安排表

施工过程	各幢住宅基础施工时间/周			
	甲	乙	丙	丁
土方开挖	3	2	1	2
基础施工	4	5	2	5
基坑回填	2	2	1	2

请问：（1）试根据表8.1的时间安排，以双代号网络图编制该工程的施工进度计划。

（2）从工期目标控制的角度来看，该工程的重点控制对象是哪些施工过程？工期为多长？

（3）在甲幢基坑土方开挖时发现土质不好，需在基坑一侧（临街）打护桩，致使甲幢基坑土方开挖时间增加1周；同时业主对乙、丁两幢地下室要求设计变更，将原来地下室改为地下车库。由于该变更将会使该两幢住宅每幢基坑土方开挖时间增加0.5周，基础施工时间均增加1周；甲、乙、丁每幢基坑回填时间增加0.5周。该工程的工期将变为多长？

（4）现要缩短工期，如何调整？

解：

（1）以双代号网络图的形式编制该工程的施工进度计划如图8.8所示。

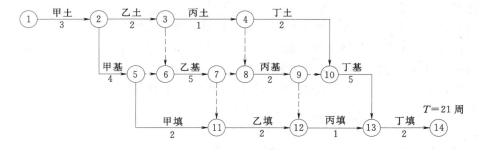

图8.8 双代号网络施工进度计划

（2）关键线路为：甲土→甲基→乙基→丙基→丁基→丁填，这些工作即为重点控制对象，工期 21 周。

（3）由于施工过程中的打护坡桩和设计变更等事项的发生，致使工期延长了 3.5 周，实际总工期为 24.5 周，如图 8.9 所示。

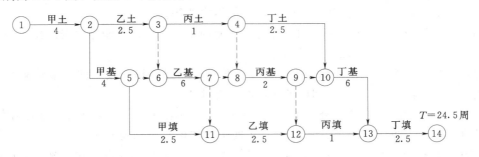

图 8.9　变更后的施工进度计划

（4）可以采取压缩某些工作持续时间的方法，应考虑压缩关键线路上的施工过程的施工时间，即压缩甲基、乙基、丙基、丁基、丁填的施工时间。

【例 8.3】　某工程项目开工之前，承包方向监理工程师提交了施工进度计划如图 8.10 所示，该计划满足合同工期 100 天的要求。

在此施工进度计划中，由于工作 E 和工作 G 共用一台塔吊（塔吊原计划在开工第 25 天后进场投入使用）必须顺序施工，使用的先后顺序不受限制（其他工作不使用塔吊）。

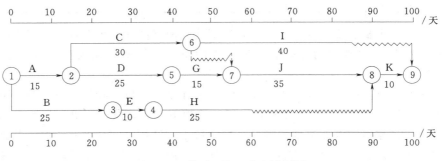

图 8.10　某项目施工进度计划图

在施工过程中，由于业主要求变更设计图纸，使工作 E 停工 10 天（其他工作持续时间不变），监理工程师及时向承包方发出通知，要求承包方调整进度计划，以保证该工程按合同工期完工。

承包方提出的调整方案为：将工作 J 的持续时间压缩 5 天如下。

请问：（1）如果在原计划中先安排工作 E，后安排工作 G 施工，塔吊应安排在第几天（上班时刻）进场投入使用较为合理？为什么？

（2）工作 E 停工 10 天后，承包方提出的进度计划调整方案是否合理？该计划如何调整更为合理？

解：

（1）塔吊应安排在第 31 天（上班时刻）进场投入使用。塔吊在工作 E 与工作 G 之间没有闲置。

（2）不合理。可以先进行工作 G，后进行工作 E 如图 8.11 所示，因为工作 E 的总时差为 30 天，这样安排不影响合同工期。

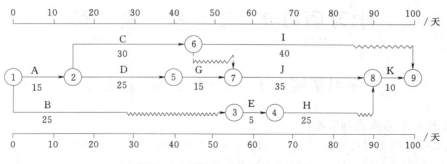

图 8.11　调整后的施工进度计划

复 习 思 考 题

一、填空题

1. 第一次工地会议由_____主持。

2. 进度监测手段有_____、_____、_____。

3. 进度计划调整的方法有_____、_____。

4. 压缩工期的措施有_____、_____、_____、_____四类。

二、简答题

1. 简述建设工程进度目标分解的原则和注意事项。

2. 工程项目建设共有几个阶段？工程项目进度目标的控制涉及哪几个阶段？而哪一个阶段又最为重要？

3. 影响施工阶段进度控制的因素有哪些？

4. 监理工程师施工阶段进度控制的重点工作是什么？

5. 进度偏差会对后续工作和总工期造成什么影响？

6. 进度监测手段有哪些？

7. 进度计划调整的方法有哪些？如何进行调整？

学习项目 9 工 程 索 赔

学习情境 9.1 工 程 延 期 与 延 误

9.1.1 工程延期与延误的概念

土木工程在施工过程中，按工期的延长分为工程延误和工程延期两种，它们都属工程的拖期，但由于性质不同，所以业主与承包单位所承担的责任也就不同。另外监理工程师是否将施工过程中工期的延长批准为工期延期，对业主和承包单位都很重要。

1. 工程延期

工程延期指按合同规定，由非承包自身原因造成的、经监理工程师书面批准的合理工期的延长。如果工期延长属于工程延期，则承包单位不仅有权要求延长工期，而且还有权向业主提出赔偿费用的要求以弥补由此造成的额外损失。

2. 工程延误

工程延误指按合同规定，由承包单位自身原因造成的工期拖延，而承包单位又未按照监理工程师的指令改变工程的延期。如果工期延长属于工程延误，则由此造成的一切损失由承包单位承担。同时，业主还有权对承包单位实行延期违约罚款。

9.1.2 工程索赔的程序

1. 提出索赔要求

当出现索赔事项后，承包人以书面的索赔通知书形式，在索赔事项发生后 28 天内，向工程师正式提出索赔意向通知。一般包括以下内容：

（1）指明合同依据。

（2）索赔事件发生的时间、地点。

（3）事件发生的原因、性质、责任。

（4）承包商在事情发生后所采取的控制事情进一步发展的措施。

（5）说明索赔事件的发生给承包商带来的后果，如工期、费用的增加。

（6）申明保留索赔的权利。

2. 报送索赔资料和索赔报告

承包商在索赔通知书发出之后 28 天内，向监理工程师提出延长工期和（或）补偿经济损失的索赔报告及有关资料。当索赔事件持续进行时，承包商应当阶段性地向监理工程师发出索赔意向，在索赔事情终了后 28 天内，向监理工程师递交索赔的有关资料和最终索赔报告。

3. 监理工程师答复

监理工程师在收到承包商递交的索赔报告和有关资料后，必须在 28 天内给予答复或对承包商作进一步补充索赔理由和证据的要求。

4. 监理工程师逾期答复后果

监理工程师在收到承包商递交的索赔报告及有关资料后 25 天内未予答复或未对承包商

作进一步要求，视为该项已经被认可。但是，一般来说，索赔问题的解决需要采取合同双方面对面地讨论，将未解决的索赔问题列为会议协商的专题，提交会议协商解决。

5. 仲裁与诉讼

监理工程师对索赔的答复，承包商或发包人不能接受，则可通过仲裁或诉讼的程序最终解决。

9.1.3 工程延期控制

发生工程延期事件，不仅影响工程的进度，而且会给业主带来损失。因此，监理工程师应做好以下工作，以减少或避免工程延期事件的发生。

1. 选择合适的时间下达工程开工命令

监理工程师下达工程开工命令之前，应充分考虑业主前期准备工作是否充分。特别是征地、拆迁问题是否解决，设计图纸能否及时提供，以及付款方面有无问题等，以避免由于上述问题缺乏准备而造成工程延期。

2. 提醒业主履行施工承包合同所规定的职责

在施工过程中，监理工程师应经常提醒业主履行自己的职责，提前做好施工场地及设计图纸的提供工作，并能及时支付工程进度款，以减少或避免由此造成的工程延期。

3. 妥善处理工程延期事件

当延期事件发生以后，监理工程师应根据合同规定进行妥善处理。既要尽量减少工程延期时间及其损失，又要在详细调查研究的基础上合理批准工程延期的时间。此外，业主在施工过程中应尽量减少干预、多协调，以避免由于业主的干扰和阻碍而导致延期事件的发生。

9.1.4 工程延误处理

如果由于承包单位自身的原因造成工期延误，而承包单位又未按监理工程师的指令改变延期状态时，通常采用下列手段进行处理。

1. 停止付款

当承包单位的施工活动不能使监理工程师满意时，监理工程师有权利拒绝承包单位的支付申请。因此，当承包单位的施工进度拖后且又不采取积极措施时，监理工程师可以采取停止付款的手段制约承包单位。

2. 误期损失赔偿

停止付款一般是监理工程师在施工过程中制约承包单位延误工期的手段，而误期损失赔偿则是承包单位未能按合同规定的工期完成合同范围内的工作时对其的处罚。如果承包单位未能按合同规定的工期完成整个工程，则应向业主支付投标附件书附件中规定的金额，作为该项违约的损失补偿费。

3. 取消承包资格

如果承包单位严重违反合同，又不采取补救措施，则业主为了保证合同工期有权取消其承包资格。例如，承包单位接到监理工程师的开工通知后，无正当理由推迟开工时间，或在施工工程中无任何理由要求要延长工期，施工进度缓慢，又无视监理工程师的书面警告等，都要受到取消承包资格的处罚。取消承包单位资格是对承包单位违约的严厉制裁。因此，业主一旦取消承包单位的承包资格，承包单位不但要被驱逐出施工现场，而且还要承担由此造成的损失费用。这种惩罚措施一般不轻易采取，而且在做出这项决定前，业主必须事先通知承包单位，并要求其在规定的期限内做好辩护准备。

【例 9.1】　某宿舍楼工程，地下 1 层，地上 9 层，建筑高度 31.95m，钢筋混凝土框架结构，基础为梁板式筏形基础，钢门窗框、木门，采取集中空调设备。施工组织设计确定，土方采取用大开挖放坡施工方案，开挖土工期 15 天，浇筑基础底板混凝土 24 小时连续施工，需 3 天。施工过程中发生如下事件。

事件 1：施工单位在合同协议条款约定的开工日期前 6 天提交了一份请求报告，报告请求延期 10 天，其理由为：

（1）电力部门通知。施工用电变压器在开工 4 天后才能投入使用。

（2）由铁道部门运输的 3 台属于施工单位自有的施工主要机械在开工后 8 天才能运到施工现场。

（3）为工程开工所必需的辅佐施工设施在开工后 10 天才能投入使用。

事件 2：工程所需的 100 个钢门窗框是由业主负责供货，钢门窗框运达施工单位工地入仓库，并经入库验收。施工过程中进行质量检验时，发现有 5 个钢门窗框有较大变形，甲方代表下令施工单位拆除，经检查原因属于使用材料不符合要求。

事件 3：由施工单位供货并选择的分包商将集中空调安装完毕，进行联动无负荷试车时需电力部门和施工单位进行某些配合工作。试车检查结果表明，该集中空调设备的某些主要部件存在严重的质量问题，需要更换，分包方增加工作量和费用。

事件 4：在基础回填过程中，总包单位已按规定取土样，实验合格。监理工程师对填土质量表示异议，责成总承包单位再次取样复验，结果合格。

试问：

（1）事件 1 施工单位请求延期的理由是否成立？应如何处理？

（2）事件 2、事件 3、事件 4 属于哪个责任方应如何处理？

解：

（1）其中理由 1 成立，应批准顺延工期 4 天。理由 2、3 不成立，施工主要机械和辅佐设施未能按期运到现场投入使用的责任应由施工单位承担。

（2）事件 2 的责任方属于甲方，业主供料中的质量缺陷，拆除返工费用由甲方负责并顺延工期。事件 3 中分包方损失应由施工方负责费用补偿。事件 4 的责任方属于甲方，对已检验合格的施工部位进行复检仍合格由甲方负责相关费用。

【例 9.2】　某建筑公司（乙方）于某年 4 月 20 日与某厂（甲方）签订了修复建筑面积为 3000m² 工业厂房（带地下室）的施工合同。乙方编制的施工方案和进度计划已获监理工程师批准。该工程的基坑施工方案规定：土方工程采用租赁一台斗容量为 1m³ 的反铲挖掘机施工。甲、乙双方合同约定 5 月 11 日开工，5 月 20 日完工。在实际施工中发生如下几项事件：

（1）因租赁的挖掘机大修，晚开工 2 天，造成人员停工 10 个工日。

（2）基坑开挖后，因遇软土层，接到监理工程师 5 月 15 日停工的指令，进行地质复查，配合用工 15 个工日。

（3）5 月 19 日接到监理工程师于 5 月 20 日复工的指令，5 月 20—22 日，因下罕见的大雨迫使基坑开挖暂停，造成人员窝工 10 个工日。

（4）5 月 23 日用 30 个工日修复冲坏的永久道路，5 月 24 日恢复正常挖掘工作，最终基坑与 5 月 30 日开挖完毕。

试问：

（1）简述工程施工索赔的程序。

（2）建筑公司对上述哪些事件可以向厂房要求索赔，哪些事件不可以要求索赔，并说明原因。

（3）每项时间工期索赔各是多少天？总计工期索赔是多少天？

解：

（1）我国《建设工程施工合同（示范文本）》规定的施工索赔程序如下：

1）索赔事件发生后 28 天内，向工程师发出索赔意向通知。

2）发出索赔意向通知 28 天内，向工程师提出补偿经济损失和（或）延长工期的索赔报告及有关资料。

3）工程师在收到承包人送交的索赔报告和有关资料后，与 28 天内给予答复，或要求承包人进一步补充索赔理由和证据。

4）工程师在收到承包人送交的索赔报告和有关资料后 28 天内未给予答复或对未对承包人作进一步要求，视为该项索赔已经认可。

5）当该索赔事件持续进行时，承包人应阶段性向工程师发出索赔意向，在索赔事件终了后 28 天内，向工程师提供索赔的有关资料和最终索赔报告。

（2）事件 1：索赔不成立。因此事件发生原因属于承包商自身责任。

事件 2：索赔成立。因该施工地质条件的变化是一个有经验的承包商所无法合理预见的。

事件 3：索赔成立。这是因特殊反常的恶劣天气造成工程延误。

事件 4：索赔成立。因恶劣的自然条件或不可抗力引起的工程损坏及修复应由业主承担责任。

（3）事件 2：索赔工期 5 天（5 月 15—19 日）。

事件 3：索赔工期 3 天（5 月 20—22 日）。

事件 4：索赔工期 1 天（5 月 23 日）。

共计索赔工期为 5＋3＋1＝9（天）。

学习情境 9.2　工程延期的申报与审批

9.2.1　申报工程延期的条件

由于以下原因导致工程拖期，承包单位有权提出延长工期的申请，监理工程师应按合同规定，批准工程延期时间。

（1）监理工程师发出工程变更指令而导致工程量增加。

（2）合同所设计的任何可能造成工程延期的原因，如延期交图、工程暂停、对合格工程的剥离检查及不利的外界条件等。

（3）异常恶劣的气候条件。

（4）由业主造成的任何延误、干扰或障碍，如未及时提供施工场地、未及时付款等。

（5）除承包单位自身以外的其他任何原因。

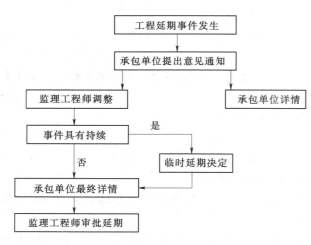

图 9.1 工程延期的审批程序

9.2.2 工程延期的审批程序

工程延期的审批程序详见图 9.1 所示。当工程延期事件发生后，承包单位应在合同规定的有效期内以书面形式通知监理工程师（即工程延期意向通知），以便于监理工程师尽早了解所发生的事件，及时做出一些减少延期损失的决定。随后承包单位应在合同规定的有效期内（或监理工程师可以同意的合理期限内）向监理工程师提交详细的申述报告（延期理由及依据）。监理工程师收到该报告后应及时进行调查核实，准确地确定出工程延期时间。

当延期事件具有持续性，承包单位在合同规定的有效期内不能提交最终详细的申述报告时，应向监理工程师提交阶段性的详细报告。监理工程师应在调查核实阶段性报告基础上，尽快做出延期的临时决定。临时决定时间不宜太长，一般来说不超过最终批准的延期时间。

待延期事件结束后，承包单位应在合同规定的期限内向监理工程师提交最终的详细报告，监理工程师应复查详细报告的全部内容，然后确定该延期施工所需要的延期时间。如果遇到比较复杂的延期事件，监理工程师可以成立专门小组进行处理。对于一时难以做出结论的延期事件，即使不属于持续性的事件，也可以采用先做出临时延期的决定，然后再做出最后决定的方法。这样既可以保证有充足的时间处理延期事件，又可以避免由于处理不及时造成的损失。监理工程师在做出临时工期延迟批准或最终工程延期批准之前，均应与业主和承包单位进行协商。

9.2.3 工程延期的审批原则

监理工程师在审批工程延期时应遵循下列原则：

1. 合同条件

监理工程师批准的工程必须符合合同条款。即：导致工程延期的原因确实属于承包单位自身以外的，否则不能批准为工程延期。

2. 影响工期

发生延期事件的工程部位，无论其是否在施工进度计划的关键路线上，只有当延长的时间超过其相应的总时差时，才能批准工程延期。如果延期事件在非关键路线上，且延长的时间并不超过总时差时，即使符合批准为工程延期的合同条件，也不能批准工程延期。

土木工程施工进度计划中的关键路线并非固定不变，它会随着工程进展和情况的变化而转移。监理工程师应以承包单位提交的、经自己审核后的施工进度计划（不断调整后）为依据来决定是否批准工程延期。

3. 实际情况

批准的工程必须符合实际情况，为此，承包单位应对事件发生后的各类有关细节进行详细记载，并及时向监理工程师提交详细报告。与此同时，监理工程师也应对施工现场进行详细考察和分析，并做好有关记录，以便为合理确定工程延期时间提供可靠数据。

【例 9.3】　某建设单位有一宾馆大楼的装饰装修和设备安装工程，经公开招标投标确定了由某建筑装饰装修工程公司和设备安装公司承包工程施工，并签订了施工承包合同。合同价为 1600 万元，工期为 130 天。合同规定：业主与承包方"每提前或延误工期 1 天，按合同价的万分之二进行奖罚""石材及主要设备由业主提供，其他材料由承包方采购。"施工方与石材厂商签订了石材购销合同；业主经设计方商定，对主要装饰石料指定了材质、颜色和样品。施工进行到 22 天时，由于设计变更，造成工程停工 9 天，施工方 8 天内提出了索赔意向通知；施工进行到 36 天时，因业主方挑选确定石材，使部分工程停工累计达到 16 天，施工方 10 天内提出索赔意向通知；施工进行到 52 天时，业主方挑选确定的石材送达现场，进场验收时发现该批石材大部分不符合质量要求，监理工程师通知承包方该批石材不得使用。承包方要求将不符合要求的石材退换，因此延误工期 5 天。石材厂商要求承包方支付退货运费，承包方拒绝。工程结算时，承包方因此向业主方要求索赔；施工进行到 73 天时，该地区遭受罕见暴风雨袭击，施工无法进行，延误工期 2 天，施工方 5 天内提出了是索赔意向通知；施工进行到 137 天时，施工方因人员调配原因，延误工期 3 天；最后，工程在 152 天后竣工。工程结算时，施工方向业主提出了索赔报告并附索赔有关的材料和证据，各项索赔要求如下。

1. 工期索赔

（1）因设计变更造成工程停工，索赔工期 9 天。

（2）因业主方挑选确定石材造成工程停工，索赔工期 16 天。

（3）因业主石材退换造成工程停工，索赔工期 5 天。

（4）因遭受罕见暴风雨袭击造成工程停工，索赔工期 2 天。

（5）因施工方人员调配造成工程停工，索赔工期 3 天。

2. 经济索赔

$$35 \times 1600 \times 0.02\% = 11.2(万元)$$

3. 工期奖励

$$13 \times 1600 \times 0.02\% = 4.16(万元)$$

试问：

（1）哪些索赔要求能够成立？哪些不成立？为什么？

（2）上述工期延误索赔中，哪些应由业主方承担？哪些应由施工方承担？

（3）施工方应获得的工期补偿和经济补偿各为多少？工期奖励应为多少？

（4）不可抗力发生风险承担的原则是什么？

（5）施工方向业主方索赔的程序如何？

解：

（1）能够成立的索赔有：

1）因设计变更造成工程停工的索赔。

2）因业主方挑选确定石材造成工程停工的索赔。

3）因遭受罕见暴风雨袭击造成工程停工的索赔。

不能够成立的索赔有：

4）因业主石材退换造成工程停工的索赔（应由施工方向石材厂商按合同索赔）。

5）因施工人员调配造成工程停工索赔。

（2）业主方承担的有：

1）因设计变更造成工程停工，按合同补偿，工程顺延。

2）因业主方挑选确定石材造成工程停工，按合同补偿，工程顺延。

3）因遭受罕见暴风雨袭击造成工程停工，承担工程损坏损失，工期顺延。

应由施工方承担的有：

4）因遭受罕见暴风雨袭击造成的施工方损失。

5）因施工人员调配造成的停工，自行承担施工方损失，工期不予顺延。

6）施工方应获得的工期补偿为 27 天，经济补偿为 $27×1600×0.02\% = 8.64$（万元），工期奖励为 $[(130+27)-152]×1600×0.02\% = 1.6$（万元）。

（3）不可抗力发生风险承担的原则是：

1）工程本身的损害由业主方承担。

2）人员伤亡由其所在方负责，并承担相应费用。

3）施工方的机械设备损坏及停工损失，由施工方承担。

4）工程所需清理修复费用，由业主承担。

5）延误的工期顺延。

（4）施工方可按以下程序以书面形式向业主方提出了索赔：

1）索赔时间发生后 28 天内，向监理方发出索赔意向通知。

2）发出索赔意向通知后 28 天内，向监理方提出延长工期和补偿经济损失的索赔报告及有关资料。

3）监理方在收到施工方送交的索赔报告及有关资料后，于 28 天内给以答复，或要求施工方进一步补充索赔理由和证据。

监理方在收到施工方送交的索赔报告及有关资料后 28 天内未予答复或未对施工方作进一步要求，视为该项索赔已经认可。

复 习 思 考 题

一、填空题

1. 按工期的延长分为_____工程和_____工程两种。

2. 工程延期指按合同规定，由_____造成的、经监理工程师书面批准的合理工期的延长。

3. 工程延误指按合同规定，由_____造成的工期拖延。

4. 监理方在收到施工方送交的索赔报告及有关资料后_____天内未予答复或未对施工方作进一步要求，视为该项索赔已经认可。

二、简答题

1. 如何处理工程延误？

2. 对于施工企业来说哪些条件下可以索赔，向谁索赔？

3. 工程延期和延误对工程进度控制的影响？

4. 工期索赔的必要条件？

5. 工程师的索赔管理工作有哪些？

学习项目 10　案　　例

【学习目标】　通过本项目的学习，了解实际工程施工组织的编写；了解实际工程进度控制的编写。

学习情境 10.1　建筑工程施工组织设计案例

10.1.1　编制说明及依据

10.1.1.1　编制说明

本施工组织设计根据施工现场的实际情况，结合施工图和有关的技术规范，根据公司领导的决定，将本工程的施工质量、安全、文明施工管理定高起点，所以本施工组织设计在施工中将根据施工现场条件及企业的各项实力，施工图及合同条件等其他要求补充编制更加详尽细致的分部分项工程施工方案，并编制各分部的作业指导书及企业标准，使施工组织设计更加准确完善，更加系统地用以指导施工。

10.1.1.2　编制依据

（1）履带装备光电系统修理间新建工程招标文件及答疑纪要。

（2）企业综合实力、素质、技术、设备装配及以往在施工中积累的施工经验。

（3）国家现行有关建筑行业的法律、法规及省、市地方有关行政法规的规定。

10.1.1.3　编制原则

（1）认真贯彻执行国家现行建筑行业的法律、法规、规范、标准，坚持"百年大计，质量第一"的方针，按照建筑施工安全"一标准三规范"的要求，安全、文明施工；实施科学的项目管理，先进的技术措施，确保优质、高效、圆满地完成施工任务及合同目标。

（2）本施工组织设计严格按照工程招标文件和招标文件对施工组织设计的要求进行编制。在资源调配、进度安排等方面统一布置的原则下有机组成。

（3）根据本工程的特点、功能要求，本着"经济、合理、优质、高效"的原则进行编制。

（4）本施工组织设计的编制，采用"对比优化、博采众长"的编制思路，力求重点突出，针对性、可操作性强。

（5）本工程无分包项目。

（6）本施工组织设计凡未注明的计量单位均为"mm"。

10.1.2　工程概况

某部队光电系统维修综合楼工程，建筑面积约 2483.04m²，二层，框架结构。墙体材料为 A3.5 蒸压加气混凝土块，结构混凝土等级为 C25 混凝土，钢筋混凝土独立基础，屋面为 40 厚 C20 细石混凝土内配直径 6 双向钢筋、中距 150、表面刷素水泥浆一道、15 厚

1∶3 水泥砂浆找平层、2 厚 APP 防水涂料、70 高 C 型或 Z 型檩条（热镀锌 275g/m），地砖地面，防护地砖卫生间地面，抗静电地板地面，墙面一般抹灰，乳胶漆面层，木质防火门。

10.1.3 主要工程施工方案

10.1.3.1 施工测量方案

1. 平面控制的引测，高程测引定位

本项目的引测定位将以总平面规划图为依据来确定主轴线，并钉好轴线、控制桩及龙门板，在总平面图规定尺寸的基础上进行轴线控制网加密，经平差修改后，复核测量最后确定控制点的正确点位，及"闭合"误差计算并浇灌混凝土、砌体保护墩，作为整个现场控制各坐标和高程的校核依据。

2. 轴线及竖向传递的测定

为保证相对位置及细部轴线正确性，从基础到轴线传递均由经纬仪进行引测，在轴线传递及竖向偏差控制中，采用二台华光 J6 型经纬仪及二台自动安平水准仪配合观测，轴线传递采用激光铅垂仪，四大角区设定位基点，每次均将基点投测到施工层，以此作为放线定位依据减少累计误差。标高传递用钢尺沿竖向方向，向上测量到施工面标高，传递点应不少于四处，并层层抄平定位，传递误差控制在±3mm 以内。

3. 沉降观测

（1）为及时了解沉降变形情况，要求必须作沉降观测，水准基点选取 3 个，保证其稳定可靠。在建筑物外围，按照规范、规定要求设置沉降观测点。用角铁与框架柱钢筋焊接，伸出墙外 5cm。

（2）沉降观测的时间和次数以每施工完一层观测一次，直到稳定为止。

（3）沉降观测应做到四定即：定人员、定仪器、定水准点、定方法及路线。

10.1.3.2 加气混凝土砌块工程

（1）加气混凝土砌块的品种、强度等级必须符合设计要求，砌体施工前应提前一天浇水湿润。

（2）砌体施工前先弹出墙体轴线、水平线、立好皮数杆，然后按设计图纸用砖排列出第一皮砖块边线、洞口。

（3）墙体在砌筑前应清除表面污物，并注意外观质量。

（4）砌体操作方法可采用"三一"砌砖法，即"一铲灰、一块砖、一挤揉"。

（5）砖砌体每天砌筑高度不超过 1.8mm，砖砌体与构造柱设置拉接筋，间距 50cm，伸入墙体长不小于 100cm。

（6）砌体要求表面平整清洁，灰缝横平竖直，砂浆饱满，上下错缝，内外搭接。

（7）门窗洞口的预埋木砖、铁件等应做防腐，位置正确。

（8）按规范要求不大于 250m³ 砌体中至少制作砂浆试块一组。

（9）避免质量通病：

1）墙身轴线位移。

2）水平灰缝不均。

3）同一砖层的标高相差一皮砖。

（10）具体加气混凝土砌块墙参照相关图集砌筑。

10.1.3.3　主体结构工程施工

1. 钢筋工程

（1）钢筋进场后应按规定取样送试，并认真检查出厂合格证，两者均无问题时方可使用并应特别注意钢材的可焊性。

（2）所有钢筋均在现场下料制作，制作好后钢筋应按不同梁号，分别标牌、堆放。

（3）砖混柱柱筋的钢筋采用电渣压力焊接头，构造柱钢筋采用搭接接头，水平钢筋采用闪光对焊，同一截面内接头面积不超过 1/4，接头位置错开 $45d$。

（4）闪光对焊应清除钢筋端头 150mm 范围内的污泥铁锈等，如有弯曲应予条直或切除，夹紧钢筋时应使两个钢筋端面的凸出部分相接触，以利均匀加热和保证焊缝与钢筋轴线相垂直，焊接现场应防风、防雨，否则风雨天不得焊接。

（5）闪光对焊和电渣压力焊必须由技术熟练的专业人员焊接，并按规定取样送检。

（6）所有钢筋应编号挂牌，对号绑扎，不得错乱。纵向受拉钢筋最小锚固长度，搭接长度应满足设计规范的要求。

（7）节点部位钢筋密集交错，绑扎时应根据结构情况确定上、下位置，绑扎前应放样，确保该部位钢筋绑扎质量。

（8）钢筋保护层采用预制水泥砂浆块，内设铅丝，规格为 40mm×40mm，厚度根据保护层需要，间距：梁柱不大于 1000mm，板不大于 1200mm×1200mm 梅花开设置。

2. 模板工程

本工程模板全部采用九胶板，钢管排架支撑。

根据工程的实际情况，确保工程质量，加快施工进度，模板施工前应进行设计，特别是梁柱接头，梁板接头的处理。柱、梁、板全部采用九胶板模板，钢管排架支撑，支持系统立柱间距都必须经过计算，确保具有足够的强度、刚度和稳定性，符合设计要求及施工规范的规定。

（1）基础模板施工。在安装模板前先复查地基垫层的标高及中心位置，弹出基础边线，基础模板面标高应符合设计要求，浇捣混凝土时要防止模板移位，脚手板不能搁在基础模板上。

（2）柱模板施工。柱模板用对拉螺栓加钢管夹具，间距 600mm 竖向用钢管支架作支撑，安装时先在基础上弹出纵横轴线和四周边线，通排柱模板先装两头柱模板，校正固定好然后拉通长线，校正中间各柱的模板，立柱头时要特别注意精心施工，仔细检查，严格控制柱头的垂直和位移，为便于拆模，柱模与梁模连接时梁模板需缩短 2～3mm，并锯成小斜面。

（3）楼梯模板施工。楼梯模板施工之前应根据实际层高放样，先安装平台梁及基础模板，再装楼梯斜梁或楼梯底板模，然后安装楼梯外帮侧板，外帮侧板先在其内弹出楼梯厚度线，用套板画出踏步侧板位置线，钉好固定踏步侧板的挡板木。在现场装钉侧板，楼梯高度均匀一致，特别要注意最下一步及最上一步的高度必须考虑到楼地面粉刷厚度，防止由于粉面厚度不同而形成梯步高度不协调。

（4）梁模板施工。梁跨度在 4m 及大于 4m 时底板中部应起拱全跨的 1/400，本工程采用钢管满堂脚手式支撑，支撑之间设拉杆互相拉成一整体，离地 30cm 设一道，以上每隔 2m 设一道，在影响交通的地方采用斜撑，两边对撑，水平杆与垂直杆之间的十字扣件要特别注意拧紧，为了防止底层模板下沉，必须对基土认真进行夯实，每根主杆下用 5cm 木板铺垫，并做好周围排水措施。

（5）板模板施工。本工程楼板模板采用 20mm 厚胶合板作板模，搁栅间距不大于 500mm，施工时要特别注意柱帽上口与楼板模板镶平接牢。

（6）模板工程的质量要求。模板及其支撑材料的质量必须符合有关规定的要求，模板及支撑应有足够的强度、刚度和稳定性，并不致发生不允许的变形。模板的内侧面要平整，接缝严实，不得漏浆，在浇筑过程中如发现松动、变形等现象要及时修整加固，要确保其偏差在规范规定的允许范围内。

（7）模板的拆除。柱、墙、梁侧模在混凝土有一定强度不缺棱掉角时就可以拆除，底模在混凝土强度达到表 10.1 规定的设计强度时方可拆除（设计强度的百分率）。

表 10.1　　　　　　　　　　　　梁、板、柱拆模强度要求

构件类型	跨度 /m	达到设计强度标准值的百分率 /%
板	≤2	≥50
	>2，≤8	≥75
	>8	≥100
梁	≤8	≥75
	>8	≥100
悬臂构件	—	≥100

拆模班组必须凭技术人员的通知单方可拆模，并严格按安全技术交底施工。

（8）已拆除模板及其支架的结构，在混凝土强度符合设计强度等级要求后，方可承受全部的使用荷载。

3. 混凝土工程施工

（1）本工程混凝土采用商品混凝土。

（2）混凝土浇筑前，模板内杂物和钢筋上油污等，要清理干净，对模板的缝隙和孔洞应予以塞堵严密，模板应浇水湿润。

（3）在浇混凝土时，应先在底部填以 50～100mm 厚与混凝土成份相同的减半石混凝土，以增加新老混凝土的结合；混凝土在浇筑中不得发生离析，当浇筑高度超过 2m 时，应采用串筒溜管或振动溜管使混凝土下落。

（4）混凝土浇筑层的高度应不大于振捣器长度的 1.25 倍。混凝土搅拌时间应不少于 2 分钟，确保搅拌均匀和易性良好。

（5）浇筑混凝土应连续进行，当必须间歇时，其间歇时间宜缩短，并应在前层混凝土初凝之前，将次层混凝土浇筑完毕。

（6）混凝土运输浇筑和间歇的全部允许时间，气温不高于 25℃ 时 180min，气温高于 25℃ 时 150min，如确在必要增加间歇时间，可在混凝土中掺缓凝型外加剂，掺量及其允许时间应根据试验结果确定。

（7）混凝土浇筑过程中经常观察模板、支架、钢筋预埋件和预留孔的情况，当发现有变形、移位时，应及时采取措施处理。

（8）混凝土的振捣应符合以下规定：

1）每一振点的振捣时间应使混凝土表面呈现浮浆和不再沉落。

2）插入式振捣器的移动间距不宜大于振捣器作用半径的 1.5 倍，振捣器与模板的距离不应大于其作用半径的 0.5 倍，并应避免碰撞钢筋、模板、预埋件等。

3）振捣器插入下层混凝土内的深度应不小于 5cm。

4）表面振捣器，移动间距应保证振捣器平板能覆盖其长度的 1/3。

（9）柱混凝土浇完后，柱顶部有一定厚度的水泥砂浆沉积，影响柱头强度，应选择冲洗干净的石子撒入柱头水泥砂浆中，再次捣振。

（10）梁板混凝土沿次梁方向浇筑，浇筑方法由一端开始用赶浆法推进，先将混凝土分层浇筑成阶梯形，当达到楼板位置时再与板的混凝土一起浇筑，混凝土应随打随找平。

（11）楼梯混凝土自下而上的浇筑，先振实底板混凝土，达到踏步位置与踏步一起浇筑，不断连续向上推进，并随时用木抹子将踏步表面抹平。

（12）施工缝的留设。

1）柱施工缝留于梁底。

2）楼梯施工缝留置于楼层或平台上三步处。

（13）施工缝继续浇筑时，应符合下列规定：

1）已浇筑混凝土抗压强度不小于 $1.2N/mm^2$。

2）在已硬化的混凝土表面上，应清除水泥薄膜和松动石子，以及软弱混凝土层，并加以充分湿润和冲洗干净，且不得积水。

3）在浇筑混凝土前，宜先在施工缝处铺一层水泥浆。

4）混凝土应细致捣实，使新旧混凝土紧密结合。

（14）混凝土浇筑完成后，在 12h 以内对混凝土加以覆盖和浇水养护。

（15）混凝土的浇水养护时间不少于 7 天。

（16）浇水次数应能保持混凝土处于湿润状态。

（17）混凝土养护用水应与拌制用水相同。

（18）已浇筑的混凝土强度未达到 $1.2N/mm^2$ 以前，不得在其上踩踏或安装模板及支架。

（19）混凝土拌制浇筑过程中应按规定进行检查：

1）检查搅拌混凝土所用原材料的品种规格和用量每一个工作班最少 2 次。

2）检查搅拌的混凝土在浇筑地点的坍落度，每一个工作班至少 2 次。

3）每一现浇楼层同配合比混凝土取样不得少于 1 次。

4）认真做好每个工作班的混凝土浇筑记录。

（20）按规范规定留置试块

1）试件应在混凝土的浇筑地点随机见证取样制作。

2）每拌 100 盘混凝土不超过 $100m^3$ 的同配合比混凝土取样不得少于两组。

3）每现浇楼层同配合比混凝土取样横向、竖向均不得少于两组。

4）同一单位工程，每一验收基础上同配合比混凝土取样不得少于两组。

5）每次留置试块时必须多留一组拆模试块，待拆除模板前试压。

6）混凝土强度应分批进行验收。

（21）混凝土通病及防治。

1）表面麻面：由于模板湿润不够，不严实，捣固时发生漏浆或振捣不足，浇筑时应加以重视。

2）露筋：主要是少放了垫块或浇捣时垫块移位，致使混凝土保护层不够所造成，施工时要按规定放好垫块。浇筑时施工人员不得踩踏钢筋。

3）蜂窝：这种现象是由于配合比不准确（浆少石多）或搅拌不匀，或浇筑的方向不当，以及捣固不足，模板严重漏浆等原因，施工时要从配比到浇筑都要层层把关。

4）孔洞：是由于混凝土捣空，钢筋较密或一次下落混凝土过多、过厚，以致砂浆严重分离，石子成堆造成，施工时要特别注意配合比，以及料下落混凝土时不能过多过厚。

5）混凝土强度不足：主要是由于配比、搅拌、现场浇捣和养护等几个方面原因造成。搅拌站操作问题：水灰比不当，称料不准，搅拌时间过短等；现场浇捣问题：振捣不实，发现离析现象未能及时处理；养护问题：主要未按规定的方法、时间，对混凝土进行养护。

10.1.3.4 装饰工程

1. 地砖楼地面

地砖楼地面施工前，先清理结构基层，在墙上弹好＋500mm 水平墨线以及各开间十字线和花样品种分隔线，然后根据基准线打墩及冲筋，按照冲筋厚度，用 1∶3 水泥干硬性砂浆抹铺结合层，并用刮尺及木抹子压平打实。然后对照十字中心线，在结合层上按地砖规格弹控制线。控制线弹出后，先铺贴好左右靠边基准行的地砖，以后根据基准行由内向外挂线铺贴。铺贴时用 1∶1 水泥细砂浆作为粘接材料，并用素水泥浆扫缝。面砖缝宽度不大于 2mm，完成后的楼地面，2 天内严禁上人行走及堆放物品，表面可撒锯末保护。

10.1.3.5 电气工程施工工艺

1. 管路敷设

（1）暗配管敷设工艺。

1）应根据设计要求及国标选择相应的管材，并注意其规格、型号和壁厚，并有产品合格证。

2）开关盒、插座盒，接线盒等均应外观整齐，开孔齐全均无壁裂等现象，其他辅助材料也应符合相应标准。

（2）施工工艺技术措施。

1）施工工艺流程：弹线定位—盒、箱固定—管线敷设—扫管穿带线。

2）弹线定位。盒（箱）位置的定位应按设计给定的标高结合规范规定，并根据建筑结构来确定适当的位置，并应与其他管路保持一定的距离，本工程开关高度为 1.4m，插座为 0.3m，安装在门边时统一按离门边 20cm 考虑。

3）盒、箱固定。盒固定应平正，牢固，灰浆饱满，纵横坐标正确，砖墙稳固盒箱可采用剔洞稳固盒箱位置的方法，混凝土板上的盒箱固定采用绑扎丝将盒固定于四周的板筋上，绑扎应做牢固，顺直，保证箱盒不变形、不移位。

（3）管路敷设。本工程均为 UPVC 电线管，其连接采用胶粘接。

1）暗配的电线管宜沿最近的路线敷设并应减少弯曲埋入混凝土和墙内的管子，离表面的净距不应小于 15mm。

2）管子切断应准确，断口处平齐不歪斜，管口刮洗光滑无毛刺，管内灰屑除净。

3）刷胶要均匀，不得漏刷，电线管连接头必须到位，中间不得留空隙。

4）管道进盒箱连接。盒、箱开孔应整齐与管径吻合，要求一管一孔，不得开长孔，如用定型盒，箱其敲落孔大而管径小时，可用铁皮垫圈垫严或用砂浆加膏补平齐不得露洞。

5）地线焊接。管路应作整体接地连接，本工程采用跨接方法连接，跨接地线两端而不小于该线截面 6 倍，焊缝均匀牢固，并刷防锈漆，跨接线规格采用 6mm 直径的钢筋。

6）质量标准，详见电气配管及管内穿线分项工程质量检验评定标准。

7）现浇混凝土板内管子敷设。现浇混凝土板内管子敷设，应与土建专业密切配合施工。

现浇混凝土楼板在模板支好后，弹线确定好灯位的准确位置，当底筋绑扎好后即进行配管，配管完成后再绑扎面筋。

板内并列管子间距不应小于 25mm，敷设的管路质量不交叉。但在特殊情况下，交叉点两根管子外径之和至少要比板厚小 40mm，以免影响楼板强度。

现浇混凝土内管子敷设时，应将盒内泥团或浸了水的纸团堵严，盒口应与模板紧密贴合牢固，防止混凝土渗入管子盒内，为了防止盒体移位或盒子口底翻转，用长度为 0.3～0.4m 的 8 号线或 6mm 钢筋，压在盒的顶部，两面三道与主筋绑牢。

敷设完成后，浇筑混凝土时，电工应看护，防止将管子损坏，管盒移位等情况发生，发现问题及时处理。

8）墙体内配管。电气工程墙体内管子敷设一般要在未砌筑墙体前预先把管子与各器具盒预装好，由电工或瓦工在砌筑过程中埋入墙中，不能外露，管与盒周围应用砂浆固定牢。

（4）成品保护。

1）敷设管路时，保持墙面、顶棚、地面的清洁完整。修补铁件油漆时，不得污染建筑物。

2）施工用高凳时，不得碰撞墙、角、门、窗；更不得靠墙面立高凳，高凳应有包扎物，既防划伤板，又防滑倒。

3）搬运物件及设备时不得砸伤管路及盒、箱。

2.配电箱安装

（1）配电箱安装前应根据设计图纸及施工规范要求进行箱体检查，应符合以下几点要求。

1）配电箱带有器具的铁制盘面和装有器具的门及金属外壳，均应有明显可靠的 PE 线接地，PE 线不允许利用盒箱体串接。

2）零母线在配电箱是应用专业零线端子端分路。

3）配电箱上的母线应涂有黄（A 相）、绿（C 相）、黑（N 相）等相漆，双色线为保护地线（黄绿双道，也称 PE 线）。

4）配电箱上的电具、仪表应牢固、平正、整洁、间距均匀，铜端子无松动，启闭灵活，零部件齐全，箱体四周应留有足够的空间作为配线和安全距离使用。

5）配电箱应安装平直，其垂直度允许偏差为 3mm（箱体高 50cm 以下为 1.5mm）。

6）箱内器具与导线连接时，连接应牢固，不伤线芯，压板连接时压紧无松动。

7）配电箱全部安装完毕后，用 500V 兆欧表对线路进线绝缘摇测，摇测内容为相间，相对地，相对零，零对地，同时做好记录。

8）配电箱安装完毕后，还应做好成品保护工作，避免损坏污染。

（2）质量标准执行 GBJ 305—88 相应质量验评标准。

3．电器器具及灯具的安装

（1）材料要求及作业条件。应按设计要求选择灯具、开关、插座等电器器具，并有产品合格证，各种辅助材料也应符合相应标准，施工用具，测量仪表应齐备，对灯具等器具安装有妨碍的模板，脚手架等应拆除。

（2）工艺流程：灯具器具检查—组装—安装—试运行。

（3）灯器具的检查应根据设计要求对进场的产品进行检查验收。

（4）灯器具的安装位置应正确，应平正牢固。

（5）在所有的灯具、配电箱、开关、插座安装完毕，且各支路的绝缘电阻摇测合格后，应通电试运行，检查器具的控制是否灵活、正确，控制相序是否正确，器具本身是否正常。

（6）电器器具安装允许偏差项目：

1）同一场所的开关、插座小于或等于 5mm。

2）开关插座面板垂直度小于等于 0.5mm。

4．防雷接地工程

（1）接地体按设计要求为基础钢筋网和柱筋引下接地体部分。

（2）接地体及接地母线的敷设位置应严格按照设计图纸进行。

（3）接地母线间的连续方式采用焊接，其焊接质量详见质量标准及施工规范，焊接处尚应刷两面、三道沥青漆防腐。

10.1.4 拟投入的主要物资计划

10.1.4.1 主要材料供应计划

（1）根据施工图纸和施工进度计划，编制合理的材料需用计划表和进场时间计划。工程材料采购必须遵照公司质量体系程序文件规定，对供货方进行供货质量、能力信誉等方面的评价、选择，建立档案，项目部必须在公司确认的合格物资分包方名录中的供货单位采购供应，进场时按相应的程序文件规定进行验收。

（2）大件批量材料采购前，应对生产厂家企业性质、规模、信誉、产品质量史、供货能力、质量保证能力进行具体衡量，作出综合评价，以并择优选择。

（3）有系统地搜集整理本地区材料、构件生产供应厂商、市场情况。为贯彻就近取材，合理节约代用产品，降低成本价格，积累信息资料。厂家应已获准国家质量认证，信誉、产品相对较好，便于大家共同认可，便于就近取材，保证质量。

（4）在收到具体施工图纸后，立即组织人手编制主要材料和预制品、半成品需要量计划，根据施工部署和施工总进度计划，作为工程施工组织材料和制品加工、订货、运输、确定堆场和仓库的依据。

（5）供应文件的编制必须清楚地说明订购产品的规范、设计规定和质量要求，并经主管领导批准。

10.1.4.2 周转材料计划

周转材料是否充足，能否满足施工的需要是能否顺利完成施工任务的关键之一，为此，我公司已就此工程在着手准备各项周转材料，确保工程的顺利完成。工程主要物资进场计划见表 10.2。

表 10.2　　　　　　　　　　　投入拟本工程主要物资进场计划表

物资材料名称	材料参数	进场数量	进场时间
Z 型檩条		详见商务标	开工进场
商品混凝土	C25	详见商务标	开工进场
蒸压加气混凝土块	A3.5	详见商务标	开工进场
商品混凝土	C15	详见商务标	开工进场
现浇混凝土钢筋	φ10 内三级钢、φ10 上三级钢筋	详见商务标	主体工程施工
40 厚花岗岩		详见商务标	主体工程施工
地面砖/mm	800*800、300*300	详见商务标	主体工程施工
防静电活动地板	150～250 高架空防静电地板	详见商务标	主体工程施工
塑钢门		详见商务标	主体工程施工
塑钢窗		详见商务标	开工进场
木质防火门		详见商务标	开工进场
抹灰面油漆		详见商务标	主体工程施工

10.1.4.3　投入的设备计划

为保证本工程顺利实施，拟定投入本工程的施工设备计划见表 10.3。

表 10.3　　　　　　　　　　拟投入本项目的主要施工设备表（附表一）

序号	机械或设备名称	型号规格	数量	国别产地	制造年份	额定功率/kW	生产能力	备注
1	塔吊	QTZ40	1	中国南京	2011	400	较好	
2	砂浆搅拌机	JD-350	2	中国南京	2010	7.5	较好	
3	电焊机	BC-100	2	中国南京	2011	38.6	较好	
5	物料提升机	SS50	1	中国河南	2011	40	较好	
6	平板式振动器	ZB11	2	中国安徽	2012	1.2	较好	
7	插入式振动器	ZX50	10	中国安徽	2011	1.2	较好	
8	木工电锯	MJ114	2	中国南京	2012	3	较好	
10	木工电刨	MB103A	2	中国南京	2012	8	较好	
11	经纬仪	J2	1	中国苏州	2012		较好	
13	水准仪	DS3	1	中国苏州	2012		较好	
14	全站仪	NTS352	1	中国苏州	2012		较好	
15	多功能检测尺		2	中国安徽	2012		较好	

10.1.5　劳动力计划及保证措施

10.1.5.1　劳动力计划

（1）本工程工期 90 个日历天，质量要求高，为确保工程工期实现目标，合理部署施工人力。

（2）对施工力量的具体安排，选派承担过重点工程的优秀管理人员与优良的施工队伍负责施工，对材料的管理控制及时到位以方便劳动力的平衡。

（3）我公司还按各工种配有适量的机动人员，各工种 5 人，随时可以补充到项目部以解决项目进展中可能出现的特殊需要，如因调整计划，设计变更而产生的补位需要；节假日也不休息，合理加班加点，确保工期。

拟投入本工程的劳动力计划见表 10.4。

表 10.4　　　　　　　　　　　　劳动力计划表（附表二）　　　　　　　　　　单位：人

工种	按工程施工阶段投入劳动力情况				
	外墙真石漆及雨棚工程	综合业务用房	广场附属工程	业务楼安装	总体收尾
普工	135	310	315	141	15
木工	213	215	25	31	16
钢筋工	21	51	3	4	2
架子工	10	15	15	1	8
水电工	412	126	16	145	24
电焊工	25	215	15	12	5
瓦工	12	212	421	21	10

10.1.5.2　对工人的素质的控制措施

（1）首先选用专业施工人员，利用专业施工队伍以最熟练、最直接的方法做到最佳效果。

（2）以合理的工价，严格的达标管理，制订奖罚办法，按工种单价提取一定的奖金给达到优秀标准的工人。借助监理的力量，监理工程师确认达标即可领到本项目奖金，将目标结果与工人劳动收入直接挂钩，实施激励制度。

（3）提供数量充足、性能完备的施工机具给予工人发挥技术水平的最大空间。

（4）对进场的施工人员进行严格的资格审查。

（5）对现场的专业分包队施工人员实行动态管理，不允许其擅自扩充和随意抽调，以确保分包队伍的素质和人员相对稳定。

（6）找到最好的专业厂家生产加工专业构件并负责现场安装一条龙控制的做法，是达到最佳效果最方便的措施；而各专业的协调，收口交接面则由技术部统一处理。

10.1.5.3　本工程各工种技术能力要求

为确保施工参与人员的素质，所有专业技术工人必须经过预审程序审查合格后方可进场施工。

10.1.6　质量保证措施

严格执行 ISO 9002 国际质量标准，它是确保工程质量的标尺，按 ISO 9002 国际质量认证必须确保所含十九个文件的正常运行，使工程质量始终处于受控状态，确保公司的"质量第一、科学管理、精益求精、用户满意"的质量方针的贯彻执行和质量目标的完成。

10.1.6.1　组织管理措施

质量管理要从小组抓起，从分项工程抓起，同时加强对项目班子进行质量检查、监督。

（1）配备一支责任心强，有管理水平，有能力，施工经验丰富，善于打硬仗的项目班子，并落实各项责任制，使项目经理的责、权、利全面到位，把确保创"优良"奖作为考核项目经理的主要指标，使项目班子人员既感到有压力，又有动力。

（2）加强公司对项目班子的考核力度和对工程质量的检查力度，对项目实行每月一次考核和每月二次检查制度。对检查中发现问题，不仅要提出整改意见，更应提出改进措施，使工程质量不断提高。

（3）明确职责，层层抓质量

公司技术、质量部门，要加强对该工程的服务和监督，其主要职责如下：

1）组织图纸会审。

2）主要分部分项工程技术交底。

3）处理解决工程中主要技术问题。

4）解决土建与安装等的技术协调问题。

5）督促项目部落实整改公司技术、质量部门、建设单位、监理公司及质量监督站提出的工程质量问题。项目部以项目经理为核心抓质量，施工员按分工不同负责所辖部分的质量，各工长分别对各自的制品质量、装饰质量把关。

项目一级的主要责任如下：

1）细心阅图，领会图纸各部分的含义，严格按施工图、会审纪要、联系单（设计变更）施工。

2）按施工方案，规范标准和工程质量监督的有关规定指导施工。所有分项工程施工前，都必须对班组进行技术交底，明确确保工程质量的要求及等级，并做好台账。

3）随时检查施工中的质量情况，严格把关，对影响质量的分项或分部督促班组返工重做，对公司质安科提出的整改通知单及时落实整改。

4）接受建设单位、监理公司、质监站的监督检查。

班组一级要求发挥班长的带头作用，严格按技术交底和规范施工，及时做好自检、互检、质量自评，做到不合格部位不移交下道工序施工，对项目经理部下达的整改通知要及时整改，并找出原因，以利提高。

（4）认真组织全体施工人员学习规范、标准，强化教育，树立百年大计、质量第一的观念，提高质量意识，促进各项制度的认真贯彻。

10.1.6.2　材料质量控制措施

（1）严格执行公司质量手册和程序文件标准，主要材料采购前，应对供货方进行合格分承包方评价，对供货方的产品质量、供货能力、单位信誉等进行综合评价，合格者作供货单位。

（2）把好材料进场验收关。坚持验品种、验规格、验质量（产品的质量保证书及保质单）、验数量的"四验收"和材料供应人员把关、技术质量检验把关、施工操作者把关的"三把关"制度。

（3）对半成品，要严格进行检查，并附质保资料，必要时到加工现场进行抽样试验检查。

10.1.6.3　施工技术管理对质量的保证措施

（1）认真做好图纸会审工作，加强同建设单位、设计、安装单位及各专业施工队之间的联系协调，避免凿墙开洞等现象。

（2）配置足够的专职质量员，做到各分项均按质量等级目标与质量标准要求进行，工前有交底（工长），工中有检查（工长），工后有验收（专职质量员）的"三工序"活动。认真贯彻自检、互检、专检的"三检制"。

（3）设置固定水准点，定人、定尺、定仪器进行轴线、标高的测量，加强技术复核，隐蔽工程验收等措施，避免事故隐患的存在。

（4）加强施工过程的质量控制：①没有设计单位正式的设计变更通知单，不得自行变更设计；②建立质量巡视检查制度，在过程中发现问题及时纠正，做到预防为主，防患于未然。

（5）执行全面质量管理，开展 QC 小组活动：提高一线班组操作人员重视质量意识，建立以专业工种为单位的由专职质量员、施工员、关砌、翻样分别参加的 QC 小组，用全面质量管理的方法，加强对本工程的质量控制；班组开展以分项工程一次验收优良为标准的 QC 活动小组，在施工中消除质量缺陷，提高工程质量。

（6）质量保证资料、施工管理资料有专人收集管理，达到正确齐全与工程进度同步的要求。

（7）本工程质量必须要达到国家工程施工质量验收合格标准。

10.1.7 安全生产、文明施工、环境保护和临时设施措施

10.1.7.1 安全防护的保证措施

（1）本工程计划措施要求达到"安全文明示范工地"标准，对每一位安装人员，进行技术交底、安装措施防火交底。对高空施工作业的复杂性和危险性以及危险部位，在下达施工任务的同时应进行全面交底，向所有施工人员讲清施工方法和安全注意事项。

（2）安装使用的施工工具要进行严格的检验。手电钻、电锤、射钉枪等电动工具须做绝缘电压试验，手持玻璃吸盘和玻璃吸盘安装机须检查吸附重量和吸附时间试验。

（3）施工人员必须配备安全帽、安全带、工具袋，防止玻璃、人员及物件的坠落。

（4）应注意不要因密封材料在工程使用中中毒，且要保管好溶剂，以免发生火灾。

（5）安装过程中将派专职安全人员进行监督和巡回检查。

（6）不得安排有高血压、心脏病和其他不适于高处作业的人员及未满十六岁的童工从事高空作业。每天开始工作前，必须按要求配戴安全劳保用品，并要仔细检查安全带是否牢固可靠，严禁在空中抛掷物体，所有在高空作业的人员必须严格按照操作规程进行工作。

（7）落实施工现场安全防护标准，提高防护水平，促进现代化管理。重点防护标准如下。

1）施工现场人员必须佩戴安全帽。

2）电气线路：线路架设应符合规定，配线合理，严禁"大把线"，铁制闸箱，箱内有接地端子板，箱内无杂物。箱中距地 1.6m；安装牢固，防雨。埋设电缆深度不小于 70cm，并设明显标志牌。

3）手持电动工具：（一）、（二）类设备必须按要求安装不同规格的漏电保护装置（起重一类设备还必须加保护接地或接零），操作者穿戴合格绝缘保护用品。

4）电锯：必须装有分料器、防护罩，本体应设按钮开关。电源端部应有漏电保护器。

5）危险作业区域：必须设有安全警示标志，夜间有红灯示警，危险作业区域除设标志外，尚应有专人监护。不得随意拆除或更换。

（8）施工现场重点防火要求和管理如下。

1）施工现场应明确划分用火作业、易燃材料堆放区、仓库、废品、生活等区域。

2）施工现场的道路应畅通无阻，夜间应设照明加强值班巡逻。

3）施工现场仓库，易燃可燃材料堆放区按规定设置消防器材，进入高层建筑物，应设置具有足够扬程的高压水泵，或其他防火设备和设施。楼层内增设临时消防水箱或水筒，必须有足够的水源。

4）不准在高压线下面搭设临时建筑物或堆放可燃物品。

5）施工进入室内阶段，要明确规定不准吸烟。

6）施工现场用电，应严格按照用电的安全管理规定办事，加强施工现场用电，以便防止电气火灾。

7）落实消防人员职责，领导应对各专业人员和新进厂职工进行专业防火安全知识教育，提高职工防火警惕性。消防专业人员应认真上岗到位，加强防火管理，坚持日常监督。

（9）我司将为所有现场员工提供和实施佩戴有效的安全帽，按需要不同尚有面罩、眼罩、安全带及其他个人保护装备，我司将遵守当地有关工程现场安全守则的法规条例。

（10）假如在工程中雇用的任何工人，受到任何人身伤害（如果存在），则无论是否接受索取赔偿，我司将立即以书面形式向有关部门通知此等受伤情况，并接受协助有关部门的调查。

（11）无论是用来支持建造中的工程或现有建筑物，斜撑、横撑和顶撑等各类安全支撑应由有关部门设计，并符合政府规范的要求。

10.1.7.2 文明施工保证措施

（1）法律、法规教育。

1）对每个施工人员进行相关的法律、法规教育，使他们都懂法、依法、遵守当地的规章制度。

2）根据文明施工现场的有关要求组织施工，并依据创建卫生城的要求组织生活区的管理。

3）员工言语文明，无打架斗殴现象，工作日不准饮酒。

4）全员必须坚守工作岗位，不允许串岗，因故离岗时必须向现场负责人请假，施工时员工必须精力饱满，不允许带思想情绪上岗，有不良精神状态者，严禁高空作业。

5）任何施工人员出入施工现场，必须佩带有效身份标志，未经有关部门批准，不得私自带入外人到工地参观、拍照。

6）施工人员按规定统一安排食宿。

（2）进现场前的培训。

1）由有关领导讲解本工程的重要性，使施工安装人员对此有足够认识。

2）由技术人员讲解相关的标准规范、施工工艺规范，使每个施工人员都必须熟知图纸，了解本工程产品的种类、规格、技术难点、质量关键部位，及各工种的特殊性、相互关系和操作规程。

3）所有技术向施工人员交底。

（3）现场材料接收与管理。

1）材料发至现场，由现场材料管理员负责认真清点、签收。发运单留壹份以备待查。

2）所有材料分种类、规格、上料架或靠四周摆放整齐，以便于发放使用。型材必须用木方均匀垫平，使型材底与地面有 50～100mm 高，玻璃板块、应用专用存放架或靠墙倾斜 5°，存放靠墙处要加软衬垫，并应有防雨、防晒遮盖布。

3）现场材料堆放整齐、标识清楚。

4）做到临时设施齐全、布置合理、场地干净，不允许私自将施工现场的物资带出工地。

5）如图纸变更或其他情况，所产生的一切剩余材料必须及时、全部完好的返回公司，违者重罚。

10.1.7.3　环境保护措施

（1）临时卫生设备。

1）将为工程施工的男女工人在经批准的位置提供实用的卫生设备，以及保持整个现场和建筑物的环境清洁和卫生，并令有关卫生部门满意。

2）假如卫生设备并不连接污水系统，将每天进行倾倒和消毒，并在工程竣工时拆除和搬走此等设备。须尤其注意的是，工程承包方必须指示其工人使用该临时卫生设备，并禁止工人在施工现场内其他地方大小便，违者将会遭到即时解雇，以作惩罚，因工人违反上述规定而受到破坏的任何工程均由我公司自费完全移走并重做，同时令业主满意。

（2）日间标志和晚间警告灯。

1）假若工程的工序与邻近的交通在正常运作时发生冲突，将保证为工程加上符合本工程规范和当地的规则标志。

2）将提供必要的标志和栏栅，并保证所有的标志和灯保持竖立以使附近的人员在任何的时间下可以清楚地看见。

（3）消防设备。在施工期间，将按需要配备灭火器，沙桶和其他有效的消防设备。

（4）临时照明及供电。所有临时电力装置应正确地安装和接驳地线，使其符合安全条例。所有作临时照明和供电用的插头、插驳、变压器、临时开关和保险丝等，应经得起损耗并宜于室外用途和防水。

（5）围板、围栏、指示牌。工程承包方应按施工现场情况所需自行检定或按业主所指定的要求提供指示牌，将调节此围板、围栏、指示牌并保持在良好的状态中。

（6）对临近房地产等居民的干扰。将注意施工现场的位置，以及它和现有房地产之间的距离。并适当地安排施工作业计划，以减少或杜绝给临近居民带来的噪音或任何其他的干扰及不便。使用的一切机械设备的操作及维修均以发出最少烟雾及噪音的原则，并用消音器、减音器、吸音装置以达到降低污染的目的。

（7）材料及机械的保护。将在工作时间及非工作时间于现场保留足够数目的人员，以保护工程、材料、设备、施工机械等不受损坏或被盗并提供足够的看管和照明以保障施工的安全直至上述工程的移交工序完成为止。

（8）完工工程的保护。充分保护所有已完成的工程，包括预埋件、金属件。

（9）材料的安全保管。负责运至现场的物料安全保管。

（10）在施工过程中清除垃圾。负责在工程进行中迅速清理因施工而产生的垃圾、废弃支撑件、条板箱等。同时遵守任何由业主方发出的有关清理垃圾及清理现场的指示。

（11）竣工。工程竣工后将移走所有的施工机械、垃圾等，以保持工程现场的清洁和整齐。

10.1.7.4　临时设施措施

（1）根据施工需要及现场实际情况，施工现场按照平面布置图划分生活区、作业区，建筑材料按规定要求分类堆放，设置标牌，并稳定牢固，整齐有序。

（2）施工进场道路及场内施工便道根据现场情况，本工程考虑从现有路段进入施工现场。为解决施工人员、材料出入问题，施工初期铺设施工便道，便道宽约 8m，如有需要铺设厚度 50cm 左右厚的碎石砖渣层。

（3）施工临时用电安排施工时，根据建设单位提供的电源，沿线敷设临时三相五线架空线，设置配电箱，以满足现场用电需要。电箱必须使用劳动部门检验合格的产品，离地不小于 1m，并安装漏电保护器。

（4）施工用水安排生活用水采用自来水，施工用水采用井水和自来水，并经检测合格。施工供水采用水泵抽取，并在现场砌筑水池储备。

（5）文明施工设置。施工现场设置施工标志牌、十项安全措施牌、文明施工牌、入场须知牌、消防保卫牌、管理人员名单及监督电话牌和施工现场平面布置图、工程立体效果图。各类标牌应设置牢固、美观，并进行亮化。

（6）临时生活、生产设施。

1）生活办公设施根据施工现场实际情况，项目部设置在本工程起点位置，现场生活区和工作区拟在本工程红线外侧，为便于施工，设置临时设施，临时设施分生活区和工作区，生活区内设宿舍、食堂等。工作区内设砂石料堆场、水泥筒、拌和台、加工棚等。临建设施应满足牢固、美观、保温、防火、通风、疏散等要求，墙体内外应抹灰、粉刷，室内地面应硬化，天棚吊顶，温暖季节安装纱门、纱窗。临建设施内用电应达到"三级配电两级保护"，未使用安全电压的灯具，距地高度应不低于 2.4m。宿舍窗口应设置合理，宽度不小于 0.9m、高度不小于 1.2m，房间居住人数不得超过 8 人，单人单床，每人居住面积不少于 2m²，严禁睡通铺。在建建筑物内严禁安排人员住宿、办公。宿舍内应设置封闭式餐具柜，个人物品须摆放整齐，保持卫生整洁。食堂应距离厕所、垃圾及其他有毒有害物质不小于 30m。

2）混凝土施工临时设施集中设置，工作区内设石料堆场、拌和台等。施工现场搅拌等易产生扬尘污染的作业区应进行封闭作业。因堆放、装卸、运输等易产生扬尘污染的物料采取遮盖、封闭、洒水等措施。风速四级以上天气应停止易产生扬尘的作业，严禁从建筑物内向外抛扬垃圾。施工现场大门处应设置车辆冲刷设施，保持出场车辆清洁，避免行驶途中污染道路。

3）生活区与工作区场地四周挖设临时排水沟，并在生活区设砖砌排水沟与周边排水接通。

4）施工现场制定消防管理制度，严格履行动火作业审批手续；配置消防器材集中存放点，生活区、仓库、配电室（箱）、木制作区等易燃易爆场所须配置相应的消防器材。消防器材应定期检查，确保完好有效。严禁在施工现场内燃用明火取暖。

为保证本工程顺利施工，还应该采取以下措施：

（1）为全面约束施工单位必须实施文明施工。

（2）施工现场非常狭小，周边密布了已建办公楼和已建办公用房及军分区机关，故而建议塔吊安放的拟建建筑物的北侧。这样的好处在于塔吊旋转半径绝对不会覆盖到军分区内，且能够基本覆盖拟建建筑物的主楼部分。但需要注意的是，该塔吊第一次的安装高度需超过周边的已建业务办公楼和军分区体能馆，避免塔吊大臂与其发生碰撞。

（3）施工单位必须实施封闭施工，最大限度的不影响国税局正常办公和军分区工作生活休息。为此，必须采用砖砌体砌筑粉刷的施工围挡，高度不得小于 2.5m，且在围挡上做好安全文明及质量工期的相关宣传标语，形成良好的文明施工氛围。

（4）为了最大限度不影响军分区工作生活休息，将木工加工棚放置在远离军分区的东北侧。同时，为方便外来各级领导检查指导工地工作，在拟建建筑物的西北侧留了一个小门作为管理人员和检查人员的出入通道口，工地工人还是走工地主入口。（详见施工平面布置图）。

（5）为方便现场管理，施工现场不得安排工人宿舍，所有工人均就近租房居住。

（6）防尘具体措施。

1）建筑施工阶段清理施工垃圾，应使用封闭的专用垃圾道或采用容器吊运，严禁随意凌空抛撒造成扬尘。施工垃圾要及时清运，清运时，适量洒水减少扬尘。

2）施工现场要在施工前做好施工道路的规划和设置，可利用设计中永久性的施工道路。工地主要通道进行硬化，材料场地平整夯实，其他裸露地进行绿化。

3）工地大门口设置蓄水池、沉淀池，并配置专用水枪，作为冲洗出入工地的车辆所用，并做好出入车辆记录，由工地门卫负责此项工作。

4）土方开挖时，所有堆土全部外运储存，场内不得存土。

5）四级风以上的天气，严禁土方施工。

6）散装水泥和其他易飞扬的细颗粒散体材料应尽量安排库内存放，如露天存放应采用严密遮盖，运输和卸运时防止遗撒飞扬，以减少扬尘。

7）生石灰的熟化和灰土施工要适当配合洒水，杜绝扬尘。

8）搅拌机进行全封闭，并在搅拌机进料口设置喷淋头进行降尘。

9）施工现场要制定洒水降尘制度，配备专用洒水设备及指定专人负责，在易产生扬尘的季节，施工场地采取洒水降尘。总平面范围内及工地周边场地派人每天 2～3 次巡视、清扫。

（7）降噪具体措施。

1）人为噪声的控制。施工现场提倡文明施工，建立健全控制人为噪声的管理制度。尽量减少人为的大声喧哗，增强全体施工人员防噪声扰民的自觉意识。所有工人不得在施工现场住宿，减少休息施工人为噪声。

2）强噪声作业时间的控制。严格控制作业时间：早 8：00 点前，中午 12：00—14：30，晚 22：00 点后，不得有产生噪音源的施工。特殊情况需连续作业（或夜间作业）的，应尽量采取降噪措施，事先做好周围居民的工作，并报有关主管部门备案后方可施工。

3）强噪声机械的降噪措施。

a. 牵扯到产生强噪声的成品、半成品加工、制作作业（如预制构件、木门窗制作等），应放在工厂、车间完成，减少因施工现场加工制作产生的噪声。结合施工现场平面特点，尽量将施工机具和加工房设在远离生活区和办公区的地方，减少噪声影响。

b. 对产生振动噪声的木工机具、混凝土搅拌机、振捣器等尽量在白天使用，支拆模板，搭拆脚手架等必须在白天进行，除混凝土可以在夜间连续施工外一般情况不夜间及午休时间尽量不加班，如有特殊情况事前通知甲方一起处理，并做好安民告示。

c. 尽量选用低噪声或备有消声降噪声设备的施工机械。施工现场的强噪声机械（如：搅拌机、电锯、电刨、砂轮机等）要设置封闭的机械棚，以减少强噪声的扩散。

d. 施工的上下联络采用对讲机，现场配备对讲机 6 台，严禁在门架、钢管上敲打金属形式通知操作人员。

e. 材料装卸采用人工传递，特别对钢管、钢模等金属器材，严禁抛掷或从汽车上一次性下料。

f. 在浇筑振捣混凝土时选用低频振捣棒。振捣棒使用完毕后，及时清理干净，保养好；振捣混凝土时，禁止振钢筋或钢模板。

g. 加强对混凝土泵车、混凝土罐车操作人员的培训及责任心教育，保证混凝土罐车平稳运行。

h. 对强噪声源头有控制措施，强噪声作业进行全封闭：搅拌机进行全封闭作业。

4）加强施工现场的噪声监测及管理。加强施工现场环境噪声的长期监测，由施工现场的专职环保员或环保队监控，对环保、卫生工作进行检查记录，对施工现场的噪声随时进行监控，根据测量结果填写建筑施工场地噪声测量记录表，凡超过《施工场界噪声限值》标准的，要及时对施工现场噪声超标的有关因素进行调整，达到施工噪声不扰民的目的。

加大治理噪声的宣传和奖惩力度，充分利用教育、经济等手段做好噪声的管理整治。

10.1.8 施工进度计划保证措施

10.1.8.1 施工进度安排原则

施工进度安排必须满足施工任务工期要求。

考虑生产的均衡性，尽可能使劳动力、机械设备、资金、材料的平衡，尽可能做到工作、工序合理衔接、干扰少、效率高、经济效益好。

本工程耗用劳动量大，合理组织内外、上下平行交叉施工，能加快进度，保证工程质量，提高经济效益。

材料的需要量，要根据施工进度提前核算和准备，必须保证工程的连续施工，杜绝因材料短缺而出现的窝工显现。

受雨季影响，对施工干扰比较大、难度大的工序应先做，加强施工，采取相应措施安排好施工。

本工程的施工进度计划见表 10.5。

表 10.5　　　　　　　　　工程施工进度计划表（附表三）

序号	分部分项工程名称	计划开工日期：2013 年 5 月中旬，竣工日期：2012 年 8 月上旬（共 90 个日历天）								
		5 月		6 月			7 月			8 月
		中旬	下旬	上旬	中旬	下旬	上旬	中旬	下旬	上旬
1	土方工程	▬▬▬								
2	基础工程		▬▬▬							
3	主体结构工程			▬▬▬▬▬▬▬▬▬						
4	屋面钢构工程					▬▬▬				
5	内装饰工程						▬▬▬▬▬▬			
8	外装饰工程							▬▬▬▬▬▬		
9	水电安装工程	▬▬▬▬▬▬▬▬▬▬▬▬▬▬▬▬▬▬▬								
10	竣工验收									▬▬▬

10.1.8.2 施工进度计划保证措施

（1）项目经理部组织、邀请建设单位及监理单位的有关人员，每周开一次现场生产协调会，各分部分项工程严格按施工进度计划的要求进行施工，其控制时间只准提前，不准延后。

（2）工程项目施工前，由公司材料部门根据项目经理部及机械设备需用量表的要求，给施工现场提供合格的机械设备，进场的机械设备必须经过试运转检验其性能情况，杜绝伪劣不合格机械设备进入本施工现场使用。

（3）施工现场配备机械维修特种人员，定期与不定期对现场的机械设备进行检查、保养工作，保证其完好及正常运转。

（4）为大力提高工程项目施工的机械化水平及作业能力，本工程项目共配备大小型机械设备多套。

（5）工程项目施工前，安排专业人员落实各种所需的物资和材料半成品计划，由公司材料部门及现场采购人员负责物资及材料半成品的进场计划工作。对于钢材、水泥、混凝土砌块等大型材料要选用质量比较稳定的大厂家产品，并且做好相应的质量检验手续。

（6）提前 15 天做好本月所需的各项材料、机械、人员进场计划，统筹安排好各项生产要素以最佳组合获取最好的效益。

（7）按要求落实工程项目的材料及周转材料进场计划。

（8）加强与现场监理代表及业主代表的联系，及时办理现场各种隐蔽工程验收手续、签证手续。

（9）工程项目施工前，由公司人劳部门根据项目经理部及劳动力安排计划的要求，提供具备较好素质的劳动力队伍，对分部分项的特殊工程施工，还需做好施工前的培训工作。并以劳务合同为纽带，加强对工程合同的质量、安全、进度要求的认同。

（10）按照施工进度计划表，并根据施工实际情况，项目经理部要组织好立体交叉施工、流水作业的劳动力安排，现场施工人员安排连续作业，合理安排工序搭接，且要控制好现场劳动力进退场工作。

（11）组织几支精锐施工队伍，对工程重要环节上的工序进行突击抢工，把时间往前面赶，使工期缩短。

（12）项目经理部每周组织一次施工队组长的工作协调会，解决各施工队组提出的施工问题，并落实各施工阶段的下一步的工作安排。

（13）做好雨季施工准备及备料准备，以保证工期不受自然灾害的延误。

（14）做好质量控制工作，严格按照图纸和现行施工规范要求施工，突出质量监督作用，力争做到完成的分部分项工程达优，杜绝一切质量返工，避免人工、材料、工期的浪费。

（15）做好安全达标工作，严格工地安全规章制度，杜绝一切安全事故的发生，避免因不必要的停工整顿而造成的时间损失。

（16）做好本工程的试验、检验计划，适时地办理试验，为外部检验的按时实施做好准备。对试验时间要求较长的试验材料，分项工程应在安排计划时必须安排足够的时间，以防影响进度。

（17）雨季施工，除保证抢工必要的雨衣、塑料薄膜外，对湿作业应有相应的防护措施，减少自然灾害的影响。

（18）进度计划一旦滞后，必须分析原因，再次调整的计划必须经过业主及监理负责人审批，并要制定新的进度保证措施。

（19）安排与协调好土建与水电安装的交叉作业，同步进行做到有条不紊，使工作顺利进行。

10.1.9　工期保证措施

由于本工程施工工期短，为确保本工程按质按量如期竣工，将计划采取大兵团的作战方式，加大人力、物力的投入，并从施工方案的编制、组织机构的设置、资源配置、施工计划、工序安排、安全生产、后勤供应工作机制、各分项工程的施工工期及外部环境等方面，予以有力保证。

1. 从施工方法上保证

我们将根据设计图纸、有关施工规范和规程，精心编制施工组织设计，合理制定作业程序，运用网络技术，科学策划，狠抓关键环节、关键线路，突出重点，确保主体，同时又总揽全局，统筹兼顾，科学管理。

2. 从组织机构、资源配置上保证

组织我集团最精干的人员，组成项目部，负责本工程的施工，并且配置先进、齐全的机械设备，充足的周转材料和资金保障，确保工程顺利进行。

3. 从施工计划上保证

按照总体工序要求，合理安排每一分项的施工计划。做到总体安排和见缝插针相结合，千方百计确保关键，总揽全局。每月制定月施工计划，每周制定周施工计划。同时，制定相应的材料、设备、劳动力和资金供应计划，由专职人员负责。

4. 从工序安排上保证

做好每个工期的准备工作，使各工序连接合理、紧凑，每一个工序应为下一个工序创造条件。以科学技术为先导，研究应用及推广新技术、新工艺、新材料，以此提高效率，缩短工期。

5. 从安全生产上保证

根据本工程的特点，制定专门安全技术措施，并组织专门安全小组负责日常的安全检查。严格执行"三级安全生产的交底"制度。制定切实可行季节施工措施，以确保本工程连续施工。

6. 从后勤供应上保证

工程所用材料、机械、设备在统一管理，统一规划下，依据工程进度及技术标准，做到计划正确，分批订购，按期交货，保证供应。

加强机械设备和车辆保养、维修，搞好职工食堂，防病治病，保障职工身体健康，保证正常出勤率，保障施工正常运转。

7. 从工作机制上保证

健全奖罚制度，开展施工竞争，比质量、比安全、比工效、比进度、比文明施工，对按质按量安全完成周、月计划的施工班组，给予表扬与奖励，反之给予批评，以提高施工人员的积极性。

8. 从外部环境上保证

加强与业主及监理工程师的联系，做好与当地政府部门内有关单位的协调工作，取得他们的支持，使工程能顺利进行。

10.1.10　施工平面布置图

本工程的施工平面布置图如图 10.1 所示。

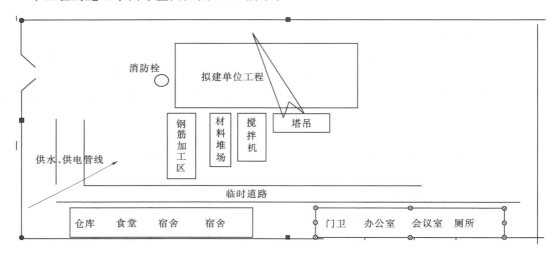

图 10.1　施工总平面图

10.1.11　施工重点和难点及保证措施

综合统一放线测量是保证本工程整体施工质量的管理重点和难点。

测量放线工作作为一个重要施工工序在以往多年的建筑精装修施工中常常没有引起一些施工单位足够的重视，具体表现在两个方面：一是没有进行综合、统一的测量放线；二是测量放线的精确度不高。这两种情况的存在主要是由于施工人员对整体协调作用的认识不够和装修设计的非标准化造成。鉴于本工程施工时有很多其他专业单位也在同步进行施工，因此，为了确保装饰与其他专业单位的统一、协调，如电梯门框定位准确和避免标高偏差，就必然涉及综合、统一测量放线的问题。

为了避免因各专业单位各自测量放线，以满足自身施工的需要，而最终可能造成交接面参差不齐、无法收口，从而影响整体装饰效果，综合、统一的测量放线是本次装修的管理重点。为此我公司特制定如下协调控制措施：

（1）在装饰材料进场后，根据本工程各楼层平面布局和轴线尺寸划分特点，用经纬仪分别测定双向轴线的中线，并将这两条中线确定为室内装饰主控制线，然后以主控制线为基准线，分别测放出各框架柱所在位置主轴线（即设计图纸中所标注的各轴线）。

（2）在吊顶施工前，根据顶棚装饰设计图纸在墙、柱上弹好相应的 50 线或 1m 线，然后各专业安装单位作业均以此为基准线测放出设备、管道安装高度，这样可以避免与吊顶作业产生冲突，防止返工现象的发生。

（3）在墙面装饰施工前，要将墙面各装饰面的分界线以隔墙中心线为基准，投放到各功能空间的四面墙上。

学习情境 10.2　建筑工程进度控制案例

10.2.1　编制依据

（1）《施工监理合同》及《补遗书》。

（2）《施工合同》及《补遗书》。

（3）《施工监理规划》。

（4）经审查批准的施工设计图。

（5）经总监批准的《施工组织设计》。

（6）经总监批准的《施工总进度计划》。

10.2.2　工程进度控制目标

在项目实施前要求各施工承包商根据合同要求编制工程施工总进度计划，年度和月度施工进度计划，审查并督促其实施，及时进行计划进度与实际进度的比较，按月给业主通报工程进度情况，出现偏差时指令承包商进行调整，并督促承包商的资金、机械、材料、人工等及时到位，以保证工程按合同要求工期竣工。

10.2.3　工程进度控制程序

10.2.3.1　工程监理控制程序

项目监理部工程监理控制程序见图 10.2。

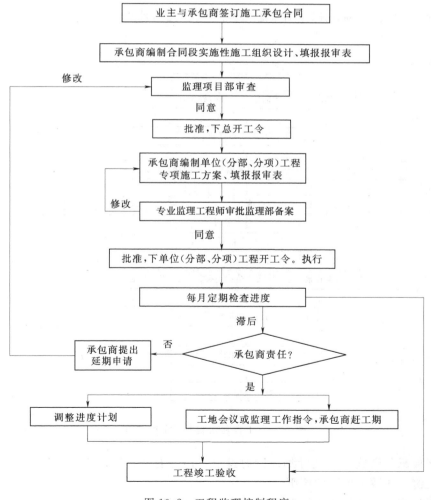

图 10.2　工程监理控制程序

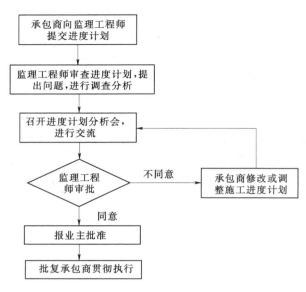

图 10.3 工程施工进度计划监理审批流程图

10.2.3.2 施工进度计划审批流程

项目监理部工程施工进度计划监理审批流程如图 10.3 所示。

10.2.3.3 工程延期监理工作程序

项目监理部工程延期监理工作程序见图 10.4。

10.2.3.4 工程进度控制方法

1. 严格审查承包商的施工组织设计

(1) 建立施工进度计划报审制度，要求施工承包单位编制施工总进度计划、年度进度计划、季度进度计划、月度进度计划，监理工程师依据合同、批准的施工组织设计和工程实际情况，着重对计划的可行性、合理性和延期风险进行评审，防止因进度计划安排不合理造成工期延误。

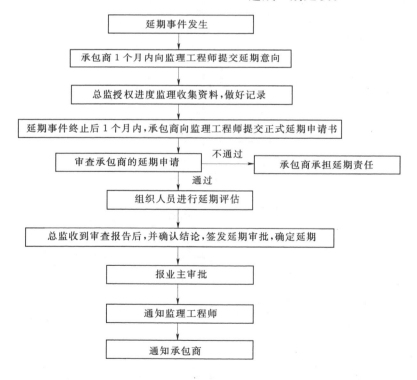

图 10.4 工程延期监理工作程序图

(2) 督促承包商施工进度计划编制时遵照"严守合约、综合平衡、积极可靠、留有余地、确保关键、兼顾一般"的原则。

(3) 在施工进度计划中，提倡采用网络技术、方针目标管理，全面质量管理等现代化企业管理手段。

（4）在施工进度计划审查时，特别重视以下各点：

1）工期安排的合理性。

2）施工准备工作的可靠性。

3）工序之间的合理衔接。

4）施工方法的可靠性以及与承包商施工经验、施工实际水平的适应性。

5）关键线路上人力、设备安排是否妥当。

6）进度计划是否留有余地，计划调节的可能性。

7）人、机、料、法、环之间的协调性。

（5）在工程施工进入高峰期后，要求施工单位编排不同工种之间的穿插配合工作计划、材料供应和施工机械准备计划，避免因工、料、机配合脱节造成工期拖延；对同时交叉施工较多、施工单位多的施工段，要求承包单位编制专门的协调组织方案。

2. 检查、督促工程进度计划的落实

（1）监理部经常性地组织检查承包单位总计划分解的落实情况，检查日进度安排的完成情况。

（2）监理工程师督促承包商定期对每天进度计划的完成情况进行自查，如进度与计划不符，与承包商一起分析原因，采取措施。在工程进度计划实施后，及时跟进并收集工程实际进展情况，包括工作的开始时间、完成时间、持续时间、逻辑关系、实物工程量和工作量，以及工作时差的利用情况等，从中了解到施工过程中影响进度的潜在问题，以便及时采取相应的措施加以预防和防止偏差、纠正偏差。

（3）对工程进度采用动态管理方法，在工程实际进度与计划进度出现偏差时，及时督促承包商对进度计划进行适当调整。并采取相应措施确保工期目标的实现，调整后计划应符合工程现场的实际，并满足合同工期的要求。调整后的计划和拟采取的措施由监理工程师审批。

（4）对工程进度计划的检查、调整通过工地会议进行，必要时召开专题协调会议，下达监理指令等形式进行。

（5）对工程进度计划审核发现不合理部分，监理工程师要求承包商进行调整，特别是调整关键工序上的施工安排，增加人力、物力，确保整个工程进度计划的实施。

（6）监理部对工程进度计划检查落实情况，调整情况，拟采用措施情况及时通报业主。

3. 工地会议制度

（1）通过工地每周一次的协调会和不定期的专项协调会议，听取建设各方工作进展情况和需要协调解决的事项，一般性问题于会中给予协调解决，对复杂的问题与会后专门召集相关人员召开专题协调会解决。

（2）通过各种协调会议，监理人员协助承包单位优化进度计划安排，对施工过程中遇到的难题出谋献策协同解决，特别是协助解决好外部关系协调、施工区段间的协调、施工作业面间的协调、施工单位间的协调、设计供图协调等，为承包单位创造一个良好的施工环境。

4. 建立工程进度控制信息档案

（1）监理部设专人进行工程进度控制信息档案的管理。

（2）除采用传统形象进度图、直方图等直观图表进行工程进度管理外，我工程项目监理部均采用计算机技术对工程进度进行信息处理分析。

5. 对影响进度的各种因素进行控制，确保合同工期如期实现

（1）在工程进度控制上，监理部密切注意实际施工中影响进度的诸多因素，对影响进度的原因组织分析会，属于内部原因造成的，督促承包商采取措施改进，确保合同工期的如期实现。

（2）如工程进度滞后是由第三方原因造成而可以通过协调处理解决的，监理工程师积极进行协调，排除干扰因素，促进工程进度顺利进展。

（3）如工程进度滞后的原因，非协调可以解决的，且又符合合同规定的工程延期条件的，可由承包商按规定提出工期延期报告，由监理审查属实后，报业主批准后执行。

10.2.3.5 工程进度控制措施

1. 组织措施

（1）针对本工程所处地理位置，我监理项目部将由总监直接负责内部和外部的统一协调指挥，并将进度监控目标层层分解、层层落实到每一个岗位每一个人。

（2）审查施工单位投入本工程的作业人员构成是否满足本工程进度的要求。

（3）要求施工承包单位每月月底向监理机构申报下月进度实施计划；根据工期要求和实际施工进度情况，研究是否需要施工单位增加作业人数，增加工作班次等；以及组织开展各施工单位之间开展劳动竞赛等。

（4）检查施工阶段材料、设备的规格、数量，劳动力、机械、各类周转材料投入情况是否满足工程进度的要求。

（5）改善工程外部配合条件，加强监理单位和施工单位的配合，加强和业主的联系等。

（6）定期召开与本工程有关的工程各方参加的工程进度计划协调例会，听取工程进度问题汇报，对其中有关进度问题提出监理意见。在施工高峰期，工序交接频繁、矛盾较多的情况下，每日召开碰头协调会议及时解决。

2. 经济措施

（1）监理工程师对工程进度实行包干管理与奖励挂钩。

（2）确保建设资金的及时到位用于本工程中；为了防止备料款或进度款挪为他用，要求承包单位提交"每月资金运用与计划表"。

（3）延误工期的制约：

1）停止付款：直至赶工达到进度要求后，才支付进度款。

2）误期损失赔偿：对工期损失进行经济惩罚。

3）终止对施工单位的使用：工期延误严重滞后，多次督促仍无改进，工期计划不落实，建议业主更换施工单位。

（4）鼓励承包单位采用有利于进度的新工艺、新技术和优化设计、施工方案，如能为业主节约投资、保证质量和减少工期，请示业主采取奖励措施。

3. 技术措施

（1）加强监理部在工程管理中的技术管理力量，认真研究施工招投标文件和设计文件有关技术资料，向业主技术部门及设计部门提出合理化建议。

（2）建立进度计划报审制度，监督进度计划的落实实施，工程实际进度与计划进度不

符，监理工程师要求施工单位修改进度计划，并作出保证工程按期竣工而采取的加快工程进度的措施。

（3）如工程进度滞后的原因，非协调可以解决的，且又符合合同规定的工程延期条件的，由承包商按规定提出工期延期报告，由监理审查属实后，报业主批准后执行。

（4）批准延期，不是由施工单位自身原因而是由施工单位以外的原因，监理工程师根据合同条件，批准工期的延长，涉及经济损失必须征得建设单位同意，方可批准。

（5）督促承包商优化施工组织，实行平行、立体交叉作业。

（6）鼓励承包商采用新技术、新工艺、新材料，缩短工艺时间，减少工艺环节等。

（7）根据承包商施工总进度计划的要求，督促工程材料与设备及时订货、进场。

4．合同措施

（1）对施工合同有关条款执行情况分析、纠偏、修改补充。

（2）及时办理工程计量和进度款制度的审查签证，对已完合格工程量进行核实，签发进度款付款凭证，以保证承包单位的后续施工费用。

（3）落实由业主负责供应的材料、物资按计划供应。

（4）谨慎处理现场变更、协助审查和控制设计变更。

（5）严格合同条款的执行和协调处理有关索赔事项；审批进度拖延，正确处理工期延误。若根据合同确认造成拖延的原因不属承包方原因亦非承包单位应承担风险，报请业主审批。

10.2.3.6　工程进度控制的针对性措施

本工程中土方填筑工程工作量大，同时隧道工程施工难度大、工作面集中、工序复杂、外部影响因素多，内、外部协调工作量大，进度控制任务艰巨。为此必须统筹规划、统一协调，通过计划、组织、协调与调整等科学的控制方法、严格的管理制度、完善的监控措施，确保进度目标的实现。为此，监理项目部将从以下几方面采取针对性措施。

1．加强组织保证，建立进度计划报审及进度检查制度

（1）在项目监理部的组建上充分考虑到这一点，选派一些长期从事市政建设、业务熟悉、协调能力强的同志来参与本工程的施工监理工作，针对本工程中项目专业性很强的特点，调派富有施工经验、责任心强的技术专才，充实监理部技术力量，加强技术管理，提供超前技术服务，强化项目部的值班制度，确保施工现场 24 小时有专业监理人员及时协调解决现场发生的问题。在项目管理中由总监负责内部和外部的统一协调指挥，并将进度监控目标层层分解、层层落实到每一个岗位每一个人。

（2）督促承包商根据确定的施工工艺配备足够的机械设备，配备数量多、技术强、经验丰富的技术人员，督促和检查参战施工单位管理人员到位情况，特别是督促各施工单位的项目经理必须到位，亲临一线指挥作战。

（3）认真审核施工组织设计、施工方案、施工进度计划及年、季、月、周动态计划；劳动力、材料、构配件、机具设备等资源配备计划是否能保证进度计划的需要，供应是否均衡，高峰期是否有能力实现供应计划。

（4）对进度计划实施过程的跟踪监理：监理人员每日除监理日常工作外加强巡视检查工序、部位的实际完成情况，做好工程施工进度记录，及时检查施工承包单位报送的进度报表，并对已完部位工程的时间和工程量根据计划网络和周进度计划报表进行核实。

2．加强对外的协调工作

（1）监理项目部由总监负责内部和外部的统一协调指挥，并将进度监控目标层层分解、层层落实到每一个岗位每一个人，各驻段监理组负责人均安排组织协调能力强的同志担任。

（2）针对本工程的图纸尚不全的状况，积极与设计方进行协调，要求尽快提供施工图纸，避免施工过程等图纸的现象。

（3）监理部积极发挥作为中间人的协调作用，积极、主动参与与当地政府、管线单位及村民的沟通，同时督促承包商在施工过程中注意保护当地农田水利设施及管线，避免冲突事件的发生。

3．积极参与征地拆迁工作

本工程拆迁、征地难度大，因此征地、拆迁的控制是本工程进度控制的一个重点。

（1）在项目实施前期工作中，我监理项目部将安排一两名熟悉征地、拆迁工作的同志配合征地、拆迁部门开展工作。

（2）在项目实施过程中，对出现的建筑物拆迁、管线迁移等积极与各方进行沟通，确保征地、拆迁工作不影响施工进度及工期安排，避免由于拆迁滞后导致工期拖延造成损失或发生索赔。

4．缩短施工准备期，尽早进入实际施工

监理部积极配合并督促承包商缩短施工准备期，特别是弃土场的落实、隧道施工机械的准备工作将严格按照计划落实；同时监理部配合承包商办理各类报批手续，尽早进入实际施工。要求施工单位备足施工应急发电设备，确保工程进展不受停电及天气影响。

督促施工方做好材料、辅助材料及机械设备的供应准备情况；结构用混凝土采用商品混凝土，混凝土浇筑采用输送泵泵送以加快施工进度。

5．雨季施工、夜间施工控制

（1）在雨季施工措施中督促承包商在施工组织和准备中充分考虑周全：如在基坑边和基底设置排水沟，完善各种施工工艺，保证施工进度和施工质量。

（2）认真审查承包商的工序安排合理性，避免一些在雨季施工困难的工序安排在雨季阶段施工，保证在雨季阶段的施工正常。

（3）连续作业工序和施工高潮期间将会有夜间施工，因此督促承包商采取有效的措施和施工组织，提供充足的应急发电设备，确保夜间施工的顺利进行。

（4）在雨季过后，从工程进度安排上将进入工程施工生产的高潮，施工高潮期间工程的各种投入相应增大，施工管理和组织难度也相应增加，项目监理部督促承包商制订相应的组织和管理措施计划，确立高潮期间赶工生产目标计划，保证工程施工的顺利进行。

6．充分利用网络技术，搞好工程的统筹、网络计划工作

（1）项目监理部建立施工作业计划体系和监理计划监督体系。在开工日期确定后，要求承包单位按工期要求提交完善的施工进度网络计划，并审查其计划的合理性。制定周密的网络计划，抓住关键线路，突出重点难点，抓好各工序的施工保障工作，缩短工序转换和工序衔接时间，提高施工速度；对施工计划实行动态管理，及时进行信息反馈，不断对实际进度与计划相比较，找差距，找原因，及时调整。同时，进度计划安排充分考虑现场的各种因素，进度安排留有余地。

（2）协调各施工阶段、各施工单位的衔接工序安排，对有条件施工的位置督促施工方尽

快组织施工，合理安排各单位的施工进度。及时掌握工程多方面的信息和统计资料，利用计算机对进度资料和数据进行整理和分析，并与计划进行比较，找出实际进度与计划的偏差及产生的原因，并研究对策，提出纠偏措施。

（3）在现有场地环境下各环节交叉作业不可避免，督促各承包商按照"多点施工，齐头并进"的方式组织施工，监理部将积极组织对各分部工程的审核验收。

7. 通过计算机软件分析评价承包商的实际施工进度

在本工程中我们拟采用网络计划技术控制法，及横道图和工程进度曲线，对工程进度进行控制分析。

（1）首先监理工程师要求施工单位制定网络计划，通过网络计划检查，不但能了解各个工序施工时间的延长或缩短，而且能明确关键线路有无改变，从而可以确定应该采取怎样的措施，抓住哪些主要环节，以便对那些影响进度的因素及时、预先消除。并在相应的施工项目完成后在我方制定的进度网络图上记下实际的施工时间，在实际的施工中不断调整；严格按照承包合同工期完成施工。

（2）对照施工进度计划，分析评价承包商的实际施工进度；协助承包商查找原因，并督促其制订科学、合理的赶工措施报监理审批，该措施在确保质量和施工安全的前提下实施。通过施工进度网络图筛选出对总目标影响较大的分部、分项工程，并找出其他工作完成与否对其构成影响与制约。

（3）具体的检查方法及措施：

1）关键线路的施工时间比计划增加：要求施工单位采取加快进度的措施才能保证整体工程进度与计划进度一致。

2）关键线路的施工时间比计划缩短：对工期有利，但应根据需要和业主协商有无提前完成的必要，在此基础上可要求提高工程质量。

3）非关键线路局部时间比计划增加：一般情况有可调余地。对整体进度不会影响，但不得超出该线路的所有时间，否则将影响总进度。

8. 对各种影响因素进行控制，确保合同工期实现

（1）在工程进度控制上，监理部密切注意实际施工中影响进度的诸多因素，对影响进度的原因组织分析会，属于内部原因造成的，督促承包商采取措施改进，确保合同工期的如期实现。

（2）如工程进度滞后是由第三方原因造成而可以通过协调处理解决的，监理工程师积极进行协调，排除干扰因素，促进工程进度顺利进展。

（3）如工程进度滞后的原因，非协调可以解决的，且又符合合同规定的工程延期条件的，可由承包商按规定提出工期延期报告，由监理审查属实后，报业主批准后执行。

9. 推广新技术、新工艺

（1）积极配合施工单位推广高效能的施工机械和成熟实用的新技术、新工艺，提高施工效率。督促承包商根据工程实际情况，不断优化完善各项施工方法，重点加大几个关键分项施工的方案研究，以加快施工进度，项目监理部对施工全线合理安排和调整施工工序，将施工过程中影响施工进度的不利因素降低，加快进度。

（2）认真研究施工招投标文件和设计文件有关技术资料，为业主技术部门及设计部门提出合理化建议。

10. 加强物资供应管理，确保物资供应满足施工需要

（1）在项目开工前，督促承包商编制详细的原材料采购、供货计划，督促承包商及早确定供货渠道，对需求数量较大的建筑材料与相关厂家建立供货关系，在确保所采购的材料具有稳定可靠质量的前提下保证供货数量满足施工进度的需求。

（2）加强对承包商资金使用情况的监督，确保建设方的进度款用于本工程的建设，满足建设物资的采购。

（3）对所有进场材料的审查、送检我监理项目部开通快速办理程序，对所进场材料我监理项目部保证 24 小时全天候进行跟进，决不允许出现由于我监理项目部的原因导致进场材料的审查、送检滞后而导致工期拖延。

11. 定期召开进度协调会

（1）项目监理部定期召开进度汇报及协调会，对进度拖后的项目组织分析会，督促承包商采取措施加快进度，如承包商项目经理部无能力解决，及时将有关问题向业主及承包商上级主管部门反映。在施工高峰期，工序交接频繁、矛盾较多的情况下，每日召开碰头协调会议及时解决。

（2）对影响进度的关键项目要求承包商每日提交进度报表。

12. 资金保证

按月进行计量支付的审核工作，积极配合业主确保建设资金的及时到位。监督承包商资金运作情况，防止备料款或进度款挪作他用；并及时将相关情况汇报业主。

学习情境 10.3　道路工程施工组织设计案例

10.3.1　工程概况

10.3.1.1　工程概况

某高速公路起点位于××县××村，顺接规划的某高速公路，全长 45.961km。本合同段起讫桩号为 K37＋000～K43＋560，全长 6.56km。路线沿王卫大堰及其上游的水库布设，后在 K38＋500 跨越××市规划区东城大道，又跨越 S215，在 S215 南侧预留互通立交桥，八里亭互通立交建设条件，沿山体布设至 K41＋400，后又在两山间的沟谷布设直至 K43＋560；平曲线最小半径 2700m，最大纵坡 2.97%。

全线采用高速公路标准建设，全封闭、全立交，设计时速 120km/h。其中：K39＋975.141～K43＋963.865 段与规划的扬州至绩溪高速公路共线，采用双向六车道，路基宽 34.5m；其余路段均为双向四车道，路基宽 28m。全线桥涵设计汽车荷载等级采用公路 I 级，路面面层类型为沥青混凝土。

建设单位：×××省高速公路控股集团有限公司。

设计单位：××交通规划设计研究院。

监理单位：××工程监理有限公司。

10.3.1.2　地形、地质条件及水文、气象条件

本项目处于皖南山区与沿江平原，西南部及东南部地势较高，中部和北部为丘陵和平原。微地貌单元可分为河漫滩、一级阶地、二级阶地、岗地、低丘、高丘六个微地貌形态类型。本合同段位于低丘地貌。本项目区属北亚热带湿润季风性气候区，具有以下特点：季风

明显，四季分明；光温同步；雨热同季；气候湿润，雨量充沛：全区年平均温度为 15.7～15.9℃，年降水量在 1200～1300mm 之间；梅雨显著，夏雨集中，平均梅雨量 200～350mm，一般约占全年雨量的四分之一。夏雨集中是季风气候的特征之一，一般夏季降水500～600mm，占全年降水量的 40％左右。

10.3.1.3 水、电力、交通及通信条件

本标段工程位于山岭丘陵区，用水基本能满足施工要求；施工用电采用接地方用电干线（需经地方电力部门批准），辅以自发电；进场道路条件一般，主要有东城大道和 S215，路线在 K38＋500 处与东城大道斜交，该市政道路状况良好，可作为施工运输的主要道路，与后期的施工便道形成施工运输网络；另外，从 S215 经施工便道可进入路基，经 K37＋150处村村通（为 3.5m 宽的泥结碎石路面）能够到达本标段的五高路大桥。该地区通信网络发达，通信条件良好。

本合同段根据路线走向及路基实际的地形、水系特点，施工便道 K37＋000 至 K38＋600沿路基右侧布设，可由 K38＋530 处路基与东城大道的交叉处进入。在 K37＋025、K37＋150、K37＋430、K37＋922、K38＋005 及 K38＋520 等路基涵洞通道的便道处，分别埋设圆管涵，圆管涵直径为 1.5m，涵洞两侧用砌石进行防护。

10.3.1.4 工程重点及难点

（1）本标段填挖结合部较多，结合部的处理是路基施工控制的一个重点。

（2）本标段高边坡共计 4 处，共计 903m，分别为 K37＋680～K37＋910 左侧、K38＋020～K38＋300 右侧、K40＋610～K40＋900 右侧、K43＋187～K43＋290 左侧，其中 K43＋187～K43＋290 左侧最大边坡高度达 29m，施工难度大，填挖结合处的台阶衔接及高边坡开挖及防护是本项工程的关键。

（3）本标段的桥梁工程施工是影响本项目总体工期、质量的主要因素，桥梁工程施工作为本工程的重点。

10.3.2 施工组织机构及职责分工

项目经理部的项目领导层设项目经理 1 人、项目总工 1 人、项目副经理 3 人、项目书记1 人；项目部驻地设在 K38＋500 路基右侧与××市东城大道交叉处，距 S215 省道 91km 处约 500m；下设"六部二室"的项目职能管理层，即工程技术部、安全环保部、物资设备部、综合管理部、计划合同部、财务部、中心试验室、总工程师室，"六区一站一场"的项目施工作业层，即六区：路基一工区、路基二工区、路基三工区及桥梁一工区、桥梁二工区、桥梁三工区，每个路基工区设土方施工、石方爆破施工、涵洞施工及防护排水综合施工队。由此形成作业工区管点，职能部室管线，项目班子管面的点线面立体管理格局，横向到边，纵向到底，不留管理死角。施工组织机构见图 10.5 所示。

10.3.3 施工总体部署

10.3.3.1 施工总平面布置

本标段平面布置遵循设计图纸和现场实际情况要求，因地制宜，有利生产，方便生活，易于管理，经济合理并符合文明施工的原则，考虑沿线工程量的分配、施工区段的划分，结合现有进场道路，依据交通便利要求进行布置。

项目部位于 K38＋500 路基右侧，此处紧邻开发区大道及 215 省道，交通便利。项目办公用房 24 间，建筑面积为 480m²；停车场面积为 670m²；会议室面积为 100m²；档案资料

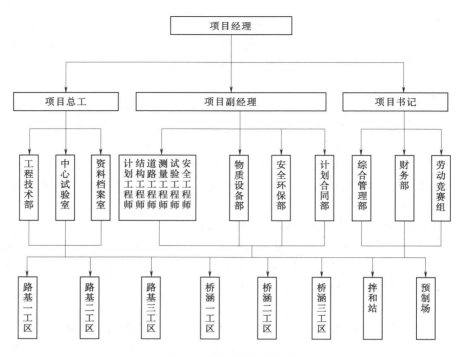

图 10.5　施工机构组织图

室面积为 20m², 内设资料架, 保持通风干燥、配有灭火器; 试验室分为办公室、化学室、土工室、集料室、力学室、水泥室、混凝土室及标准养护室各 1 间, 建筑面积为 160m²; 活动室 1 间, 并配备相应的健身器材和娱乐设施; 篮球场 1 处; 办公区及生活区内砌筑花池进行绿化。宿舍区内有宿舍 24 间, 建筑面积 580m²; 食堂及餐厅建筑面积 90m²; 男、女浴室及洗衣间建筑面积 70m²。项目经理部内场地进行硬化处理, 部分绿化, 排水设施完善, 区内标志牌醒目、简洁、美观并排列有序。项目部平面布置图如图 10.6 所示。

10.3.3.2　人员、设备、材料组织动员周期

1. 人员

根据本合同段的工程量和工程特点, 我公司选派精明强干的项目经理, 选聘懂技术、懂业务、懂管理的各类业务、技术人员, 选择精干的施工队伍, 建立有效的施工组织机构, 保质保量地完成好本合同段工程的施工任务。

项目经理部人员构成如下。

项目经理: 1 人; 项目总工程师: 1 人; 工程技术部: 12 人; 合同计划部: 2 人; 物资设备部: 4 人; 安全环保部: 4 人; 综合管理部: 2 人; 试验室: 10 人。

2. 设备

根据本合同段的施工任务和有效施工工期, 以高标准高质量配足、配齐与本工程特点相适应的机械设备。所需设备全为自有, 对于自有设备, 统一维修; 及时对机械设备操作手进行培训, 使机械设备操作手熟悉本机的构造、性能及保养规程, 做到"三懂四会", 即懂原理、懂性能、懂用途, 会操作、会保养、会检查、会排除常见故障。所有主要机械设备于 2010 年 3 月 15 日前进场结束, 同时建立机械设备操作手的岗位责任制。

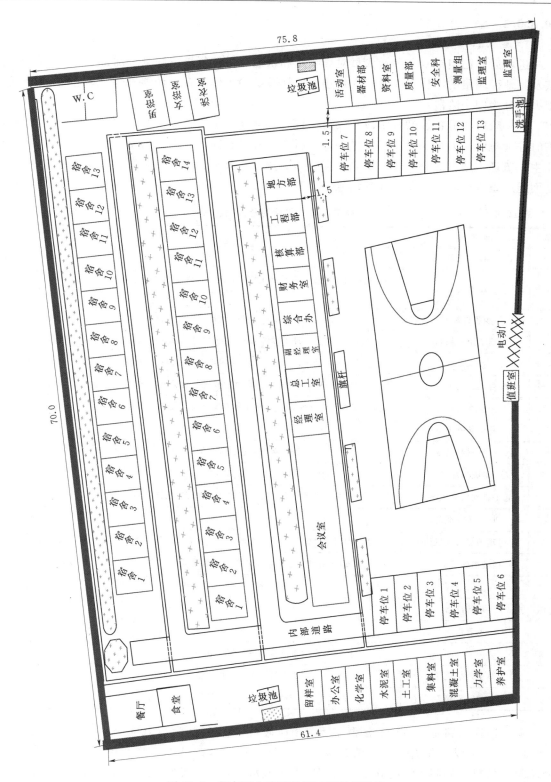

图 10.6 某高速公路路基施工平面布置图

10.3.3.3　施工总体安排

1. 施工总体安排

进场后，已组织专业测量人员对导线点和水准点进行复核、联测、加密，征地边线的复核及原地面测量的工作正在进行；料场的取样及试验工作正在有计划进行。本合同段工程施工大致分为四个阶段：

第一阶段（筹备、磨合阶段）：起讫时间为 2010 年 1 月 8 日—4 月 20 日，主要工作有：临时驻地建设，人员、设备组织进场，材料选定并签合同，开工前试验、测量技术准备及与业主、监理、地方关系沟通、协调，拌和站的选点及筹建、设备安装调试，便道修筑，具备全面施工条件。施工准备工作计划分工见表 10.6。

表 10.6　　　　　　　　　　施工准备工作计划分工职责表

序号	准备项目	简　明　内　容	负责人
一	技术准备		项目总工
1	图纸会审	建立会审制度，审阅施工图是否规范，发现图纸问题，了解设计意图	项目总工
2	施工组织设计编制、审批	编制施工组织设计，按公司规定上报审批	项目总工
3	施工预算编制	计算工程量，提供详细人工、材料、机械需用计划	核算员
4	技术培训	对运用场内机动车辆、电工、焊工等特殊工种进行上岗培训	项目副经理
5	配合比、土工试验	对现场配合比进行设计试配，提供配合比，提供土工试验数据	试验员
6	技术交底	施工组织设计交底，各分部分项工程交底以及新工艺交底	项目总工
二	物资条件准备		
1	组织材料进场	对各种供材进行验收、试验	材料员、试验员
2	半成品加工	附属件加工	施工员
3	施工机械保养和维修	组织设备进场、安装，对易损件订货采购	设备员
三	施工组织准备		项目经理
1	组建项目管理机构	建立项目部，配备各岗位管理人员，建立健全组织体系	项目经理
2	调整组建劳动力	组织劳动力进场，主要工种要满足施工需要	项目副经理
3	签订合同	签订与业主的合同、与作业班组的合同	项目经理
四	现场准备		
1	场容清理		项目副经理
2	"三通一平"	按总平面图布设施工用水管、电路和施工便道	项目副经理
3	测量定位放线	标高、轴线交接，布设高程、轴线控制桩	项目总工
4	临时设施	按总平面图布置生产、生活用房和材料堆场	项目副经理

第二阶段（路基、桥梁、涵洞工程大干阶段）：起讫时间为 2010 年 4 月 20 日至 2011 年 6 月 31 日，主要工作有：全线清理现场、清淤换填、基础处理、路基挖方（含石方爆破）及填筑、桥梁、涵洞等同时施工，按工序平行流水、立体交叉作业，全线呈现出大干局面。

第三阶段（冲刺阶段）：起讫时间为 2010 年 7 月 1 日至 2011 年 10 月 15 日，主要工作有：全线剩余填方的填筑及多余土方的挖弃、桥面系、防护与排水及其他工程施工，平行流水、立体交叉作业，全线形成工程收尾前冲刺阶段；

第四阶段（收尾、竣工阶段）：起迄时间为 2011 年 10 月 16 日—11 月 25 日，主要工作有：现场收尾，零星工程施工、质量检查及验收，竣工资料整理，人、机、材撤场等。

施工进度计划横道图如图 10.7 所示，网络图如图 10.8 所示。

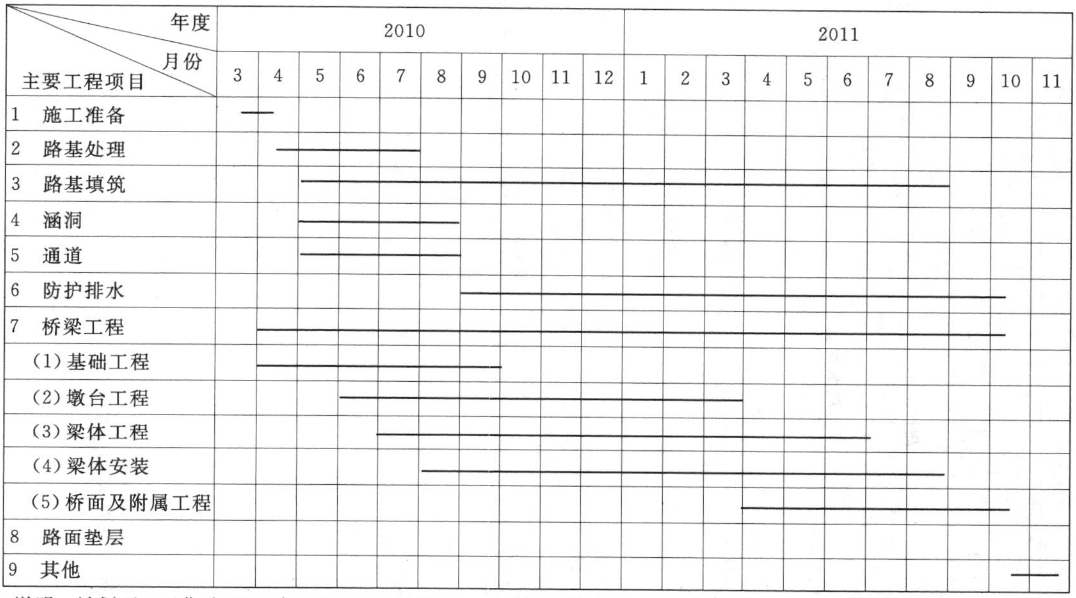

年度		2010										2011										
主要工程项目	月份	3	4	5	6	7	8	9	10	11	12	1	2	3	4	5	6	7	8	9	10	11
1 施工准备		─																				
2 路基处理			────																			
3 路基填筑				─────																		
4 涵洞																						
5 通道				────────																		
6 防护排水							────────────────															
7 桥梁工程																						
（1）基础工程				────────																		
（2）墩台工程					────────────────																	
（3）梁体工程					────────────																	
（4）梁体安装																						
（5）桥面及附属工程														────────────								
8 路面垫层																						
9 其他																					──	

说明：计划开工日期为 2010 年 3 月 26 日（暂定），计划竣工日期为 2011 年 11 月 25 日（暂定），工期为 20 月。

图 10.7　施工进度计划横道图

2. 路基施工方法

（1）路基施工采用机械化施工。路基填筑严格按施工规范进行，施工时按就地取土填筑、短距离运土填筑、远距离运土填筑及就地弃土及短距离弃土等原则予以配置。填筑采用水平分层填筑法施工，路基填筑采用推土机整平辅以人工配合、振动压路机压实。

（2）填石路堤是山区公路路基的重要结构形式，施工中选用较大功率的振动压实机具，并在施工前进行现场试验，确定能使填石路堤达到最大密实度的施工参数，据此作为填石路堤的质量控制标准，并在施工中依照《公路路基施工技术规范》（JTG F10—2016）严格遵照执行。

（3）结构物台背填筑施工中配备大于 1t 的小型振动压路机和冲击夯，并保证至路床底80cm 内均要达到 96％以上。

（4）路堑开挖先将不适用的表植土进行清除，而后按自上而下逐级开挖的原则进行开挖，土方路堑采用横挖法或纵挖法方式进行，边坡采用挖掘机和人工分层修刮平整；石方开挖时对软石和强风化岩石能用机械直接开挖的均采用机械开挖，凡不能使用机械直接开挖的石方则采用爆破法进行开挖。石方段爆破时严格控制药量，采用中小型爆破法施工，先靠近边坡开挖时采用光面爆破或预裂爆破。

（5）施工中加强管理协调工作，合理安排工序，做到有机统一。加强技术工作，专业技

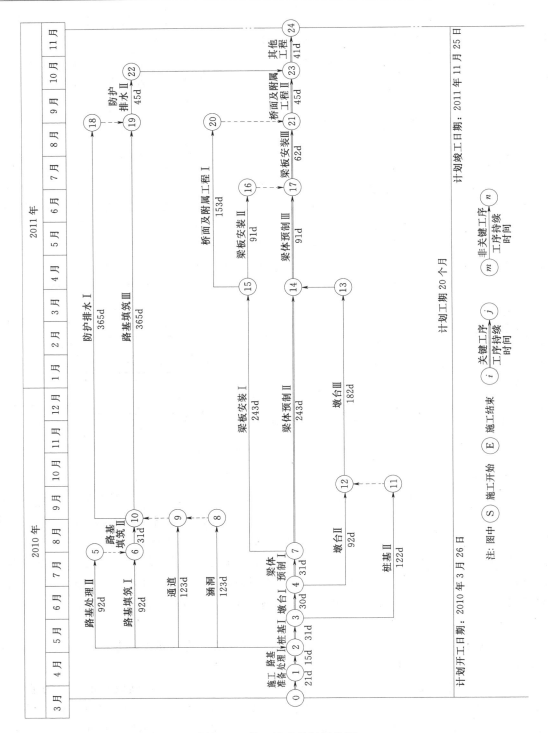

图 10.8 施工进度计划网络图

术人员现场指导施工，及时发现、解决问题。强调安全管理工作，严格控制危险物品；安全员跟班作业，加强巡查，做好高边坡的观测工作，尤其注意爆破施工的安全防范，使整个工程建设顺利进行。

10.3.4　主要工程项目施工方案、施工方法

10.3.4.1　工程测量

本工程测量专门设置测量组，归工程技术部管理，配备 1 名专业测量工程师，2 名长期从事公路测量的助理工程师，4 名测量员，负责本合同工程的施工控制测量、放样及相关技术资料的整编工作。

10.3.4.2　路基工程施工

本标段路基工程主要数量：挖土石方 91.07 万 m^3，土石方填筑 93.05 万 m^3。施工时分成三个工区，各工区投入相应施工力量，均衡生产，在项目部统一指挥下，各自开展工作面，同时施工；每个区段根据流水作业形成若干施工流水面，每流水面长度以桥涵为界，按大约 200m 左右的施工段组织施工。施工时按就地取料填筑、短距离运料填筑、远距离运料填筑及就地弃料及短距离弃料等原则予以配置。路基施工前将地表腐殖土、草皮、树根等不合格料清除干净，填方地段在清表完成后将其整平压实到规定的要求再进行填方作业，填筑采用水平分层填筑法施工，路基填筑采用推土机整平辅以平地机、人工配合、光轮、振动压路机压实。

1. 路基放样

路基开工前我单位将先进行路基复测工作，其内容包括导线、中线、水准点复测、横断面检查与补勘、增设水准点等，施工测量的精度按交通部颁布的《公路路线勘测规程》的要求进行。

路基施工前，根据恢复的路线中桩、设计图表、施工工艺和有关规定钉出路基用地界桩和路堤坡脚、路堑堑顶、边沟等具体位置桩，并在距路中心一定安全距离处设立控制桩，其间隔不宜大于 50m。桩上标明桩号与路中填挖高。用（＋）表示填方，用（－）表示挖方。在放完边桩后，进行边坡放样，测定其标高及宽度，以控制边坡的大小。并在边桩处设立明显的填挖标志，在施工中发现桩被碰倒或丢失时及时对其补上。

2. 挖方路基施工

（1）土方开挖。土方开挖采用挖掘机开挖作业，开挖时采用横挖法或纵挖法自上而下分台阶进行，在部分路段可采用混合式开挖法。开挖时每层台阶控制在 2～3m 以内，并在台阶面设置 2‰纵横坡以避免雨季积水。当运距在 100m 以内时，直接采用推土机推运或装载机挖运。运距在 100m 以外时用挖掘机和装载机配合自卸汽车施工。对于零星土方可用推土机推土堆积再用装载机或挖掘机配合自卸汽车运土。在施工中要根据边坡桩及时刷坡，避免超欠挖。

（2）石方开挖。对于软石和强风化岩石，能用机械直接开挖的均采用挖掘机开挖，凡不能使用机械开挖的则采取爆破法开挖。石方爆破前先对地下物和空中物以及周围建筑物进行调查，对地下物和空中物要拆迁的及时上报监理、业主，调查后制定爆破方案以确保安全。爆破选用中小炮爆破并采取风钻或潜孔钻打孔，对开挖风化较严重、节理发育或岩层产状对边坡稳定不利的石方采用小型排炮微差爆破，在距离设计坡面 1～2m 时应采用光面或预裂爆破。钻孔时孔向采用与坡面线的角度一致。在施爆可能影响建筑物地基时，在开挖层边界设计坡面打预裂爆破孔，孔深同炮孔深度，孔内不装炸药和其他爆破材料，孔的距离不大于炮孔纵向间距的 1/2。在无法保证建筑物安全时，我单位将报请监理、设计、业主变更审批

采用控制爆破或人工开凿方式进行。

（3）填方路基施工。路基填筑时，我单位根据设计断面，分层填筑、分层压实，采用自卸汽车（远距）和推土机运土，推土机摊铺，光轮和振动压路机压实。路基填筑采用水平分层填筑法施工，即按照横断面全宽分成水平层次逐层向上填筑。按照系统分析的原则，将整个土石方填筑过程划分为三阶段、四区段、八流程，有序、标准地进行作业，充分发挥大型机械设备的效率，合理地利用空间和时间。采用灌砂法进行压实度监控检测，对路基施工的基底处理及不同填料条件下分层填筑的路基密实度进行全面测试控制，保证路基密实度满足设计要求。利用方和借土填方同时进行时，严禁混合填筑，需要分开区段和分层施工。

1）施工程序。土石方填筑的工艺标准程序为三阶段、四区段、八流程。

三阶段为：准备阶段→施工阶段→竣工阶段。

四区段为：填筑区→整平区→碾压区→检验区。

八流程为：施工准备→基底处理→分层填筑→摊铺整平→洒水或晾晒→机械碾压→检验签证→路堤整修。

2）路基填筑。填筑前按《公路路基施工技术规范》（JTG F10—2006）及设计要求，施工前对道路范围内的垃圾、杂填土进行彻底清除，清除的垃圾、杂填土用汽车运至弃土场内堆放。场地清理完毕后，进行整平碾压，使其密实度达到规定的要求（≥90％）。然后按路基填筑程序进行填筑施工。路堤填料运距在 100m 以内时，以推土机作业为主，100m 以外用挖掘机、装载机配自卸汽车运输。

每层填筑前，在两侧先填筑按预定的厚度的土路埂，以控制每层填筑厚度。

路堤填土宽度每侧比填层设计宽度大 30cm，确保压实宽度不小于设计宽度，填筑到位后进行边坡防护土。

路基填筑采用水平分层填筑法施工。即按照水平层次逐层向上填筑，土料松铺厚度不大于 30cm，石料松铺厚度不大于 50cm。当原地面不平时，从最低处分层填起，每填一层，经过压实符合规定要求后再填上一层。在原地面纵坡大于 12％的地段，采用纵向分层法施工，沿纵坡分层，逐层填压密实。在地面横坡陡于 1：5 的路段，填筑前将原地面挖成宽度不小于 2m 的台阶，台阶作成内倾 4％的坡度。

路基填筑采用自卸汽车将填料运输到所需的场地，按一定间距进行卸料。以免堆土间距太密导致填土厚度超过要求。

整平工艺采用推土机推平辅以平地机或人工方式进行。推土机在已堆好土的区域进行推平，推平过程中要做到工作面形成 1.5％左右的横坡，以确保压实后该层面不积水；推土机推平后，用平地机或人工将其填筑面凹凸不平处挖填整平。整平后进行碾压。

压实采用振动压路机进行碾压。碾压时，第一遍先不开振动静压，以保证填土表面平整度，然后先慢后快，由弱振至强振。碾压时直线段压路机由两边向中间、曲线段由内侧向外侧，纵向进退式进行。压路机行驶最大速度不宜超过 4km/h。压实中，横向重叠 0.4～0.5m，纵向重叠 1.0～1.5m，使之达到无漏压、无死角，确保碾压均匀。振动碾压后采用光轮再一次碾压。为了消除工后沉降，按填筑的规定厚度进行冲击碾压补强处理。

作业段交接处的填筑，不在同一时间填筑时，先填地段按 1：1 坡度分层留台阶；若两地段同时填，则要分层相互交叠衔接，其搭接长度要大于 2m。

路堤填筑至路床顶面时，路床顶面以下 30cm 范围内的填料最大粒径要控制在 15cm 以内；最后一层的最小压实厚度要大于 8cm，以免起皮剥离，影响路面基层质量。

路堤填高达到设计高程，检测合格后，恢复中线，测设路基面边线，按照设计坡度进行挂线整修边坡。边坡整修由人工作业，严禁超挖后补土，保证边坡密实。

在填方和挖方结合部的纵向按设计要求设置过渡段，过渡段设在挖方内，在路槽底反挖 0.4～0.8m，然后与填方一起分层填筑分层碾压，达到要求的密实度；在填方和挖方结合部的横向按设计要求加强结合部之间的整体性，在填方的边坡上挖成宽 2m 阶面呈 4% 向内倾斜的台阶，在挖填方的交界处设置盲沟，在挖方路基路槽下挖深 0.4～0.8m，然后与填方段一起分层填筑，分层碾压，达到要求的密度。

3）路基施工的质量安全措施：

加强现场施工人员的质量安全教育。

加大碾压前含水量检测频率，确保碾压一次性合格。

严格按《公路土工试验规程》（JTG E40—2007）的要求进行取样操作、试验。

路基两侧各加宽 50cm，确保边坡处压实合格。

每 10m 间距用石灰撒成方格网，严格控制土料松铺厚度。

增加压实度取样试验的频率及碾压遍数。

严格对试验仪器、测量仪器、计量仪器实行定期标定检验制度，确保所测数据和结果的准确性。

切实安排好土方施工机械、车辆的运行秩序，做到不抢道、不占道，即要保证正常交通，又要做到施工有序，避免发生意外事故。

施工机械操作做到专人专机。对于车况较差、驾驶人员思想不稳定的车辆清理出施工现场。

施工便道要安排洒水车经常洒水，保持施工便道不扬尘。

10.3.5　各主要分部分项工程的施工顺序

10.3.5.1　总体施工顺序

在本工程施工前，要统筹计划，合理的组织安排；进场后，首先要做好施工前的准备工作：如项目驻地建设，导线点、水准点复测、联测、加密，原地面的测量，各种原材料的试验、配合比试验、土工试验，施工方案的编制、交底，施工便道的修筑等；其次，进入实质性施工阶段：如土方工程：清表、原基处理、沟塘清淤回填、土方开挖、路基分层填筑；涵洞工程：施工放样、基坑开挖、基底承载力试验、涵洞施工；桥梁工程：按桩基础、系梁（承台）、墩柱（桥台）、盖（帽）梁、梁板预制、安装、桥面系等工序形成流水作业面，连续施工。防护及排水工程的施工与路基桥梁工程同时进行；施工时做好各工序间的衔接，使各工序之间形成立体交叉流水作业。

10.3.5.2　各主工分项工程施工顺序

本标段主要分项工程施工顺序及工艺流程如下。

1. 路基填筑施工顺序

（1）土挖土方：开工报告及批复→恢复定线→路基放样→地表清理→土方挖运→整修边坡→平整路拱→标准击实试验→监理审批→路槽压实→复核测量→自检→监理检查→报请

验收。

（2）路基挖石方：开工报告及批复→施工放样测量→清理表层覆盖土及危石→爆破组织设计→监理审批→测量布孔→钻孔→警戒、装药、填塞→防护警戒、起爆→危石、瞎炮处理→石方清运→二次爆破→路槽开挖与填筑→整修边坡→平整路拱及碾压→复核测量→自检→监理检查→报请验收。

（3）路基填方工程：开工报告及批复→修建便道→清除表土及特殊路基处理→测量放样→路基填筑→摊铺→整平、碾压→检验合格→下一层填土。

2. 涵洞通道施工顺序：

盖板式涵洞通道施工：施工材料试验及设计配合比审批→开工报告及批复→测量放样→基坑开挖→地基承载力试验→模板安装→基础混凝土浇筑→模板安装→墙身混凝土浇筑→盖板安装（盖板预制）→洞口八字墙浇筑→出入口铺砌等附属工程施工→检查验收。

3. 桥梁工程施工顺序

测量放线→桩基施工→系梁（承台）施工→墩柱（台身）施工→盖（帽）梁施工→梁板预制、安装→（绞缝）湿接缝施工→护栏施工→桥面铺装施工→桥头搭板。

（1）桩基施工顺序：搭设工作平台→测量放样→护筒导向架就位→护筒下沉→孔位校核→钻机就位→钻孔→终孔前检查→终孔检查→钢筋笼入孔→导管下放→灌注水下混凝土→拔卸导管→清理灌注现场。

（2）桥墩施工顺序：凿桩头→测量放样→绑扎并焊接钢筋→支立柱模→浇筑混凝土→养护→拆模。

（3）盖梁施工顺序：测量放样→抱箍及工字钢安放→底模板铺装→钢筋骨架安装就位（可整体吊装就位）→侧模支立→预埋筋安装→盖梁顶高程测放→浇筑混凝土→养护→拆模。

（4）板梁施工顺序：平整场地→制作底模→绑扎钢筋及预埋波纹管→安装侧模（安装内模）和端模→浇筑混凝土→养生→拆模→强度检测→张拉压浆→移梁存放。

（5）梁、板安装施工作业顺序：开工报告及批复→施工放样→架桥机拼装调试→橡胶支座安装→龙门吊车起吊将梁板放至运梁车上→运梁板至架桥机后端→架桥机将梁板架设就位。

4. 排水防护施工顺序

（1）排水工程：施工材料试验及设计配合比审批→施工放样→开工报告及批复→开挖基坑→自检→监理检测→铺设垫层→沟身砌筑（盖板安装）→自检→监理检验→报请验收。

（2）防护工程：施工材料试验及设计配合比审批→施工放样→开工报告及批复→临时排水措施→坑壁支护→基坑开挖→自检→监理检验→放样定位、沉降缝分段→碎石垫层→基础、墙身砌筑→墙身及墙背排（泄）水孔处理→墙身砌筑→墙身外露勾缝→墙顶处理→监理检验→墙背分层回填夯实→报请验收。

10.3.6　材料、设备和劳动力供应计划

10.3.6.1　材料供应计划

1. 材料供应原则

经详细调查，项目部已基本掌握了本地区材料的整体情况，将严格控制砂石的材料数

量、质量，确保因材料数量、质量等原因影响工程施工的整体进度。我项目部在工程开工前做好材料需求的详细、周密计划，并根据施工进度安排好供应计划，备足足够的材料，确保施工有序不间断进行。在材料运输方面根据计划安排，组织强有力的运输力量，及时将材料运至料场堆放，确保施工要求。

2. 材料供应计划

本标段的石质挖方段较多，石方利用较为方便，砂料运距较远，但运输条件较好，碎石运输较近。水泥、钢材、锚具等（表 10.7）在指定厂家范围内选购，送货到指定地点。

表 10.7　　　　　　　　　主要材料供应计划一览表

材料名称	单位	1～2	3～4	5～6	7～8	9～10	11～12	13～14	15～16	17～18	19～20
碎石	m^3	2000	4000	5000	6000	6000	6000	5000	3500	2000	500
砂	m^3	1000	1500	1500	3000	4000	4000	2000	1500	1000	500
水泥	t	1000	2500	2500	3000	3000	2000	2000	1500	1500	500
Ⅰ级钢筋	t	80	150	200	200	200	200	150	150	150	60
Ⅱ级钢筋	t	260	400	700	700	700	500	450	400	150	60
钢绞线	t		50	50	100	100	100	50	50	50	

（1）细集料。砂场：砂质优良，产量较大，规格齐全，不足之处路程较远，但交通状况较好，上路运距约为 150km。

（2）粗集料。粗集料取自宁国江南化工集团两处石料场，通过前期对其粗集料的取样试验，两料场的集料的各项指标符合规范要求。石料场位于 S104 省道附近，生产产品采用反击式方法破碎，路程较近，交通方便，上路运距约为 60km。

（3）水：本段工程用水主要取地下井水，水质较好，无污染。

（4）水泥、钢材。根据业主提供的主材准入企业名单，项目部通过内部招标，决定使用海螺牌水泥，钢材以马钢为主。通过与厂家签订供销合同，由厂家直接运送到工地施工现场。进场的各种规格钢筋、水泥，必须有生产厂家的出厂检验报告单和中心试验室的试验报告及出厂合格证。钢筋运到工地必须分级、分型号存放，水泥运到现场存放的时间不得超过两个月。

（5）油料：向石油公司统一订购，汽运至工地。

（6）爆材：经当地公安机关审批，由爆破器材库统一保管，随用随领。

材料进场计划在施工过程中应根据工程的进度进行相应调整。

3. 材料供应的保障措施

（1）用于购买材料的资金专款专用，保证材料资金的供给。

（2）同种原材料，应与多家合格厂家签订购货合同，保证料源的充足。

（3）组建强大的材料运输队伍，以保障材料的运输。

（4）在拌和站建设时，堆料场面积应规划大一些，以便备料。

（5）必要时，公司可适当垫付部分资金，用于材料的采购。

10.3.6.2　设备进场计划（表 10.8）

（1）三个路基施工队至少各配备两套挖、装、推、压机械设备，计划在 4 月 15 日前全部进场。

(2) 桥梁桩基作业队的所有设备,计划 4 月底开始试桩,5 月中旬全部进场。

(3) 桥梁下部构造的所需设备包括模板、振动泵等,计划在 4 月底进场。

(4) 梁板预制施工队班组,计划在 5 月进场。

(5) 混凝土拌和站设备在 4 月中旬完成安装调试。

除施工设备外,同时还配备充足的工程测量、材料试验及质量检测仪器 (表 10.9)。

表 10.8　　　　　　　　　　　　　　　主要机械设备进场计划

序号	机械设备名称	产地规格型号	单位	数量	计划进退场日期
1	挖掘机	卡特 320、小松 220、日立 EX220	台	6	2010 年 4 月—2011 年 8 月
2	推土机	T160、彭浦 160	台	6	2010 年 4 月—2011 年 8 月
3	平地机	天津 PY160	台	3	2010 年 4 月—2011 年 3 月
4	压路机	徐州 18-21 静压	台	5	2010 年 4 月—2011 年 3 月
5	振动压路机	YZ18C、YZ20	台	3	2010 年 4 月—2011 年 3 月
6	拖式振动压路机	45T	台	1	2010 年 5 月—2011 年 8 月
7	冲击机械	蓝派	台	1	2010 年 5 月—2011 年 8 月
8	自卸车	东风	辆	48	2010 年 4 月—2011 年 8 月
9	洒水车	5t	辆	2	2010 年 5 月—2011 年 8 月
10	装载机	ZL50	台	4	2010 年 4 月—2011 年 8 月
11	起重吊机	25T	台	4	2010 年 4 月—2011 年 8 月
12	起重吊机	20T	台	4	2010 年 4 月—2011 年 3 月
13	混凝土搅拌运输车	星马 8M3	台	6	2010 年 4 月—2011 年 8 月
14	水泥混凝土双卧轴强制式拌和设备	山东方圆 45M3/H	套	2	2010 年 4 月—2011 年 11 月
15	混凝土输送泵	三一重工 20M3/H	套	1	2010 年 5 月—2011 年 8 月
16	龙门起重机	120	t	1	2010 年 5 月—2011 年 8 月
17	龙门起重机	10	t	1	2010 年 5 月—2011 年 8 月
18	砂浆搅拌机	18	kW	2	2010 年 5 月—2011 年 6 月
19	运梁平板车	120	T	1	2010 年 6 月—2011 年 8 月
20	架桥设备	120t	台	1	2010 年 6 月—2011 年 8 月
21	钻孔设备	CZ-8	套	18	2010 年 4 月—2011 年 9 月
22	预应力张拉设备	合肥	套	2	2010 年 6 月—2011 年 8 月
23	钢筋加工设备	钢筋调直机 (GT318)	台	3	2010 年 4 月—2011 年 11 月
24		钢筋切割机 (GQ-400)	台	3	2010 年 4 月—2011 年 11 月
25		钢筋弯曲机 (GW-40)	台	3	2010 年 4 月—2011 年 11 月
26		电焊机 (BX31-5)	台	6	2010 年 4 月—2011 年 11 月
27		砂轮切割机	台	6	2010 年 4 月—2011 年 11 月
28	发电机	150kW	台	1	2010 年 4 月—2011 年 11 月
29	变压器	400kVA	台	1	2010 年 4 月—2011 年 11 月

表 10.9　　　　　　　　　主要进场试验、检测仪器一览表（现已全部进场）

序号	仪器设备名称	规 格 型 号	单位	数量	备　注
一	材料试验、质检仪器设备				
1	压力试验机	Jyl－2000	台	2	性能良好
2	万能试验机	1000kN	台	1	性能良好
3	压碎值仪	EP－33071	台	1	性能良好
4	水泥净浆搅拌机	NJ－160A	台	1	性能良好
5	水泥胶砂振动台	JYGZ－85	台	1	性能良好
6	行星式水泥胶砂搅拌机	NRJ－411A	台	1	性能良好
7	负压筛析仪		台	1	性能良好
8	水泥稠度凝结时间测定仪	HJ－84	台	1	性能良好
9	坍落度测定仪	HGC－1	台	1	性能良好
10	混凝土回弹仪	ZC3－A	台	2	性能良好
11	混凝土贯入阻力仪		台	1	性能良好
12	恒温恒湿养护箱	YH－40B	台	1	性能良好
13	电动鼓风恒温干燥箱	101B－2	台	1	性能良好
14	烘箱	CS101－2	台	1	性能良好
15	雷氏夹测定仪		台	1	性能良好
16	针、片状规准仪		套	1	性能良好
17	震动式标准振筛机	ZBSX－92	台	1	性能良好
18	砂子标准筛	直径 30	套	2	性能良好
19	石子筛	直径 30	套	2	性能良好
20	混凝土试模	15cm×15cm×15cm	组	20	性能良好
21	砂浆试模	7.07cm×7.07cm×7.07cm	组	12	性能良好
22	钢筋万能材料试验机		台	1	性能良好
23	坍落筒		个	2	性能良好
24	台称		台	1	性能良好
25	标准养护室		间	1	性能良好
26	混凝土保护层测定仪		台	1	性能良好
二	测量仪器				
1	全站仪	索佳 SET210	台	1	性能良好
2	GPS	中海达 V8	套	1	性能良好
3	水准仪	S3	台	2	性能良好
4	水准尺	5m	把	4	性能良好

10.3.6.3　劳动力投入计划

（1）确保施工技术力量到位，技术工种配套、齐全、人员数量充足，并略有富余。

（2）根据工期目标和进度计划安排，确保各工序施工技术工种适当，数量满足进度要求。

（3）精兵强将，人员配套，搭配合理，均衡施工。

10.3.7　质量保障和安全目标

10.3.7.1　质量目标

按照 ISO 9001 标准要求，加强项目质量管理，规范管理工作程序，提高工程质量，确保实现质量目标。

工程质量目标：本标段工程交工验收的质量评定达到合格，分项工程一次性合格率100%，顾客满意度不低于 90%，工期履约率 100%，杜绝经济损失超 10000 元的质量事故。

10.3.7.2　质量保证体系

项目成立以项目经理、项目总工程师为核心的质量管理组织机构，对工程质量进行全面的管理及控制。

10.3.7.3　安全目标

本项目的安全目标确定为：不发生任何重伤以上安全责任事故。主要指标：杜绝重大事故；重大伤亡事故为 0；重大交通事故为 0；群体食物中毒事故为 0；重大火灾事故为 0；重大设备事故为 0。

控制一般事故：死亡事故为 0，重伤率为 0；一般火灾事故每年为 0；一般交通事故每年为 0；一般设备事故每年不超过 1 起；年千人轻负伤率小于 10‰，设备完好率 90%。

学习情境 10.4　市政工程施工组织设计案例

10.4.1　工程概况

10.4.1.1　工程概况

工程地点：地处新站区，庐阳区、长丰县内。

现场概况：全线现状基本为农田、荒地、现状道路、村庄，其中有塘、沟、洼地等且有板桥河，场地地势起伏较大。

施工范围：淮南路（东方大道—板桥河南 91m）（含淮南路与淮海大道交口）工程本次招标内容包括：道路、桥梁、排水（含箱涵）、交通信号和监控（土建）、标志标线、绿化、挡墙、供电（土建）、照明等工程。

10.4.1.2　编制依据

（1）招标文件、设计图纸。

（2）国家及行业颁发的技术规范、规程、标准如下：

《城市道路路基工程施工及验收规范》（CJJ 44—91）。

《公路路面基层施工技术规范》（JTJ 034—2000）。

《给水排水管道工程施工及验收规范》（GB 50268—97）。

《公路工程技术标准》（JTG B01—2003）。

《城市工程管线综合规划规范》（GB 50289—98）。

《给水排水管道工程施工及验收规范》（GB 50268—2008）。

（3）现场踏勘资料，业主、监理对本工程相关要求。

（4）公司按 ISO 9001：2000 系列编制的《质量保证手册》《质量体系程序文件》《企业

标准》。

10.4.1.3　工期目标

本工程合同工期为 120 个日历天（90 天内工程全线通车）。具体开工时间以总监理工程师签发的开工令为准。

10.4.1.4　质量目标

本工程质量目标为合格标准。

10.4.1.5　安全目标

确保本工程不发生重伤以上安全事故。

10.4.1.6　危险性较大的分部分项工程辨识

危险性较大的分部分项工程见表 10.10。

表 10.10　　　　　　　　　　　　危险性较大的分部分项工程

序号	分部分项工程名称	规　　模	类　　别	备　注
1	土方开挖	开挖深度>3m，<5m	危险性较大的分部分项工程	编制专项方案
2	桥梁预应力张拉	箱梁后张法张拉	危险性较大的分部分项工程	编制专项方案
3	桥梁预制构件吊装	单件重量超过 100t	超过一定规模的分部分项工程	需组织专家论证

10.4.2　各分部分项工程的主要施工方案与技术措施

10.4.2.1　土方工程施工措施

本工程挖填土方主要为路床及管道土方，为便于施工，降低成本，根据本工程特点制定土方平衡计划。

排水沟槽开挖的土方要作为沟槽回填土料，为降低工程成本，沟槽开挖的土方尽可能堆放于沟槽两侧，但应离开沟槽边坡一定距离，以确保沟槽边坡的稳定，同时，堆放土方时尽量集中，留出吊装、运输钢筋混凝土管道工程所需的位置。沟槽回填土方工序一般滞后于开挖工作，为降低工程成本，因此有必要处理好开挖与填筑的关系，使开挖与填筑工作相互协调。

管道保护：在沟槽土方开挖前，要先对沿线自来水、煤气等杆管线位置作仔伽了解，在自来水、煤气等杆管线及过路管附近挖沟槽时，要先采用人工挖探沟，直至管线暴露，以确保自来水、煤气等其他管线安全。

1. 道路路基土方开挖工程

按照土方平衡原则安排工程施工计划，尽量将土方的开挖与填筑工作结合起来安排。

道路路床土方开挖可以与填筑工程同步施工，即开挖的土方一部分用于填筑，一部分作为回填土料堆放于临时堆土场，多余的土方外运。

根据土方量和运距，我们采用挖掘机挖自卸汽车运输，120 推土机配合施工。

路床开挖时预留 10cm 的基面保护层，基面保护层采用人工开挖，在路基施工前突击挖除。

2. 排水沟槽开挖工程

本工程地处新站区内，道路为东西走向，全线现状基本为农田、荒地、现状道路、厂区及村庄，其中有塘、沟、洼地等且有二十埠河和板桥河，要切实做好沟塘部位的沟槽开挖组织工作。抽水和清淤，清淤采用先抽水并控干后，采用推土机打堆，然后用挖掘机挖装，自卸汽车运至弃土场，清淤做到彻底，以清至硬质原状土为标准，然后在基底填筑道砟石40cm后，再按正常路段进行填筑，排水沟槽在软弱路基段应回填后反挖。

本工程排水沟槽开挖深度不等，根据管道埋设深度，先施工污水管道，后施工雨水管道，沟槽开挖可以一次性开挖到设计高程。进行机械开挖时预留10cm保护层，严禁扰动槽底土壤，如发生超挖，严禁用土回填，槽底预留保护层在浇筑垫层时突击人工开挖。

排水沟槽开挖长度以整井段长度控制，即一个或数个井段一次性开挖。采取挖掘机开挖沟槽的方法，将需要利用的土方整齐地堆放于沟槽两侧，多余的土方采取挖掘机挖装土、自卸汽车运输的开挖方法。开挖边坡视土质而定，原状素土边坡不陡于1∶0.5，不良土质不陡于1∶1。

堆放于沟槽两侧用于回填的土方与沟槽边坡上口的距离应大于1m，以确保沟槽边坡的稳定和施工安全。

沟槽关键部位土方开挖施工方案。

底部高程低于地下水位的沟槽，开挖时会有地下水渗出。将采取一些必要的降（排）水技术措施，使槽底不受水浸泡，并设置一些必要的支撑，确保边坡稳定。具体做法有：

（1）沿沟槽底部开挖排水沟，并及时抽排地下渗水。加强地面排水工作，沟槽两侧设置挡水坎，拦截地表水对边坡的冲刷。

（2）采用木支撑临时支护边坡。沟槽开挖出来后，立即沿边坡横向设置木挡板，纵向设置钢支架（或木支架），沟槽两侧安装对撑，有效保护边坡土体稳定。

（3）加快进度，缩短边坡暴露时间。沟槽开挖前，准备好安装管道的各种材料和设备，开挖后及时做好垫层、平基、管座、安管等工程，尽快填土。

（4）缩短开挖段长度也是保证边坡稳定的有效措施。缩短开挖长度可以缩短平基、安管、管座等工程的时间，也就缩短了沟槽暴露时间。

3. 土方填筑

（1）土方填筑工艺流程。

土方填筑工艺流程图见图10.9。

（2）土方填筑方法。

1）准备工作。

a. 组织施工人员技术交底，学习填筑规范。

b. 生产性试验。对作为填筑的土料进行击实试验，确定最大干容重和最优含水量。施工现场进行铺土方式、铺土厚度、碾压机械的类型及重量、碾压遍数、填筑含水量、压实土的干密度、压实度等试验，以确定碾压机具达到设计填筑标准的施工参数和施工方法。

c. 施工放样和基面验收。根据图纸尺寸，确定填筑边线，会同监理工程师对填筑基面进行检查验收，合格后方可填筑，并及时做好隐蔽工程记录。

2）道路土方填筑。

a. 清基：基面在回填前，将树根、杂物等全部清除。保证基面符合土方填筑的规范要求。

b. 根据填筑部位的不同，采用不同的碾压方法，确保回填土达到设计要求。

c. 填筑应选择接近最佳含水量的开挖土料。若含水量太小则洒水碾压。若含水量太大，土料在填筑前晾晒，达到要求后，再进行填筑碾压。

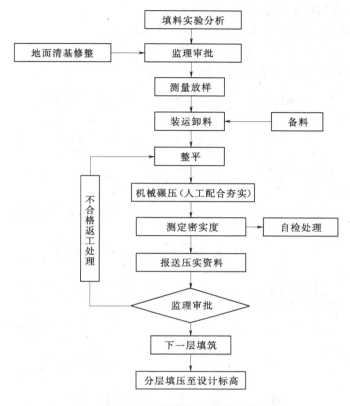

图 10.9　土方填筑工艺流程图

d. 严格控制铺土厚度及土料粒径，人工夯实每层不超过 20cm，土块粒径不大于 5cm；机械压实每层不超过 30cm，土块粒径不大于 8cm。

e. 如填土出现翻浆、"弹簧"，层间光面、层间中空、松土层或剪力破坏现象时，应分别局部认真处理，经监理工程师检验合格后，方可进行下道工序施工。每层铺筑碾压检验合格后，方可进行上一层土方施工。

f. 填土中不得含有淤泥、腐殖土及有机物质等。

3）管道沟槽填筑工程。当管道安装质量经检查验收合格并经业主、监理、质监等部门验收后就可以回填沟槽。

根据招标文件及补充答疑文件，本工程沟槽回填料采用碎石土（山皮石）。沟槽采用分层回填方法，层厚控制在 30cm 以内。在管顶上 50cm 内，不得回填大于 10cm 的石块、砖块等杂物。沟槽底部由于工作面较窄、且有钢筋混凝土管道，适宜采用蛙式打夯机夯实，上部（管顶 50cm 以上）尽量采用压路机碾压。如果因场地狭小，压路机无法进入沟槽工作面，则采用蛙式打夯机夯实。对于胸腔及检查井周边采用蛙式打夯机夯实，必要时采用平夯及木榔头人工夯实方法。

沟槽回填时，如果沟槽内有因降雨、地下渗水或施工用水造成的积水应先排除，并清除表层被水浸泡过的软弱土层。

填筑前要对铺筑厚度、压实机具进行综合试验，测定各种压实参数，作为施工质量控制的依据。填筑过程中由专业人员，按试验参数进行控制，并及时取样试验检测，确保回填质量。经检查发现不合格的填筑坚决返工。

10.4.2.2 明埋混凝土排水管道施工措施

1. 明埋混凝土排水管道工程施工工艺流程

排水管道工程施工工艺流程图如图 10.10 所示。

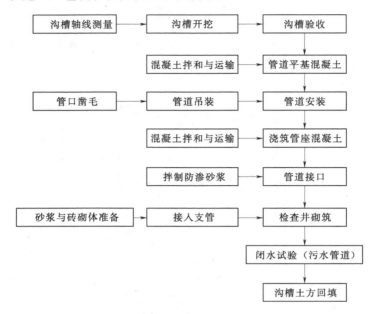

图 10.10 排水管道工程施工工艺流程图

2. 平基、管座

平基和管座是混凝土工程，其施工方法大体相同。它们均是管道排水工程中的重要工程。

（1）平基、管座的模板工程施工方法。平基和管道的模板在加工场按图集和图纸配制，经检查合格后运至现场安装。现场检查安装的尺寸、位置均符合质量要求后再进行下道工序施工。

平基和管座均采用木模，模板内表刨光，安装前涂刷隔离剂。面板采用 25mm 厚松木板，背筋为 50mm×100mm 扁方。模板采用斜撑支撑于沟槽两侧。斜撑尺寸要能满足强度和稳定性要求，斜撑与水平面夹角不大于 40°。

（2）混凝土工程施工方法。

平基混凝土厚度较薄，采用斜层浇筑法施工。管座采用分层浇筑法施工，厚度 30cm。管道两侧混凝土面要同步上升，严禁出现较大高差，确保管道稳定。

沟槽较深，管道位置较低，混凝土输送高度落差超过 2m 时，从地面向平基或管座内输送混凝土使用滑槽或串桶。滑槽或串桶顶部设置喇叭口，混凝土拌和物由喇叭口经滑槽或串桶至浇筑面，以防混凝土离析。浇筑过程中随时检查模板及支撑的稳固情况，发现问题及时处理。随时检测仓口及仓面混凝土的温度和坍落度，并按规范规定取好试模，做好浇筑记录。

每层浇筑量应与混凝土拌制和输送相适应，确保施工中不产生施工冷缝。为确保层间混凝土结合良好，上层浇筑时，振动棒插入下层混凝土 5cm。施工时，要及时排除仓内泌水。

浇筑管座前，要对与平基接触的表面施工缝进行凿毛处理并露出石子。施工缝表面冲洗干净，清除积水并保持湿润，混凝土浇筑时，在缝面上先铺一层 20mm 厚左右的砂浆，再进行下料，平仓振捣。

3. 管道安装

（1）安装准备。

1）管道准备。管道质量是影响工程质量最主要因素，为保证管材质量，管道工程施工前，要对生产厂家的生产规模、企业信誉、管材规格、管材质量、管材价格进行细致的了解、考察，购进符合质量要求的管材。沟槽开挖前，必须落实好排水管的数量，开挖过程中将排水管运至现场。运到现场的排水管要沿沟槽边沿放置，便于吊车吊装。

2）吊装设备准备。吊装管道需要配备起重量为 8t 的吊车。为便于及时行走方便，采用汽车式起重吊车。管道施工工程量不大，安排一辆 8t 汽车式起重机作为排水管下车及安装时的起吊设备。

（2）排水管安装。排水管安装前对管道平基进行一次详细质量检查。核查平基高程、轴线是否符合设计要求。对平基表面进行一次全面清理，将平基表面的泥土、杂物清除，并冲洗干净。

采用精确测量方法测定管道轴线，并用墨线将轴线弹在平基表面，作为安装管道的中心线。精确测定检查井位置，用墨线弹出检查井范围。

排水管安装从一个井段的一端向另一端逐根安装。汽车式吊车将排水管吊至工作面后由人工校正排水管位置，确保管道的高程和中心符合设计要求，各根排水管接头处的高差偏值应低于规范要求。排水管在检查井内伸出的长度按图集要求控制。

排水管安装就拉后管道必须垫稳，管底坡度不得倒流水，缝宽要均匀，管道内不得有泥土砖石、砂浆、木块等杂物。

4. 管道接口

（1）管口凿毛。凿毛工作在吊装之前完成，严禁排水管吊装后再凿毛。凿毛工作由人工完成。凿毛宽度应大于抹带接口宽度要求。

（2）抹带施工。为保证排水管接口密实，钢丝网的宽度和长度要与管口一致。

抹带砂浆采用 1∶1 或 1∶2 配合比，且单独拌制，不得与砌筑砂浆混用。抹带施工前将接口冲洗干净，不残留积水和灰渣，并保持缝面接口湿润。抹带砂浆分两次作业，即分两层施工，抹带接口环形间隙应均匀，灰口整齐、密实、饱满，接口表面应平整密实，不得有间断和裂缝、空鼓等现象。

抹带施工结束后要及时养护，防止抹带砂浆开裂，具体做法是：用草袋覆盖，并保持草袋处于湿润状态。

抹带施工质量受操作人员影响较大，将安排长期从事市政排水工程的专业人员施工，确保抹带质量。

10.4.2.3　明埋塑料排水管道施工措施

1. 管材质量

管材要求外观一致，内壁光滑平整，管身不得有裂缝，管口不得有破损、裂口、变形等缺陷。

管材端面平整，与管中心轴线垂直，轴向不得有明显的弯曲出现。管材插口外径、承口内径的尺寸及圆度符合产品标准的规定。

管材耐压强度及刚度满足设计要求。

管道接口用橡胶圈性能、尺寸符合设计要求。橡胶圈外观光滑平整，不得有气孔、裂缝、卷皱、破损、重皮和接缝现象。

2. 装卸、运输和堆放

管材、管件在装卸、运输和堆放时避免撞击，严禁抛摔。管材成批运输时，承口、插口分层交错排列，并捆扎稳固。短距离搬运，不得在坚硬不平地面和碎石面层上拖动或滚动。

管材堆放场地地面平整，堆放高度不得超过 2m，直管部分有木垫块，垫块宽度不小于 200mm 间距不大于 1500mm。堆放时管材承口与插口间隔整齐排列，并捆扎稳妥。管材堆放中避免日光曝晒，并保持管间通风。

橡胶圈储存在通风良好的库房内，堆放整齐不得受到扭曲损伤。

3. 沟槽开挖

采用挖掘机进行开挖，开挖时保持沟槽两侧土体稳定，以确保"管-土共同作用"条件；严格控制槽底高程，不得超挖或扰动基面；做好排水措施，防止槽底受水浸泡。

管道敷设时，如遇沟、塘，将沟、塘淤泥清至原土，以碎石粗砂混合料或以 3∶7 灰土回填至设计高程。

管沟底土质发生显著变化的区间，土质坚硬密实的一侧增设砂垫层或黏土垫层，土质松软的一侧增设卵石垫层，使两侧土壤承载力相差不多。

4. 管道基础

排水管道基础采用中粗砂基础，其厚度按设计要求铺筑。一般土质较好地段，槽底只需铺一层砂或细土垫层，对部分淤泥质黏土地段，应将淤泥质黏土清除至原状土，管道上部回填按掺 10% 石灰进行处理，回填土分层夯实，密实度不小于 95%。基础宽度与槽底同宽。基础夯实紧密，表面平整。管道基础的接口部位预留凹槽以便接口操作。接口完成后，随即有相同材料填筑密实。

5. 管道安装

待用的管材按产品标准逐节进行质量检验，不符合标准不得使用，并做好记号，另行处理。管材现场由人工搬运，搬运时轻抬轻放。下管前，凡规定须进行管道变形检测的断面的管材，预先量出该断面管道的实际直径，并做出记号。

下管可用人工或起重机吊装进行。人工下管时，由地面人员将管材传递给沟槽内施工人员，对放坡开挖的沟槽也可用非金属绳索系住管身两端，保持管身平衡均匀溜放至沟槽内，严禁将管材由槽顶边滚入槽内；起重机下管吊装时，用非金属绳索扣系住，不得串心吊装。

管材将插口顺水流方向、承口逆水流方向安装，安装由下游往上游进行。

6. 橡胶圈接口

接口前先检查橡胶圈是否配套完好，确认橡胶圈安放位置及插口的插入深度。接口时先将承口的内壁清理干净，并在承口内壁及插口橡胶圈上涂润滑剂（首选硅油），然后将承插口端面的中心轴线对齐。接口方法按下述程序进行：先由一人用棉纱绳吊住被安装管道的插口，另一人用长撬棒斜插入基础，并抵住该管端部中心位置的横挡板，然后用力将该管缓缓插入原管的承口至预定位置；接口合拢时，管材两侧的手扳葫芦同步拉动，使橡胶密封圈正确就位，不扭曲、不脱落。

为防止接口合拢时已排管道轴线位置移动，采用稳管措施。具体方法可在编织袋内灌满黄沙，封口后压在已排设管道的顶部，其数量视管径大小而异。管道接口后，复核管道的高程和轴线使其符合要求。

雨季施工采取防止管材漂浮措施。先回填到管顶以上一倍的高度。管安装完毕尚未回土时，一旦遭水泡，进行管中心线和管底高程复测和外观检测，如发现位移、漂浮、拔口现象，返工处理。

10.4.2.4　供电排管及工井施工措施

1. 平基垫层、接头包封

平基为 C15 混凝土，接头包封为 10cm 厚 C25 混凝土。

（1）模板工程施工方法。模板在加工场按图集和图纸配制，经检查合格后运至现场安装。现场检查安装的尺寸、位置均符合质量要求后再进行下道工序施工。

均采用木模，模板内表刨光，安装前涂刷隔离剂。面板采用 25mm 厚松木板，背筋为 50mm×100mm 扁方。模板采用斜撑支撑于沟槽两侧。斜撑尺寸要能满足强度和稳定性要求，斜撑与水平面夹角不大于 40°。

（2）混凝土工程施工方法

平基混凝土厚度较薄，采用斜层浇筑法施工。包封采用分层浇筑法施工，厚度 10cm。管道两侧混凝土面要同步上升，严禁出现较大高差，确保管道稳定。

沟槽较深，管道位置较低，混凝土输送高度落差超过 2m 时，从地面向平基或管座内输送混凝土使用滑槽或串桶。滑槽或串桶顶部设置喇叭口，混凝土拌和物由喇叭口经滑槽或串桶至浇筑面，以防混凝土离析。浇筑过程中随时检查模板及支撑的稳固情况，发现问题及时处理。随时检测仓口及仓面混凝土的温度和坍落度，并按规范规定取好试模，做好浇筑记录。

每层浇筑量应与混凝土拌制和输送相适应，确保施工中不产生施工冷缝。为确保层间混凝土结合良好，上层浇筑时，振动棒插入下层混凝土 5cm。施工时，要及时排除仓内泌水。

浇筑管座前，要对与平基接触的表面施工缝进行凿毛处理并露出石子。施工缝表面冲洗干净，清除积水并保持湿润，混凝土浇筑时，在缝面上先铺一层 20mm 厚左右的砂浆，再进行下料，平仓振捣。

2. 管道安装

（1）安装准备。

1）管道准备。管道质量是影响工程质量最主要因素，为保证管材质量，管道工程施工前，要对生产厂家的生产规模、企业信誉、管材规格、管材质量、管材价格进行细致的了解、考察，购进符合质量要求的管材。沟槽开挖前，必须落实好管道的数量，开挖过程中将管材运至现场。运到现场的管材要沿沟槽边沿放置，便于吊车吊装。

2）吊装设备准备。吊装管道需要配备起重量为 8t 的吊车。为便于及时行走方便，采用汽车式起重吊车。管道施工工程量不大，安排一辆 8t 汽车式起重机作为排管下车及安装时的起吊设备。

（2）管道安装。管道安装前对管道平基进行一次详细质量检查。核查平基高程、轴线是否符合设计要求。对平基表面进行一次全面清理，将平基表面的泥土、杂物清除，并冲洗干净。

采用精确测量方法测定管道轴线，并用墨线将轴线弹在平基表面，作为安装管道的中心线。精确测定检查井位置，用墨线弹出检查井范围。

管道安装从一个井段的一端向另一端逐根安装。汽车式吊车将管道吊至工作面后由人工校正管道位置，确保管道的高程和中心符合设计要求，各根管道接头处的高差偏值应低于规范要求。管道在工井内伸出的长度按图集要求控制。

管道安装就拉后管道必须垫稳，管底坡度不得倒流水，缝宽要均匀，管道内不得有泥土砖石、砂浆、木块等杂物。

管枕为配套产品，每个标准导管配置管枕 4 付，管枕间距平均分配，管枕距接头处 0.8m。管枕连接采用燕尾梢，导管连接采用承插接头。铺设两层以上的排管，上下接头错开，间距不小于 1.5m，多层依此方法错位，防止断裂。

3. 管间缝隙填充

根据招标图纸，慢车道排管敷设后，管间缝隙采用黄砂填实，快车道采用 C25 混凝土包封。慢车道排管黄砂填实采用水浸法分层填实。快车道 C25 混凝土包封采用流动性较大的商品混凝土，采用小直径振动棒充分振实。

4. 工井施工

（1）施工安排。工井基坑开挖与管道同时进行，只要沟槽开挖时按工井大小适当扩大就可以了。由于工井位置开挖范围较大，边坡更陡，要采取更加牢固的边坡加固措施，防止边坡塌方。工井基础与平基同时施工，管道吊装就位后可立即砌筑工井。

（2）砌筑材料。

1）砂浆。砂浆由现场拌制，随拌随用。

砂浆符合图集和设计强度等级与和易性要求，并具有良好保水性能。砂浆要拌和均匀，一次拌料在其初凝之前使用完毕。砂浆的配合比由试验确定，并征得监理单位同意。施工中严格按配料单进行配料，称量的偏差：水泥、水及外加剂溶液不超过 2%，砂不超过 3%。

砂浆采用机械拌和的时间，自投料完算起，不小于 90s。

为使砂浆具有良好的保水性，掺入无机塑化剂或皂化松香（微沫剂）等有机塑化剂，但不采取增加水泥用量的方法。

现场砂浆质量以抗压强度作为检测指标，由于检查井砌筑量较小，按施工规范的质量检验标准，每次砌筑检查井都应该取一组试模。

2）黏土砖。黏土砖采用 75 号以上的机制砖，尺寸为 53mm×115mm×240mm。选择信誉好、质量有保证的大、中型砖厂的产品。要求黏土砖无裂缝、断块或过火的结块，形体有棱有角，表面平整、整洁。砌筑前提交一样品报请监理工程师。

（3）工井砌筑。伸入工井中所有管道安装结束后就可以砌筑工井。工井位置和大小要符合设计和图集尺寸要求。

工井自下而上逐层砌筑，工井与管道相接处设置拱券。砌筑之后要及时用潮湿草袋覆盖。

砌筑工井按质量标准要求做到灰浆饱满、表面平整，工井弧线园顺。

工井内表面粉刷是决定工井质量的重要工序。将选择优秀的操作人员粉刷工井，确保工井粉刷质量。粉刷工井采用高标号砂浆，应单独拌制，不得与砌筑砂浆混合。

粉刷可以 1～2 遍完成。粉刷后的工井除表面应光洁外，其外形应为标准圆形，圆形误差值应小于规范要求。

10.4.2.5　砖砌检查井施工措施

1. 施工安排

检查井和排水口基坑开挖与管道同时进行，只要沟槽开挖时按检查井和排水口大小适当扩大就可以了。由于检查井位置开挖范围较大，边坡更陡，要采取更加牢固的边坡加固措施，防止边坡塌方。检查井和排水口基础与平基同时施工，排水管吊装就位后可立即砌筑检查井。

2. 砌筑材料

（1）砂浆。砂浆由现场拌制，随拌随用。

砂浆符合图集和设计强度等级与和易性要求，并具有良好保水性能。砂浆要拌和均匀，一次拌料在其初凝之前使用完毕。砂浆的配合比由试验确定，并征得监理单位同意。施工中严格按配料单进行配料，称量的偏差：水泥、水及外加剂溶液不超过 2%，砂不超过 3%。

砂浆采用机械拌和的时间，自投料完算起，不小于 90s。

为使砂浆具有良好的保水性，掺入无机塑化剂或皂化松香（微沫剂）等有机塑化剂，但不采取增加水泥用量的方法。

现场砂浆质量以抗压强度作为检测指标，由于检查井砌筑量较小，按施工规范的质量检验标准，每次砌筑检查井都应该取一组试模。

（2）黏土砖。黏土砖采用 75 号以上的机制砖，尺寸为 53mm×115mm×240mm。选择信誉好、质量有保证的大、中型砖厂的产品。要求黏土砖无裂缝、断块或过火的结块，形体有棱有角，表面平整、整洁。砌筑前提交一样品报请监理工程师。

3. 检查井和排水口砌筑

伸入检查井和排水口中所有管道安装结束后就可以砌筑检查井。检查井和排水口位置和大小要符合设计和图集尺寸要求。

检查井和排水口自下而上逐层砌筑，检查井与管道相接处设置拱券。砌筑之后要及时用潮湿草袋覆盖。

砌筑检查井和排水口按质量标准要求做到灰浆饱满、表面平整，检查井弧线圆顺。

检查井内流水槽和跌水坎要严格按图集规定和要求施工。做好流水槽与跌水表面粉刷工作，确保井内水流畅通，流线平顺。

检查井和排水口内表面粉刷是决定检查井质量的重要工序。将选择优秀的操作人员粉刷检查井和排水口，确保检查井和排水口粉刷质量。粉刷检查井和排水口采用高标号砂浆，应单独拌制，不得与砌筑砂浆混合。

粉刷可以 1～2 遍完成。粉刷后的检查井除表面应光洁外，其外形应为标准圆形，圆形误差值应小于规范要求。

10.4.2.6　污水管道闭水试验

对于污水管道在检查井砌好以后回填土以前必须做闭水试验（雨水管道可不做闭水试验），按每个井段做闭水试验计算渗水量，闭水试验要在管道灌满水后经 24 小时后进行，且闭水试验的水位，应为试验段上游管道内顶以上 2m，如上游管内顶至检查井口的高度小于

2m 时，闭水试验水位可至井口为止。做闭水试验时，对渗水量的测定时间不得少于 30min。

10.4.2.7　道路工程施工措施

1. 道路工程施工程序

道路工程施工程序如图 10.11 所示。

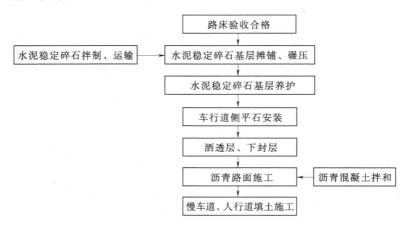

图 10.11　道路工程施工程序图

2. 道路路床施工

在路床土方挖运填筑的同时，在许可的情况下，对需要回填地段利用挖方土料分层填筑，每层回填厚度控制在 25cm 以内，用 120 推土机推平，15T 压路机碾压数遍。严格控制土的含水量，每层按要求用环刀法对土壤进行取样，即时监控，以保证土方压实度符合设计要求。若土料含水量太小则洒水碾压，若含水量太大，土料在填筑前翻晒，达到要求后再进行填筑碾压。人工夯实每层虚铺不超过 15cm，土料粒径不大于 5cm，机械碾压每层虚铺不超过 30cm，土块粒径不大于 8cm。

在路床土方回填部位达到土路床设计高程时，用人工带线整平，15T 压路机碾压数遍。使得路床表面轮迹痕小于 5mm，不得有翻浆、弹簧、起皮、积水等现象，在重型击实标准下密实度达 93％以上。平整度误差在 2cm 以内，中线高程±2cm，宽度误差 0～20cm。

3. 水泥稳定碎石基层

水稳层材料按设计要求配料，其中碎石压碎值不大于 30％，碎石最大粒径不超过 31.5mm，碎石必须由 3～4 种不同粒级规格的骨料组成，实行分仓配料，宜按 0～5mm、5～15mm、15～30mm 分级，然后按比例掺配。不得使用天然级配的碎石。

水泥碎石稳定层混合料采用厂拌法集中拌和，根据工程量大小，本标段设搅拌能力不小于 600t/h 的水稳拌和楼一部。

（1）水稳层混合料的拌和与运输。

1）为保证施工质量，水泥稳定混合料的拌和采用厂拌法集中拌和，配料应准确，拌和要均匀。含水量要略大于最佳值，使混合料运到现场摊铺后碾压时的含水量不小于最佳值。

2）运输混合料的车辆应根据需要配置并装载均匀，及时将混合料运至现场。

3）当摊铺现场距拌和厂较远时，混合料在运输中应加覆盖以防水分蒸发。

（2）水稳层混合料的摊铺整型与碾压。

1）混合料的摊铺采用平地机进行，并使混合料按规定的松铺厚度，均匀地摊铺在要求的宽度上。

2）摊铺时混合料的含水量宜高于最佳含水量 0.5%～1.0%，以补偿摊铺及碾压过程中的水分损失。

3）水稳层由远向近处施工，同时进行高程控制。根据经验计算基层一次性虚铺量，使压实的基层厚度在允许误差范围内。

4）混合料压实采用 14～16t 压路机碾压，每层压实厚度不得超过 20cm，本工程水稳层厚 20cm，可一次性摊铺碾压。

5）施工时，混合料从加水拌和到碾压终了的时间不得超过水泥初凝时间。

6）水稳层混合料的摊铺整型与碾压其他同石灰土垫层施工相同。

（3）水泥稳定碎石基层的养生。每一段碾压完成并经压实度检查合格后，应立即进行洒水养生，养生时间不应少于 7 天。养生期间除洒水车外应封闭交通。不能封闭时，须经监理工程师批准，并将车速限制在 30km/h 以下，禁止重型车辆通行。

养生结束后，立即进行水泥混凝土路面浇筑，不宜让基层长期暴晒开裂。

4. 沥青混凝土面层施工

本工程道路面层为沥青混凝土面层。在水泥稳定碎石基层施工完毕（或水稳层完成一半）后即可进行沥青混凝土面层施工。路面面层施工工艺如图 10.12 所示。

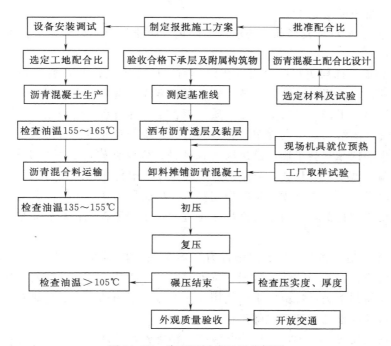

图 10.12　路面面层施工工艺框图

（1）乳化沥青透层（黏层）施工。

1）洒铺透层（黏层）油之前对路缘石用薄膜覆盖以防污染，水稳层经检验合格后进行黏层施工。

2）透层（黏层）油采用乳化沥青（PC-2），用量为 0.3～1kg/m²。（根据试验段确定，乳化沥青用量为乳化沥青中水分蒸发后的沥青数量）。喷洒后全面封闭交通，任何车辆不得进入喷洒段内。

3）喷洒时纵横向搭接处喷洒量适合，对于喷洒不到的地方采用人工补洒的方式进行。

4）黏层施工检测方法及检验标准。

黏层施工检测施工技术要求见表 10.11。

表 10.11　　　　　　　　　　　　黏层施工检测施工技术要求

项　目	检查频率	质量要求及允许误差	试 验 方 法
乳化沥青含量	每工作段一次	$+0.1kg/m^2$	标定面积收取乳化沥青量
外观检查	随时全面	外观均匀一致，无漏洒，不起皮，无油包和混凝土面外漏等现象	

（2）稀浆封层施工。

1）待透层油完全下透后进行封层施工。封层施工时对透层表面彻底清扫，并对局部不合格处修复。

2）洒铺封层乳化沥青。

3）喷洒封层沥青后立即用集料洒布机洒柿 S10 矿料，用量为 $5\sim8m^3/1000m^2$（通过实验确定），石屑洒布后立即用光轮压路机碾压 1 遍，完成封层施工。封层完成后应限制车辆通行，禁止封层上调头、急刹车。

（3）沥青混凝土面层施工。

1）材料要求。材料堆放场地按要求进场硬化，防止泥土对材料污染；各种材料堆放整齐，界限清楚。

a. 集料。路面下面层集料应选用石灰岩碎石，应由无风化的石料扎制而成，不含土和杂质，石料坚硬、表面粗糙、洁净、扎成碎石形状方正。上面层细集料应采用玄武岩，具有一定棱角性，洁净、干燥、无风化、无杂质、不含土，并有良好的级配。集料的技术指标符合招标文件及设计图纸和规范的规定，并取得监理工程师和业主的批准。

集料运输主要依靠社会车辆，已进场的各种材料分仓堆放，采用宽 60cm、高 150cm 的水泥混凝土隔墙，做到堆放整齐，界限清楚，并设立明显标志标牌，标明材料的规格型号产地用途等详细内容。按照要求为细集料搭建高 8m 总面积为 $1600m^2$ 彩钢瓦钢棚，下雨时用油布对其他粗集料进行覆盖，防止含水量变化过大，影响沥青混合料的质量与沥青拌和站的产量。

b. 沥青。车行道上面层及中面层沥青为 SBS 成品改性沥青。进场沥青都附有制造厂的证明和出厂试验报告，并说明装运数量、货到时间及订货数量等，并对每批次重新进行取样和化验。其抽检的频率满足规范要求，使用前一个月将拟用的沥青、各种集料和矿粉样品送至中心试验室检验，报送监理工程师审批。

沥青拌和站在沥青运输中，采用罐装液态。沥青到场后通过导油管，导在一个带有凹型加热装置的对接槽内，再通过沥青泵送入贮油罐进行贮存并保温。沥青在贮藏罐中储减时间不宜放置过久。如果要长期贮存，对其作间断的罐内循环。

沥青罐装贮存时，保证操作安全，并留有空间以备沥青在罐内热膨胀以及意外渗入少量的水而导致膨胀的需要。

大型贮罐内的沥青加热时，对其在较长时间内做间断地加热防止加热管和由它形成周围的部件局部过热。不同种类的沥青分别存放，使用在不同的路段时做明确的记录。

c.矿粉。矿粉采用石灰岩、玄武岩，不含泥土杂质和团粒，干燥、洁净，各项指标符合规范要求并得到监理工程师的批准。

2）组成设计。

a.对改性沥青的针入度、延度、软化点等进行检验，改性沥青性能指标满足招标文件及规范要求。

b.对填料矿粉的各项指标进行试验，符合招标文件和规范要求。

c.配合比设计。选用符合设计、规范要求的材料，参考规范及设计图纸提供的资料，用马歇尔试验等方法确定矿料级配及沥青用量。并通过热料筛分来设计生产配合比，最后试验验证生产配合比。

（a）目标配合比设计。确定各矿料的组成比例。分别用各施工段实际使用的矿料进行筛分，为保证矿料筛分的数据具有代表性，对所用集料进行多组筛分，用各组数据的平均值计算筛分结果。用计算机（中心试验室）和图解（施工单位）计算各矿料的用量，使合成的矿料级配符合规范的要求。本计算反复进行几次，使合成矿料级配曲线基本上与设计要求配比范围中值线相重合，直到满意为止。并使 0.75mm、2.36mm、4.75mm 的筛孔通过量接近标准级配的中值。

用以上计算机确定的矿料组成和规范推荐油石比范围，按 0.5% 间隔变化，取 5 个不同的油石比，用试验室的小型拌和机和矿质混合料拌和成沥青混合料，按规定的击实次数成型马歇尔试件，成型温度（130±5）℃，测定试件的密度，并计算空隙率、沥青饱和度、矿料间隙等物理指标进行体积组成分析。以油石比为横坐标，以测定密度、稳定度、空隙率、流值、饱和度等指标为纵坐标，分别将试验结果点入图中，绘成圆滑曲线。从图中求出相对应于密度最大值的油石比 a_1；相对应于稳定度最大值的油石比 a_2；相对应于规定空隙率范围值的油石比 a_3，求取 $OAC_1 = (a_1 + a_2 + a_3)/3$，求出各项指标均符合沥青混合料技术标准的油石比范围 $OAC_{min} \sim OAC_{max}$。求出 $OAC_2 = (OAC_{min} + OAC_{max})/2$。

OAC_1 在 OAC_{min} 和 OAC_{max} 之间时，取 OAC_1 和 OAC_2 的均值为最佳油石比 OAC。

用确定的最佳油石比 OAC 用试验室小型拌和机制备两组混合料马歇尔试件，检验残留度，符合规定时，确定以上目标配合比为生产配合比的设计的依据。若不符合规定时，重新选择原材料进行配合比设计。

（b）生产配合比设计。从二次筛分后选入各热料仓的材料取样进行筛分，确定各热料仓的材料比例，使矿料合成级配接近规定级配范围的中值，供拌和机控制室使用，同时反复调整冷料仓进料比例以达到供料均衡。

确定最佳油石比：取目标配合比设计的最佳油石比 OAC 和 $OAC \pm 0.3$（或 $OAC \pm 0.2$）三个油石比，取以上计算的矿质混合料，用试验室的小型拌和机拌制沥青混合料进行马氏试件，确定生产配合比的最佳油石比。当三组沥青混凝土各项指标均符合规定要求，取 OAC 为生产配合比最佳油石比。

残留稳定度检测：按以上生产配合比，用室内小型拌和机拌制沥青混合料，做浸水 48h 马歇尔试验，检验残留稳定度。

（c）生产配合比验证。拌和机采用生产配合比进行试拌、铺筑试验段，并用拌和的沥青混合料及路上钻取的芯样进行马歇尔试验检验，确定生产用的标准配合比。包括以下内容。

矿料的用量：主要目的是确定各热料含矿料和矿粉的用量，确定各热料仓的材料和矿粉的比例，使矿料合成级配接近规范级配中值，供拌和楼控制使用，在实际生产中，由于拌和机所用振动筛孔不同，以及振动筛的倾角和振动频率均有差别，各热料仓的矿料筛分结果也会不尽相同。

（d）确定生产的最佳油石比。取目标配合比设计的最佳油石比 OAC、$OAC\pm0.3\%$ 三个油石比与计算确定的矿质混合料拌制沥青混合料进行马歇尔试验，若都符合要求，采用 OAC 作为生产油石比。

工作开始 3 天前，将推荐的混合料设计和设备中所生产的混合料的试样以及它的组成材料的详细说明提交给监理工程师。

3）准备下承层。

a. 沥青面层施工前对基层进行一次认真的检验，重点检查：标高是否符合要求；表面有无松散；平整度是否满足要求。

b. 水稳基层上喷洒透层和粘层，用量为 1.0kg/m^2。

4）施工要求。

a. 试验路段。施工前首先完成试验段（200m 左右），通过试验段确定以下内容：

（a）确定合适的施工机械和组合方式。

（b）通过试拌，确定拌和机的上料速度，拌和量、拌和时间、生产能力、拌和温度等，验证沥青混合料的配合比设计，提供正式生产使用的生产配合比。

（c）通过试铺确定摊铺的操作方式：摊铺温度、摊铺速度、摊铺宽度、自动找平方式等。

（d）通过试铺确定压实机具类型及组合方式，压实顺序、压实温度、碾压速度及碾压遍数等。

（e）施工缝的处理方法。

（f）施工中采用的松铺系数。

（g）确定施工进度，作业长度，修订施工组织计划。

（h）确定施工组织及管理体系、人员、机械设备、通信及指挥方式。

（i）检查原材料及施工质量是否符合要求。

（j）确定冬季施工具体保证措施及效果。

试验段的具体准备如下：

（a）在铺筑试验路之前 28 天，项目部要安装好本项工程有关的全部试验仪器和设备（包括沥青、混合料等室内外试验的配套仪器、设备及取芯机等），配备足够数量的熟练试验技术人员，报请工程师审查批准。

（b）项目部在工程师批准的现场，用备齐并投入该项工程的全部机械设备及沥青混凝土，以符合规范规定的方法铺筑一段长约 200m（单幅）的试验路段。

（c）在拌和厂应按 JTJ 052—93 标准方法随机取样，进行沥青含量和集料筛分的试验，并在沥青混合料摊铺压实 12h 后，按 JTJ 052—93 标准方法钻芯取样进行压实度、厚度、施工孔隙率的检验。

（d）试验的目的是用以证实混合料的稳定性以及拌和、摊铺、压实设备的效率、施工方法和施工组织的适应性。确定沥青混凝土的压实标准密度。对混合料的松铺厚度、压路机碾压次序、碾压速度和遍数设专岗检查，总结经验。

b. 施工设备。

（a）拌和。拌和厂在其设计、协调配合和操作方面，都能使生产的混合料符合生产配合比设计要求。拌和厂配备足够试验设备的试验室，并能及时提供使工程师满意的试验资料。

热拌沥青混凝土采用间歇式有自动控制性能的拌和机拌制，能够对集料进行二次筛分，能准确地控制温度、拌和均匀度、计量准确、稳定、设备完好率高，拌和机的生产能力每小时不低于 200t/h。拌和机均有防止矿粉飞扬散失的密封性能及除尘设备，并有检测拌和温度的装置。拌和设备备有成品贮料仓。

拌和楼具有自记设备，在拌和过程中能逐盘显示沥青及各种矿料的用量及拌和温度。

拌和机热矿料二次筛分用的振动筛筛孔根据矿料级配要求选用。

拌和设备的生产能力能够和摊铺机进度相匹配，在安装完成后已按批准的配合比进行试拌调试，其偏差值符合表 10.12 的要求。

表 10.12　　　　　　　　　　　　热拌沥青混凝土检测标准

序号	检 测 项 目	规定值或允许偏差
1	大于 4.75mm 的筛余集料	$\pm 6\%$，且不超出标准级配范围
2	通过 4.75mm 集料	$\pm 4\%$，且不超出标准级配范围
3	通过 2.36mm 的集料	$\pm 2\%$
4	通过 0.75mm 的粉料	$\pm 1\%$
5	沥青用量（油石化）	$\pm 0.2\%$
6	空隙率	$\pm 0.5\%$
7	饱和度	$\pm 5\%$
8	稳定度、流值	按表"热拌沥青混合料马歇尔试验技术标准规定"

注意高速拌和楼振动筛筛孔，使每层筛网余石料大致相等，避免溢料和待料影响产量。

（b）运输设备。根据实地考察，运输车辆从我部拌和站到达现场时间为 10～20min，根据拌和站产量（220～240T/t）及摊铺机行驶速度（2～3m/min），最少需要具备 5 辆载重 20t 的自卸汽车。为确保沥青混凝土供应连续，充分考虑运输过程中的各种不利因素，现确定采用具有车厢四周及车厢顶均有保温覆盖措施的载重 20t 左右自卸汽车 6 辆，同时拌和站启用成品仓（能储存混合料 200t）。

沥青混合料运输车的运量较拌和能力有所富余，施工过程中摊铺机前方始终有 2 辆以上料车处于等待卸料状态，保证连续摊铺。

（c）摊铺及压实设备。摊铺机具有自动找平功能，具有振捣夯击功能，且精度高，能够铺出高质量的沥青层。整平板在需要时可以自动加热，能按照规定的典型横断面和图纸所示的厚度在车道宽度内摊铺。

摊铺混合料时，摊铺机前进速度控制与供料速度协调。

摊铺机配备整平板自控装置，其双侧装有传感器，可通过基准线和基准点控制标高和平整度，使摊铺机能铺筑出理想的纵横坡度。传感器由参考线操作。

横坡控制器能让整平板保持理想的坡度，精度在 $\pm 0.1\%$ 范围内。

压实设备配备振动压路机 2 台、轮胎压路机 2 台，能按合理的压实工艺进行组合压实。

下面层摊铺机用"走钢丝"参考线的方式控制标高，中、上面层摊铺机用浮动基准梁（滑撬）的方式控制厚度。

c. 混合料的拌和。粗、细集料分类堆放和供料，取自不同料源的集料均分开堆放，对每个料源的材料进行抽样试验，并报经监理工程师批准。

每种规格的集料、矿粉和沥青分别按要求的比例进行配料。

沥青材料采用导热油加热，加热温度应在 160～170℃ 范围内，矿料加热温度为 170～180℃，沥青与矿料的加热温度调节到能使拌和的沥青混凝土出厂温度在 145～165℃ 无花白料、超温料，并保证运到施工现场的温度不低于 145℃。

沥青混合料的施工温度见表 10.13。

选定适合热料筛分用最大筛孔，避免产生超尺寸颗粒。

沥青混合料的拌和时间以混合料拌和均匀、所有矿料颗料全部裹覆沥青结合料为度，并经试拌确定，间歇式拌和机每锅拌和时间为 30～50s（其中干拌时间大于 5s）。

拌好的沥青混合料能够做到均匀一致，无花白料，无结团成块或严重的粗料分离现象，不符合要求时废弃，并及时调整。

出厂的沥青混合料用插入式温度计测量运料车中混合料的温度。

拌好的沥青混合料不立即铺筑时，放成品贮料仓贮存，成品料仓有保温设备。

表 10.13 **热拌沥青混合料的施工温度** 单位：℃

工 序	普通沥青混合料	工 序	普通沥青混合料
沥青加热温度	155～165	低温施工混合料摊铺温度	≥150
矿料加热温度	比沥青温度高 5～10	正常施工初压开始温度	≥130
沥青混合料出场温度	145～165	低温施工初压开始温度	≥145
混合料废弃温度	≥195	碾压终了的表面温度钢轮压路机	≥70
到现场温度	≥145	碾压终了的表面温度胶轮压路机	≥80
正常施工混合料摊铺温度	≥135		

d. 混合料的运输。沥青混凝土采用 6 辆 20t 的自卸车运输，运输时车厢内清扫干净，车厢侧板与底板涂以被批准的防黏剂薄膜，在向车内装料之前除去过剩的防粘剂。

各运输车辆依次进入沥青混凝土拌和楼出料口下，装料时每卸一斗挪动一下汽车位置。在运送中沥青混合料采用油布及棉被等覆盖物，用以保温防污染，沥青混凝土运至摊铺点后凭运料单接收，并检查拌和料质量，测量温度，到场温度不得低于 140～155℃。在连续摊铺过程中，运料车在摊铺机前直线停放。

指定专人负责组织车辆的运行，及时向车队反映主交通线路的车流量及信息动态，做好与交警、城管部门的协调工作。

e. 混合料的摊铺。摊铺前，再一次检查下承层的质量，粘层不足、污染部位及时清理干净并补撒粘层沥青。在监理工程师批准的作业面上摊铺沥青混合料，开始摊铺时，停在现场的沥青混合料运输车辆在 3 辆以上，混合料在摊铺时温度不低于 140℃，摊铺速度均匀进行，尽量减少停机。在连续摊铺过程中，运料车卸料时停在摊铺机前 10～30cm 处，以保证不撞击摊铺机，此时运料车挂空挡，由摊铺机推动前移。由于特殊原因停机待料，以现场摊铺面的沥青温度为准，当温度低于 135℃时，抬起摊铺机熨平板，作横向接缝。

下面层的平整度将直接影响上面层的铺筑质量，同时下面层在厚度上是作一次调整，为上面层铺筑创造良好条件。下面层带线用"基准钢丝法"找平，即在铺筑边线外 20cm 打入稳固的支撑杆（对应中线桩号），支撑杆间距为 10m，根据桩位处下面层顶设计高程加上一个常数为钢丝标高。在弯道半径较小段及边坡点附近或加宽段加密支撑杆。支撑杆和基准钢丝架设标高经核对无误后，再开始摊铺，在铺筑过程中现场设 1～2 人来回检查，防止车辆、施工人员及其他机械碰撞支撑杆或钢丝。

上面层直接受行车荷载作用。上面层质量的优劣将直接影响道路的使用性质及行车安全。上面层采用"浮动基准梁法"找平。在开始摊铺前已经将基准梁安装在摊铺机上，并将自动找平传感器放在基准梁的某个部位。使摊铺机摊铺时带着基准梁一起前进。上下两层的纵向接缝间隔 1m 以上，施工缝垂直。

对外形不规则、路面厚度不同、空间受到限制以及人工构造物接头等摊铺机无法工作的地方，经监理工程师批准采用人工摊铺，摊铺时做到：

（a）沥青混合料卸在铁板上，摊铺时扣揪摊铺，以防温度降低、离析。

（b）边摊铺边整平，以防离析。

（c）摊铺中途无停顿，各工序做到衔接紧密。

（d）低温、大风时，避免人工摊铺。

沥青混合料摊铺时做到以下几点：

（a）摊铺均匀、缓慢、连续不断地进行。

（b）摊铺混合料视气温情况，气温较低加热熨平板，且缩短碾压长度。

（c）气温低于 10℃时，摊铺沥青混凝土按照《合肥市政工程沥青混凝土路面冬期施工指南》实施。

（d）沥青混合料的摊铺温度符合规范要求。

（e）摊铺好的混凝土未经碾压禁止行人、车辆在上走动。

f. 混合料的压实。将选择合理的压路机组合方式（具体的压实工艺由试验段确定），以达到最佳压实效果，采用双钢轮振动压路机和轮胎压路机两种机型，特别地段使用小型压路机或人工热夯。

沥青混凝土的压实分为初压、复压、终压（包括成型）三个阶段进行，压路机碾压时慢而均匀，并符合规范规定。

初压时混合料温度控制在 135℃以上，并且碾压中不得产生推移、发裂，压路机从低的一侧向高的一侧碾压，振动压路机压实时，压路机轮迹重叠 10～20cm，胶轮碾压时，相邻碾压带重叠 1/3～1/2 轮宽，端部成梯状延伸，最后一轮斜压，压完全幅为一遍。初压一般碾压 2 遍，初压后立即检查平整度，必要时进行修整。

复压在初压的作业面上进行，复压温度控制在 125～135℃但不得低于 120℃，复压时先采用振动压路机，振动碾压 2 遍后，再采用重型轮胎压路机碾压。具体碾压遍数由试验确定，但不少于 4～6 遍，复压路面达到要求的压实度，并无显著轮迹。

终压紧接在复压后进行，其温度在 90～125℃但不得低于 90℃，选用双钢轮式压路机，碾压两遍以上，路面无轮迹，终了温度要符合规范要求。

碾压时做到以下几点：

（a）压实中严格控制好温度、速度、平整度、压实度、碾压区段长度等"五度"确保路面外观及内在质量。

（b）摊铺后立即碾压（碾压段长度 30～50m，压路机械与摊铺机之间距离做到尽量短，最短为 4～5m），除初压时速度保持 1.5～2.0km/h，适当提高复压时的碾压速度，以保证在较短的有效时间内完成三个阶段内必须达到的碾压总遍数。

（c）压路机禁止在未碾压成型或冷却的路段上转向、制动或停留；压路机启动、停止均做到减速缓慢进行；压路机在一碾压段内的终压点上成台阶状延伸，相邻碾压带相错 0.5～1m，使压实接头成 45°角，保证压实接头不在同一横断面上。

（d）碾压时划分好初压、复压、终压区段，防止出现漏压、少压现象。碾压完成后的停驶，压路机停放在终压已完成且温度低于 50℃ 的路段上。

（e）当钢轮压路机有沾轮现象时，涂洒油水混合物于钢轮上，并防止油水混合物滴在路面上，轮胎压路机碾压一段时轮胎发热后向轮胎洒水。

（f）压路机无法压实的边缘位置，采用振动夯板压实。压实机械或运输车辆经常检修，以防漏油。

（g）当天碾压未冷却的沥青混合料面层上禁止停放任何机械设备或车辆，不得散落矿料、油料等杂物。

g. 接缝的处理。

接缝处理做到操作仔细，接缝紧密平顺。

（a）纵缝接缝部位施工。一般不采用纵缝施工，不得不采用时应满足以下要求：

接缝方式为平接缝或自然缝。

施工前将施工缝清理干净并适量洒粘层油，摊铺时搭接宽度不超过 10cm，新铺筑的厚度通过松铺系数计算求得。

当搭接宽度合适时，将搭接部分混合料回推，形成凸形。如果材料过多，用平口锹刮平，将多余料运走。

纵缝采用热接缝，缝边成直线，设置在通行车辆轮辙之外，与下层接缝的错位至少为 15cm，在纵缝上的混合料在摊铺后立即用一台钢轮静力压路机重叠 15～20cm 碾压，慢慢推进，直至接缝平顺、密实。

（b）横接缝部位施工。相邻两层的横向接缝均错位 5m 以上，铺筑接缝前，清理干净，并洒粘层油，把熨平板放置于已压实端部的挚板上并加热熨平板，挚板高度由松铺系数求得，再开始摊铺。

拟采用平接缝施工。在一摊铺段施工结束时，摊铺机在接近端部前约 1m 处将熨平板稍稍抬起驶离现场，用人工将端部混合料铲齐后再碾压密实，然后用 3m 直尺检查平整度，趁尚未冷透时垂直刨除端部层厚不足、平整度不符合要求的部分，使下次施工时成直角连接。

横向接缝的碾压先用双钢轮压路机进行横向碾压，碾压带的外侧放置供压路机行驶的挚木，碾压时压路机重心位于已压实的混合料层，伸入新铺层的宽度宜为 15cm，然后每压一遍向新铺混合料移动 15～20cm，直至全部在新铺层上为止，再改为纵向碾压。

h. 开放交通。

摊铺层完全自然冷却，混合料表面温度低于 50℃ 后，开放交通，并注意搞好养护，不得污染路面，同时要限制重车行驶，以免破坏路面。面层碾压成型后，派专人负责维护。

i. 质量标准。

实测项目：沥青混凝土面层的允许偏差及检查方法符合市政道路工程质量检验评定标准的规定。

外观鉴定。

（a）表面平整密实，没有泛油、松散、裂缝、粗细集料集中等现象。存在缺陷的面积不超过受检面积的 0.03%。

（b）接茬紧密平顺，烫缝不枯焦。

（c）面层与路缘石及其他构筑物顺接，无积水现象。

（d）表面无明显碾压轮迹。

j. 施工过程中的注意事项。

（a）随时检测标高。

（b）对局部出现的离析人工筛料弥补。

（c）对碾压产生的推拥现象，人工用夯夯除。

（d）三米直尺逐段丈量平整度，尤其是接头，摊铺机停机、压路机换向部位要作为检测控制的重点。采取横向碾压等方式，使平整度满足要求。

（e）上面层不准人工修补、处理，摊铺时发现混合料有问题将混合料彻底清除。

5. 侧石安砌

侧石安砌与主体工程可以穿插进行，沥青混凝土路面段在摊铺沥青路面前先砌好两侧路侧石。侧石是道路工程的重要组成部分，特别是对道路的外观检查项目影响大。

侧石下部混凝土基础要符合设计要求，以保证侧石稳固，侧石砌筑的位置、高程要满足设计要求，以保证侧石直顺度、平整度、相邻块高差等质检指标满足设计和质检评定要求。

10.4.2.8　桥涵、护岸工程施工方案

1. 桥梁施工见桥梁桩基、预应力张拉以及吊装专项施工方案

略。

2. 浆砌挡墙及桥头锥坡施工方案

（1）一般要求。

1）浆砌石采用铺浆法砌筑，要求平整、稳定、密实和错缝。铺砂浆前，清洗石料表面上的泥土并洒水润湿，使其表面充分收水，但不残留积水，灰缝厚度一般为 20～30mm。

2）砌筑砂浆配合比经试配确定，并报监理人审核后使用。由于施工部位多，砌筑砂浆在各砌筑工作面用 350L 滚筒式拌和机拌制，机动翻斗车运输。砂浆试块按规范要求留制。砂浆稠度为 30～50mm，现配现用，并根据气温变化情况进行适当调整。砂浆必须要在初凝前用完。

3）采用浆砌法砌筑的砌石体转角处和交接处同时砌筑，对不能同时砌筑的面，留置临时间断处，并砌成斜槎。

4）砌石体尺寸和位置的允许偏差，不得超过 GB 50203—98 表 6.1.6 中的规定。

（2）浆砌石挡墙、桥墩。

1）挡墙基础若为混凝土底板时，在混凝土浇筑期间，按规范要求预埋一部分出露毛石，并在砌筑前将混凝土底板面凿毛处理，冲洗干净。

2）采用的毛石料中部厚度不小于 200mm，分层坐浆砌筑时，石块卧砌、上下错缝、内

外搭接、砌立稳定，每层依次砌角石、面石，然后砌腹石，砌体均衡上升。每日砌筑高度控制在 1m 左右，并找平一次；外露面水平灰缝宽度不大于 25mm，竖缝宽度不大于 40mm，相邻两个分层高度间的错缝不小于 100mm；伸缩缝和排水孔按图纸设置，砌筑后按规定及时养护。

（3）浆砌石勾缝。勾缝前，砌体表面溅染的砂浆清理干净。块石砌筑后必须及时清缝，清缝在块石砌筑 24 小时后进行，缝宽不小于砌缝宽度，缝深不小于缝宽的 2 倍。同时将缝槽清洗干净，不得残留灰渣和积水，并保持缝面湿润。勾缝用砂浆单独拌制，采用 1：1.5 水泥砂浆或设计文件规定标号的砂浆勾缝，勾缝砂浆严禁与砌体砂浆混用。勾缝完成及砂浆初凝后，将砌体表面刷洗干净，加强养护。

（4）砌体养护。砌体外露面在砌筑后 12～18h 之间及时养护，经常保护外露面湿润。水泥砂浆砌体的养护时间不少于 14 天。

10.4.2.9　路灯照明工程施工措施

1. 路灯基础施工

（1）模板工程。采用组合钢模板施工，局部采用木模板在加工厂按图纸配制，检查合格后运至现场安装。木模板表面应刨光。安装前涂刷隔离剂。木模面板采用 25mm 厚松木板，背筋都为 50mm×100mm 扁方。模板采用地垅木固定，模板木支撑水平向夹角不得大于 40℃，模板安装好后，现场检查安装质量、尺寸、位置均符合要求后，再进行下道工序施工。

（2）钢筋工程。钢筋在内场加工成型，现场绑扎定位，上、下层钢筋片间用工字形钢筋支撑，支撑与上、下层钢筋网片点焊，以确保网片之间的尺寸。下层钢筋网片垫混凝土垫块，垫块强度不低于底板混凝土，以确保钢筋保护层，支撑间距不应大于 1.5m。需要焊接的钢筋现场焊接，为加快施工进度，直径 14mm 以下的钢筋尽量采用搭接。

（3）混凝土工程。混凝土采用机械拌制，混凝土输送泵将混凝土直接输运至浇筑仓面，混凝土浇筑严格分层，层厚 30cm，浇筑层面积与机械拌制、运输相适应，施工中不应产生冷缝。上层混凝土浇筑时，振动棒插入下层混凝土 5cm。确保上下层混凝土结合紧密。仓内混凝土泌水、地下渗水及时排除。混凝土浇筑成型后，用水准仪控制表面高程，确保成型混凝土面高程与设计相符，混凝土终凝前，人工压实、抹平、收光。混凝土终凝后，及时养护。

混凝土浇筑过程中要注意钢筋、预埋件等位置的准确性，并使止水周围混凝土浇筑振捣密实。

2. 路灯安装施工

（1）照明管路一般为暗敷设，根据土建加固进度，应按施工图纸完成照明管路、接线盒、灯头盒等预埋。

（2）照明箱、插座、开关等照明电器离地高程等应符合设计要求，对一些本身较重的灯具，必须有承重措施。

（3）本工程室外照明较多，采用灯杆的路灯基础，浇筑基础时要注意成排的直线度，灯杆之间的间距相等。

（4）电缆安装前须熟悉设计图纸，统计电缆规格和数量，制定电缆的采购及接收计划。

（5）电缆施工严格按《电气装置安装工程电缆线路施工及验收规范》(GB 50168—92) 执行。

（6）电缆在施工短途搬运中应防止摔坏电缆盘，特别要注意对易受外部着火的电缆密集场所或可能着火蔓延而酿造成严重事故的电缆回路，必须按设计要求进行防阻燃措施。

（7）电缆敷设的排列、弯曲半径、固定点距离，应符合设计或规范要求。

（8）电缆敷设完成后，对各系统应进行成组模拟试验。试验前，应向监理工程师提交书面试验计划。

（9）电缆头制安前后应进行直流耐压试验，三相泄流基本平衡，相差在规范的范围内，泄流值不应随时间而增加。

（10）所有的高压电缆、低压动力电缆、控制电缆的出口处应加以密封。

（11）电缆管的加工与敷设技术要求应按招标文件有关技术条款执行。

（12）电缆敷设的最小弯曲半径，电力电缆头布置，电缆支架等的技术要求应按招标文件条款及提供的电气施工图的要求进行。

（13）所用的预埋钢管及 PVC 塑料管应在预埋前进行检查，管径、壁厚等是否符合设计要求。

（14）如果电气穿线管为明管布置时，其管子托架及固定按施工规范要求进行，管子固定螺孔要求用钻头钻孔，不允许现场用氧气割孔。

（15）所采购的管件，如弯头、接头要符合规范要求，不合格产品坚决退回供货单位。

（16）电缆管道安装按规范要求，水平管除有下水坡度要求外，按水平装设，垂直管不允许倾斜。施工后要美化整理，使之排列整齐，并按要求涂漆。

（17）低压电缆穿越高压电缆时，低压部分电缆要用钢管进行保护。

10.4.2.10　交通标志标线工程施工方案

1. 标志施工

（1）施工方案。

1）根据本工程的具体数量、工期及质量目标，结合本公司以往的施工经验，对本分项工程配备 8t 吊机 1 台，350L 混凝土搅拌设备 1 套，专业施工人员 10 人，测量试验仪器（逆反射系数测量仪、色彩色差仪、涂层测厚仪等）4 台套。

2）在标志制作前，向监理工程师提供所采用的原材料质保单及各类标志板面各种图案的配置图供监理工程师和业主审查批准。所有运往工地的标志产品的质量均应符合《公路交通标志板技术条件》（JT/T 279—1995）及《道路交通标志和标线》（GB 5768—1999）的技术标准。

3）施工之前，向监理工程师提供详细的施工组织设计，供监理工程师审查批准。

（2）施工方法。

1）施工放样。

a. 所有标志都应按图纸的要求定位和设置，安装的标志应与交通流方向几乎成直角，在曲线路段，标志的设置应由交通流的行进方向来确定。

b. 基础施工。支柱基础应按设计文件规定的尺寸及位置进行开挖。现浇混凝土时，小型基础可不立模板。在浇筑混凝土前基坑要进行修整，基底要夯实。

基底按设计文件要求进行处理后立模板、绑钢筋、钢筋尺寸应符合设计规定，地脚螺栓和底法兰盘位置要正确。浇筑混凝土时，应保证底法兰盘标高正确，保持水平，地脚螺栓保持垂直。

c. 浇筑好的混凝土基础应进行养护，基础周围应回填夯实，并应在安装支柱前完成。

2）标志立柱制作安装。

a. 严格按设计文件要求选购材料，所有钢板按设计文件要求必须有材质证明，经监理工程师验收方可加工。

b. 将采购回来的钢材，按设计文件尺寸进行切割，型材用气割切割，钢板用轨道式切割机切割，切割好的钢材，用打磨机打磨，需拼接的部位，一定要切割成焊口。

c. 焊条必须选用设计文件及国标要求的材料，焊缝厚度必须达到设计文件要求，焊好后材料应检查焊缝的厚度及平滑度。

d. 将焊好的结构进行酸洗处理，必须洗干将，以确保除锈的彻底性。

e. 将酸洗处理的铁件，浸放在热镀锌槽中，镀锌要均匀，必须保证镀锌厚度。

f. 将镀完锌的支柱用麻绳包好存放在便于运到工地。

g. 支柱须待混凝土基础经过养护以后，方可安装。

h. 支柱通过法兰盘与基础连接。清理完底法兰盘和地脚螺栓后，立直支柱，在拧紧螺栓前应调整好方向和垂直度，最后，拧紧地脚螺栓。支柱上的悬臂梁可在安装支柱前先行安装。

3）标志牌制作安装。

a. 严格按设计文件要求选取材料，所有材料必须附有材质证明。严格按照设计文件及国标 GB 5768—1999 技术规范要求进行。标志结构、标志板加工制作必须正确，字符、图案颜色必须准确。

b. 将铝板按尺寸及技术要求进行剪切，需弯边的用弯边机弯边；再按图纸要求，用铝铆钉进行铆接，然后用手指脱法将铝板洗干净；最后干燥铝板，将干燥后的铝板按设计文件用黏膜机将底膜贴在铝板上，再按设计文件要求的字、图，将其用转移纸贴在底膜上，将好反光膜的标志牌包装分类存放在干燥的房内。

c. 支柱安装并校正好后，即可安装标志牌。滑动螺栓通过加强筋中的滑槽穿入，通过包箍把标志板固定在支柱上。

d. 标志板安装完成后应进行板面平整度调整和安装角度调整。

e. 标志牌安装完毕后应进行板面清扫，在清扫过程中，不应损坏标志面或产生其他缺陷。

2. 标线施工

（1）施工设备。标线施工的方法，从画线车的结构大致可分为人工划线法和机械施工法。人工划线的机械结构简单、易于使用，可做小回转，对交通妨碍极小，所有种类的标线图案都可施工，是目前热熔型标线施工的最主要、最常用的一种施工方法。由于本工程标线量不大，采用人工手推式划线车施工，手推式划线车如图 10.13 所示。

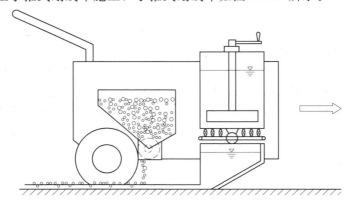

图 10.13　手推式划线车

手推式划线车的线宽是由涂斗的宽度决定的，一般可采取换涂斗的方式来改变所涂标线的线宽，也可采用拼涂的方式加倍所涂标线的宽度。常用涂斗宽度是 100mm、150mm、200mm。

（2）施工方式。热熔型标线涂料在常温下是固体粉末状，施工时，将涂料投入熔融釜中，熔化呈熔融流动状态后，放入手推式划线车的保温熔融料斗中，然后将熔融涂料引入划线斗中，并保温使物料保持熔融状态。开始划线时，应把划线斗放在路面上，由于划线斗与地面间有一定的间隙，当推动划线车时，靠自动流淌而刮抹出一条整齐的标线，它能自动均匀地在标线上撒布一层反光玻璃珠。划线斗的间隙控制标线涂膜的厚度，与手推划线车的行走速度无关。

（3）施工条件。热熔型标线涂料的施工要求在天气晴朗 24 小时之后，白天 10 点以后开始，并且要求路面平整、干净、不潮湿。

（4）施工工序。热熔型标线涂料的施工工序如下：

1）施工前的各种准备。

2）放样。按设计文件进行计测，使用粉笔、钛粉等，在路面上做记号放样。

3）路面清扫。清扫路面上妨碍涂料与路面粘接的物质（尘土、砂、泥、油、水分、附着物等），特别是水分要充分干燥。

4）涂洒底漆。为提高涂料的黏结力，施工中不同种类的路面材质要采用不同类型的下涂剂。

5）熔融涂料。将材料适当加热，使其达到熔融状态。

6）喷撒涂料。用斗槽式涂布机，涂抹路面标线，同时，撒布玻璃珠。

（5）热熔型标线的施工技术。

1）施工中关键技术。

a. 涂料熔融。在热融釜中加热涂料时，为避免涂料材质热劣化，要避免高温、长时间的高温加热，最好使用适当温度、短时间的加热方法。当施工需要等待时，要降温，进行涂布时再将温度升上来。

b. 划线或涂敷。涂敷时熔融斗和划线斗必须保持恒温。当涂料流动性差时，要调节加热量，否则涂膜不光滑，与地面的结合力不好。一般正常的涂敷温度为 180～190℃左右。

c. 玻璃珠的质量及撒布工艺。在标线反光原理中已有过叙述。

2）施工中出现的问题及解决方法。表 10.14 列出了热熔型涂料标线施工中可能出现的问题及解决方法。

表 10.14　　　　　热熔型涂料标线施工中可能出现的问题及解决方法

问　题	原　因	解决方法
变色	熔融过程中温度过高	严格控制加热温度
反光效果差	风大，玻璃珠撒布不均，玻璃珠受潮，下落不均	玻璃珠撒布机上加防风罩，注意玻璃珠的干燥
剥离，附着不牢	有灰土、水、地面潮湿，熔融流动性差，路面温度低、路面质量差，底漆涂得不够或涂后长期放置，效力降低	加强清理，提高温度，避免在路面温度 5℃ 以下施工，注意底漆处理
针孔	底漆未干，路面潮湿	干燥 10 分钟以上，干燥后施工
涂膜不平整	流动性不好，斗底间隙太小，刀具形状不好	调节熔料温度，调节斗底间隙，整修刃具
涂膜有划痕	路面有石子，有过烧块和其他杂物	边清扫边涂敷，正确熔融涂料，网筛过滤

10.4.2.11 绿化工程施工措施

1. 施工方法

（1）根据现场条件及甲方要求，进行场地验收、平整、定点放线。对苗木种植场地系统勘测，按甲方要求翻整土地，并内运种植土进行绿化带回填。遵从按图施工原则，确保苗木种植地段符合苗木生长要求，严格按技术规范进行苗木种植。

（2）严把选苗关，严格挑选符合绿化种植设计要求的乔、灌木，乔木要求冠形丰满，枝干挺拔，灌木冠形匀称，枝条紧密。严把苗木检疫关，杜绝病虫感染或生长衰退的乔、灌木进入现场。对进入施工现场的苗木严格验苗，合格苗木方可下车使用，凡不合格苗木全部退回。

（3）苗木栽植过程中公司质检部派人进驻施工现场随时进行质量检查，对不符合设计要求或不符合栽植规范的有权下返工单。栽植过程中严格按技术规范执行，保证在业主方计划要求的工期内完成所有苗木种植施工。

（4）严格控制每一道工序和每一道工艺的质量，保证工程在质量达标基础上按期完工。

（5）工程竣工后将安排质检部在业主、监理单位验收之前首先对施工质量进行初验，发现问题及时安排相关部门解决，保证业主和监理单位能够一次验收成功。

（6）一年养护期内及时对乔、灌木进行修剪、扶正、施肥、病虫防治，确保苗木生长旺盛，并及时更换补植死亡苗木，保证养护期满后，所有苗木成活率在100%。在合同规定的养护期公司质检部监督养护队搞好日常养护管理工作，并定期检查评分。对养护管理中出现的问题及时下达整改意见，养护部应立即安排养护队改正存在的问题。

2. 技术组织措施

（1）为确保工程质量达到招标文件的规范要求和业主的规范要求，特建立工程质量监督小组，以监督工程质量，务必达到招标文件和业主的规范要求。

（2）一般措施：

1）建立质检机构，指派高级工程师组织开展工作，从平整场地、定点放线、苗木进场质量、规范栽植、精心养护五个方面实行全方位监控。

2）在栽植前，先由质检部检查树坑的径深，验收合格后方予以栽植。栽植时严格按园林施工技术规范要求施工，栽种后根据土质、气候特点及树木情况做好浇水、培土、修剪、打桩等工作。每道工序必须经质检部验收合格。

3）为保证树木、草坪成活率，安排养护组人员切实做好养护工作，项目部每月组织工程、质检等人员对养护工作进行二次全面检查。

4）在一年养护期内确保景观效果，发现枯死苗木及时补种，随时清除杂草，定期修剪草坪。

5）确保工程质量达标合格及其以上等级，单位拨出专项奖励基金，奖励对在该项工程中表现突出的人员。

（3）质量技术措施。

1）绿化施工中的苗木栽植的每道工序从挖树穴、换土、施肥到苗木栽植、养护都是非常重要的，针对苗木栽植的特点，特制订如下苗木栽植措施：

a. 开挖苗木树穴：严格按照《城市绿化工程施工及验收规范》和合同的要求，按照图纸进行定点放线；根据苗木根系、土球直径确定树穴大小，质检员对开挖的树穴进行抽查（抽查率不低于30%）、确认，并经业主和监理单位认可后，符合要求的树穴方可进入下道工序，保证植物栽植后生长旺盛。

b. 换土、施肥：将根据业主要求和现场土质状况确定所换土壤的数量和土质；并及时按照业主要求和所栽植物的生理习性确定所施基肥的品种和数量，购买正规厂家生产的合格肥料，足量施肥，经质检员以及业主和监理单位认可后方可进入下道工序。

c. 苗木栽植：苗木起苗前做好断根、修剪等处理措施；装运过程中要将树冠捆拢，并固定树干，防止树皮损伤，特别要注意不得损伤土球；吊装时直接将土球吊放在种植穴内，拆除包装，分层填土夯实。栽植后要设立支撑，防止树身摇晃不稳。大树养护由专人负责，进行修剪、施肥、浇水、包裹树干、防寒、病虫害防治等工作，保证其成活。

2）为使本工程的绿化养护工作达到"安徽省园林养护管理技术操作规范"的要求，我单位做以下具体安排：

a. 按园林绿化"ISO 9001"质量管理体系与操作实务的要求建立完整的养护管理档案。

b. 制定严格的自查考核制度，接受业主进行检查评分。

c. 具体养管措施。

苗木管护：乔木要定期修剪、整形、抹芽、扶正、去枯，确保树形优美，长势良好；及时做好病虫害防治工作；树盘内及时除草松土，清理杂物。

整形花灌木每年修剪不少于 8 次，其他花灌木每年修剪 2～4 次。

地被植物：定期拔除杂草，确保绿地内常年无杂草。

草坪：定期拔除杂草，每年修剪 8～10 次，生长旺季视情况增加修剪次数；根据不同品种的生物学特性和季节的不同控制草坪高度在 5cm 左右；修剪后的草屑及时清除。保证一年内草坪覆盖率达到 100% 以上。

绿带整体管护：保持绿地乔、灌、花、地被等植物生长旺盛，生长期内每月除杂一次，年均不少于 6 次，及时补植树木和清理枯死树木，做到日常检查无死树，年末检查无缺株。及时做好绿地抗旱浇水、扶正、排涝、施肥、防治病虫害。

10.4.3 施工组织机构

10.4.3.1 机构设置

本工程实行项目管理，从内部抽调具有类似工程施工经验的人员组建项目经理部，实行项目经理负责制。在项目部设立工程科、质检科、安全科、试验室等，分工负责，相互配合。

项目部具体施工管理网络如图 10.14 所示。

10.4.3.2 项目主要管理人员职责

1. 项目经理岗位职责

（1）建立健全的项目施工管理网络体系，负责本项目的安全、质量工作。

（2）严格成本核算制，合理控制成本，对项目的生产经营活动负责。

（3）检查、督促各部门的工作，确保工程顺利进行。

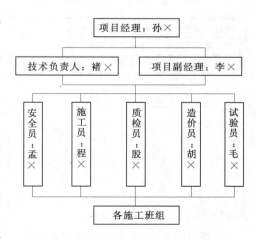

图 10.14 项目部具体施工管理网络图

（4）全力支持配合各部门做好工作。

（5）积极配合建设单位处理好与地方的关系，减少施工干扰对当地人民群众的影响。

（6）执行企业法人代表赋予的其他职责。

2．技术负责人岗位职责

（1）全面负责本项目的技术工作，负责本工程执行规范、规程和标准的准确性。

（2）参加业主、监理及公司举行的质量会议并负责贯彻落实。

（3）编写具体施工方案，指导施工，监督、检查有关质量体系的运行。

（4）负责对工程质量缺陷的处置，会同上级部门对事故进行调查、分析、处理。

（5）负责组织项目部 QC 小组的日常活动。

（6）负责项目成本核算工作，合理控制成本，参加工程决算。

3．项目质检员岗位职责

（1）全面负责本工程的质量工作。

（2）参加技术交底，图纸会审工作，对各班组进行工序技术交底。

（3）组织技术干部及有关人员学习规范、规程、技术标准和熟悉图纸。

（4）收集质量记录资料，负责竣工资料的编制管理工作。

（5）负责对质量缺陷的具体处理。

（6）享有质量一票否决权，对任何违背质量要求的行为有权拒绝施工。

（7）负责本项目质量目标的分解，编制质量计划并具体组织实施。

4．安全员岗位职责

（1）对本项目安全生产工作负具体责任。

（2）制定和实施安全技术措施，制订各工种岗位安全操作规程，并挂牌上墙。

（3）检查安全生产工作，消除事故隐患，制止违章作业。

（4）对职工及外协施工队伍进行安全技术和安全纪律教育。

（5）认真执行安全生产规章制度，不违章指挥。

（6）坚持"安全第一"的方针，有权拒绝执行上级违反安全技术规程的指令。

（7）发生伤亡事故及时上报，认真分析原因，提出和实施安全整改措施。

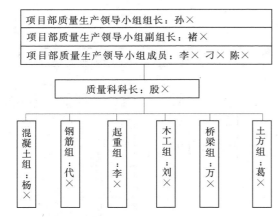

图 10.15　工程质量管理组织机构图

10.4.4　确保工程质量管理体系与措施

10.4.4.1　质量目标

本工程质量目标为：合格标准。

10.4.4.2　质量保证体系

1．质量管理机构

本工程将严格执行市政工程施工"三检制"，并严格按公司批准颁布的质量体系文件执行。质检组织机构详见图 10.15。

2．工程质量保证体系、质量实施作业体系和质量监控体系

工程质量保证体系如图 10.16 所示、质量实施作业体系如图 10.17 所示、质量监控体系如图 10.18 所示。

3. 工程质量控制职责

（1）项目经理。受公司法人委托，全面负责本合同执行，对工程的施工质量负直接责任，对聘用人员有指挥、解聘和因质量目标完成情况进行奖惩的权力。

（2）技术负责人。负责组织及实施本合同的质量安全管理，审查修正有关质量的各类计划及报表，直接深入施工现场，随时发现和解决施工中存在的问题，对施工全过程负责。

（3）项目质量管理领导小组。为保证工程质量，项目经理部成立以项目经理为组长的项目质量管理领导小组，下设质量管理科。

（4）质量管理科。负责组织实施本合同的质量、安全管理，对工程质量进行复检，审查修正有关质量的各类计划及报表，直接深入施工现场，随时发现和解决施工中存在的问题，对施工全过程负责，具体执行项目

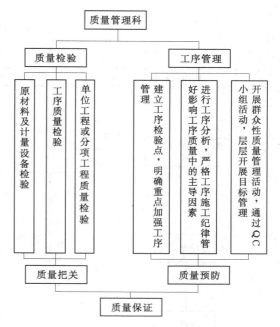

图 10.16　工程质量保证体系

质量管理领导小组的各项质量目标及任务。同时在施工过程中，对施工质量进行监督，负责内部施工程序的检查并收集整理与质量有关的资料。有权提出对内部的奖惩意见，对施工质量问题提出处理意见，负责与质量、安全方面的人员保持联系。

（5）工程科。在技术负责人的领导下，按规定贯彻质量标准，负责本合同项目质量措施的制定与执行，对施工质量进行监督，负责内部施工程序的检查并收集整理与质量有关的资料。有权提出对内部的奖惩意见，对施工质量问题提出处理意见，经质检科报请监理工程师审批后组织实施。

（6）财务器材科。在项目经理的领导下，负责本合同范围的物资、器材、设备的询价及购货合同的签订与采购，负责进货的质量控制、管理、仓储、保管、物资的发放与使用监督，做好相应的各种试验与记录，随时提交总工与监理工程师审查，保证材料质量与设备完好率。

（7）试验室。负责对各种原材料的取样试验，设计试验水泥稳定碎石混合料、混凝土、砂浆等各种配合比，施工中跟踪取样，全过程以试验数据指导工程施工，跟踪控制质量。

（8）施工作业队。负责按项目经理部提出的质量、进度、安全目标，做好本工程的施工。

10.4.4.3　质量检查制度

项目部设质量科，配备专职质检员，负责日常的质量检验工作；在工地上设立试验室，配置 2 人，负责日常的试验工作。配足质检仪器、设备，制定质检人员管理办法，试验、检验人员持证上岗，正常施工期，质检人员不得离开工地，确保质检工作正常开展。质检程序详见图 10.19。

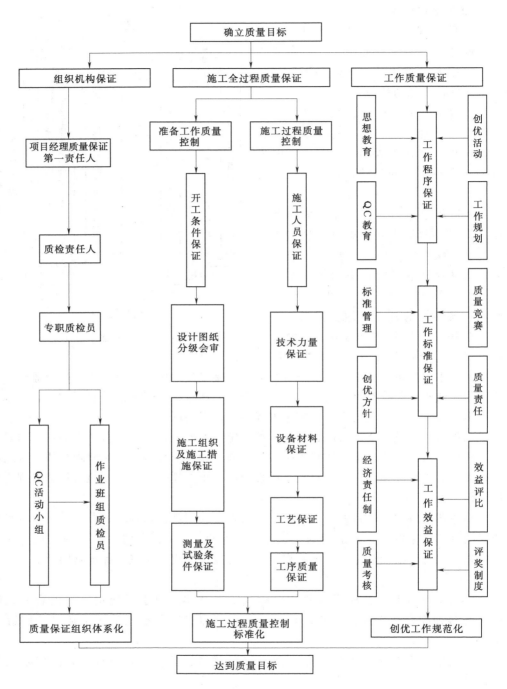

图 10.17 工程质量实施作业体系

10.4.4.4 规章制度

1. 建立健全质量管理规章制度

开工前结合工程实际情况建立质量管理制度，明确各职能部门职责。制定质量检查制度，明确工程开工前、施工过程中、完工后质量检查的方法及步骤；制定质量奖惩制度，将

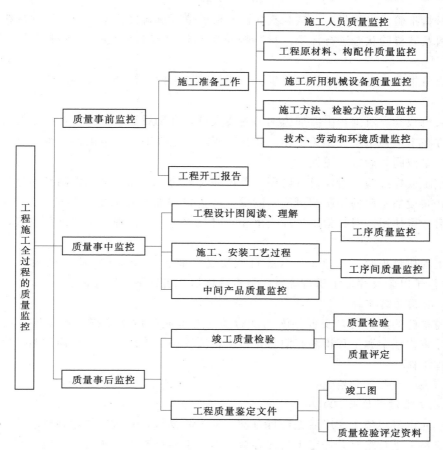

图 10.18　事前、事中和事后质量监控系统

工程质量优劣与经济利益挂钩；制定各种机械设备的操作规程，将设备操作手的业绩与工程质量奖惩联系起来。

2. 技术交底工作

技术交底工作，对提高工程质量有重大意义。

认真做好图纸会审工作，领会设计意图，对图纸中出现的问题或施工工艺上确有困难的部位认真做好记录并提交会审会议研究，将会审的结果按要求规定在图纸上进行标识。

结合各工序的施工方案，在开工前由工程技术负责人向施工班组进行交底，并做好记录，使操作者做到心中有数，施工起来有的放矢。

3. 建筑材料、机械设备、施工人员、测量放样、工程质量的报验制度

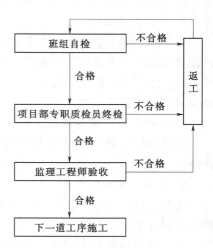

图 10.19　质检程序图

报验工作是施工过程中各项工作经自检合格后报请建设（监理）单位验收的一项重要工作，是建设（监理）单位对我们工作认可与否的重要依据，因此，报验工作是我们保证工程质量的重要手段之一。

（1）材料报验。进场材料经试验室抽检合格后填写材料报验单，说明该批材料的使用部位并对材料及其检验状态进行标识。材料报验单经建设（监理）单位批准后方可使用进场材料。

（2）设备报验。对进场的设备数量、性能先进行自检，符合要求后报请复验，复验合格后使用。

（3）人员报验。对工程中参加施工的主要人员，进场后填写报验单，经建设（监理）单位同意后方在本工程中担任相关工作。如在工程施工过程中，人员更换，也要填报验单经建设（监理）单位同意后方可更换。

（4）施工放样报验。对建设（监理）单位移交来的水准点、坐标控制点和建筑物轴线进行复核，并布设加密后的控制测量网。测量复核资料和加密后的控制测量网经建设（监理）单位确认后才可使用。对日常施工放线也要及时报请建设（监理）单位进行查验，检验合格后使用。

（5）工程质量报验。每道工序检查符合质量标准后，填写工程质量报验单，报请建设（监理）单位予以验收并核定质量等级。只有合格后才进行下道工序的施工。

10.4.4.5 试验管理工作

所有需检验的原材料以及各种施工试验委托有资质的试验检查机构承担，在工程开工后，我单位将委托金源工程检测有限公司作为检测单位。拟配备 2 名专职试验员负责本工程的试验管理工作。

10.4.4.6 施工过程质量检验

1. 单元工程质量检验（工序）

一般单元由班组施工完毕后先进行自检，施工队复检，确认质量达到要求等级后再由项目部专职质检员进行终检并评定出自评等级，填写工程报验单，实行"三检"制度。请监理工程师进行验收并核定质量等级，达到质量目标要求后，再进行下道工序的施工。

2. 单位工程验收

当所有分部工程施工结束后，由项目部对工程进行竣工初验并写出自验报告，对单位工程验收所需的工程资料进行整理，对原材料质量进行统计、分析评定，并自评出单位工程质量等级，达到预期质量目标后，再报请监理单位，由验收主持单位组织工程验收。

10.4.4.7 质量目标的分解

1. 关键部位、重要隐蔽工程要确保合格

关键部位、重要隐蔽工程是各工序工程能否合格的关键，因此这部分的质量要确保合格。

2. 混凝土拌和物质量

工程合格的必备条件之一是混凝土拌和物质量必须达合格标准，本工程混凝土拌和物质量要达到混凝土质量评定标准。

本工程采用商品混凝土，要选择符合质量要求、信誉好的供应厂家。施工现场对所送的商品混凝土要随机取样进行检测，确保混凝土拌和物符合质量要求。

3. 工程资料

工程资料必须齐全，因此本工程设一名专职资料员，负责及时对工程过程进行记录，收集、整理各类文件、资料，以保证工程资料达到及时、齐全、科学、规范。

工程竣工验收前按竣工资料管理规定，对本工程资料进行分类整理、装订，及时将完整的竣工资料提供给建设、监理、质监等单位检查验收。

4. 施工及质量检查

本工程施工及质量检查完全按有关的施工规范、质量评定标准、施工图纸及监理有关规定执行，并接受业主及监理的监督。

10.4.4.8 *材料合格率保证*

材料质量是影响工程质量最基本的因素，如何在施工过程中确保材料质量是施工管理的最主要工作。针对本工程的施工特点、施工内容采取如下保证材料质量的施工措施。

1. 材料的采购

工程材料均自行采购，为确保材料采购的质量，将实行材料采购负责制。项目部安排一名副经理分管材料的采购工作，制定详细的材料采购责任制和监督体制。具体的材料采购和验收工作由项目部材料科负责，力求从工作责任制上保证材料采购的质量。

2. 材料质量检测

不论是采购的材料，还是直供的材料，均要经试验室检测。经检测符合质量要求的材料要及时进行标识，并作为工程中使用的材料。对水泥、钢材等材料经检测不满足质量要求，应作为废品处理，退回工厂。

3. 材料的保管

材料的购进量应与施工进度同步，并有一定的储量。材料的保管工作就是要加快材料的周转，确保储备的材料质量不下降。

（1）安排好材料购进计划，工程开工前和开工过程中按工程月、旬、日施工计划做出材料采购计划，力求使材料的购进量与使用量平稳，尽量减少材料储量。

（2）按照材料进库的先后顺序使用材料，即先入库材料先使用，减少材料保管期。特别是水泥材料，随着时间的延长，其质量下降很快，要尽量缩短水泥库存时间。

10.4.5 确保安全生产、文明施工管理体系与措施

建立完整的安全生产、文明施工、环境保护的保证体系，坚持"安全第一、预防为主、综合治理"的方针，以实现杜绝安全事故和完成现场安全文明达标为目的；以提高建筑安全生产管理水平，改善施工现场作业环境与劳动条件，实现"安全、卫生、环保、爱民和现场安全文明标准化"的要求为宗旨，使该工程安全文明管理工作迈上一个新台阶。

施工现场建立治安保卫制度，加强社会治安管理，群防群治，协调好周边群众关系，同时加强现场防火工作，并有专人负责进行检查落实情况，创造良好的施工和生活环境。

10.4.5.1 *管理目标*

本工程承诺达到以下目标：

（1）杜绝重伤、死亡事故的发生，轻伤频率≤1.5‰。

（2）杜绝设备、火灾、交通事故。

（3）全员教育率100%；项目经理、安全员、特种作业人员培训、考核、持证上岗率为100%。

对上述安全文明管理目标分解，项目部成立各班组安全文明小组，责任到人。

10.4.5.2 *安全文明施工组织保证措施*

项目经理为项目安全第一责任人，对工程施工安全负有全面领导责任。建立健全项目部

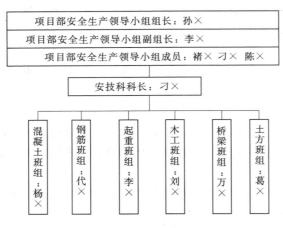

图 10.20　项目部安全生产组织机构网络图

安全组织机构管理网络，设立安全科配备专职安全员，建立工地安全生产管理规章制度，完善安全生产基础工作资料，形成有力的安全生产保证体系。

其组织机构管理网络图如图 10.20 所示。

10.4.5.3　安全技术保证措施

根据国家颁布的各种安全规程，结合本工程的实际情况，工程开工前，公司会同项目部认真编制适合本工程的《安全防护手册》，报业主、监理工程师批准后，发给员工，做到项目部员工人手一册。

项目部建立定期每月安全例会制度、安全教育制度、安全检查与隐患整改制度、安全设施机械设备验收制度。

项目部参加施工的所有人员必须进行上岗前"三级（公司、项目部、班组）"安全知识素质教育，并实行安全考核，考核不及格的不准上岗。

安全管理人员与特种作业人员必须经省建设厅培训考核发证，分别持有《安全管理人员岗位资格证书》《建筑工程特种作业人员安全操作证》上岗。

该工程为市政道路及桥梁工程，根据 ISO 9001 质量体系认证文件要求，项目部认真编制该工程施工安全技术交底书，做到编、审、批签字。项目部施工技术负责人应逐级进行安全技术交底。每个单项工程开始前，须重复交代单项工程的安全技术措施。项目部安全技术交底填写《分部（分项）工程施工安全技术交底书》，并实行班组交底签字制，责任到人。

专职安全员每日巡回检查、监督。一旦发现违章作业或异常情况，立即进行批评教育，情节严重的给予罚款、停工和退岗等处罚。

安全生产基础工作资料记录及时、完整、建档。

现场临时用电依据建设部《施工现场临时用电安全技术规范》（JGJ 46—2005），编制专项用电施工组织设计，并绘制现场用电平面布置图。

现场临时用电采用"TN - S"系统，实行三相五线制，做到三级配电两级漏电保护，主要线路采用架空敷设。配电箱采用标准铁制配电柜、配电箱。重复接地电阻不超过 10Ω，工作接地电阻不超过 4Ω。施工现场动力设备和照明线路按规定分开设置。现场一切用电设备、照明、送电线路的安装、维护和拆除，必须由专业电工完成。

针对性的安全技术措施。

根据国务院《建设工程安全生产管理条例》，必须对危险性较大的分部分项工程及施工现场易发生重大事故的部位、环节制定针对性的安全技术措施，结合本工程工艺流程特点，特制定以下针对性的安全技术措施。

（1）模板工程安全技术措施。

1）模板工程施工前，应按照工程结构形式、现场作业条件及混凝土的浇筑工艺制定相应的模板施工方案。

2）模板工程施工前，按规范要求必须进行模板支撑设计。

3）立杆的压缩变形值与载重和风荷载作用下的抗倾覆计算，应符合现行国家标准《混凝土结构工程施工及验收规范》的有关规定。

4）大模板组装或拆装时，指挥及操作人员必须站在可靠作业处，任何人不得随大模板起吊，安装外模板时作业人员应挂牢安全带。

5）混凝土施工时，应按施工荷载规定严格控制模板上的堆料及设备。

6）模板拆除工作必须经工程负责人批准和签字及对混凝土的强度报告试验单确认后进行。

7）模板拆除顺序应按方案的规定顺序进行。当无规定时，应按照先支的后拆和先拆非承重模板后拆承重模板的顺序。

8）模板拆除作业严禁在上下同一垂直面上进行。

9）大面积拆除作业或高处拆除作业时，应在作业范围设置围圈，并有专人监护；拆除模板、支撑、连接件严禁抛掷，应采取措施用槽滑下或用绳系下。

10）拆除的模板、支撑等应分规格码放整齐，定型钢模板应清整后分类码放，严禁用钢模板垫道或临时作脚手板用。

11）模板支撑系统的构造应符合扣件式钢管脚手架搭设规范要求。

（2）钢管脚手架搭设与拆除工程安全技术措施。

排架脚手架采用钢管式脚手架，钢筋安装及混凝土浇筑都是自下而上施工，需要搭设满堂脚手架的必须搭设满堂脚手架。

搭设措施：搭设的脚手架要保证各构件间有可靠的连接，并与地基有稳固的支撑，整个脚手架的整体性和稳定性要符合安全性要求。脚手架搭设必须采取可靠措施确保其强度和安全稳定性。

1）扣件式钢管脚手架施工前，按建设部《建筑施工扣件式钢管脚手架安全技术规范》（JGJ 130—2001）编制专项搭、拆施工方案，做到编、审、批签字。

2）从事脚手架搭设、维修、拆除作业的人员，属特种作业人员，必须持证上岗。操作时，必须正确佩戴好安全帽、系好安全带、穿好防滑鞋。

3）脚手架搭设前，由项目技术负责人向架子工班组作业人员进行书面安全技术交底，并履行签字手续。

4）钢管脚手架、平台的搭设严格执行《建筑施工扣件式钢管脚手架安全技术规范》（JGJ 130—2001）要求，钢管外径48mm，壁厚3.5mm，材质无锈蚀、裂纹、变形扭曲。扣件要符合《钢管脚手架扣件》的规定，禁止使用变形、裂纹、滑丝等有缺陷的扣件。搭设完后，应组织验收。

5）脚手架作业层上的施工荷载应满足设计要求，不得超载。施工层脚手板必须满铺并固定，施工平台临边必须设置1.2m高的防护栏杆和防护网。

6）要在脚手架上搭设通往作业面平台的扶梯，扶梯要有扶手栏杆，避免作业人员违章攀爬脚手架上下。

7）在脚手架上进行电气焊作业时，必须有防火措施和专人看守。

8）拆除脚手架必须有项目经理或现场施工负责人签字确认后方可拆除。

9）拆除脚手架前，项目技术负责人必须向架子工班组作业人员进行书面安全技术交底，并履行签字手续。

10）在拆除作业区周围设置围栏、警告标志。拆除作业时，地面设有专人监护，严禁非作业人员闯入作业区。

11）拆除落地脚手架的顺序应由上而下，一步一清；拆下的杆件、扣件、绑扎材料应及时向下运送或传递，严禁往下投掷；运送到地面的杆件、材料等要在指定地点分类堆放。

12）当遇有六级及六级以上强风和雨、雾、雪天气时，应停止搭拆作业活动。

（3）施工现场临时用电安全技术措施

1）根据《施工现场临时用电安全技术规范》（JGJ 46—2005）要求，工程项目施工现场临时用电必须编制临时用电专项方案，并有编、审、批签字。

2）施工现场必须设置用电总配电室。配电室高度不低于3m、长4m、宽3m。室内设置采光窗，内装网孔不大于10mm×10mm的金属网。

3）进出配电室的线路应从墙面的预留套管或地沟中穿出和穿进；配电柜稳固在墩台上，柜前柜后均设置绝缘台（垫）；配电室内设置绝缘灭火器；电工岗位责任制和安全操作规程牌挂墙上，安全标志牌齐全。

4）施工现场临时用电采用 TN‑S 系统。专用保护零线的设置必须采用绿/黄双色多股铜芯线，保护零线单独敷设不做它用，施工现场电气设备的金属外壳必须与保护零线连接，重复接地应与保护零线相连接，其接地电阻值≤10Ω。

5）施工现场临时用电按规范做到三级配电（总配电箱—分配电箱—开关箱）、两级保护（总配电箱和开关箱）。

6）施工现场用电设备做到"一机、一闸、一漏、一箱"，停止作业后，操作人员要停机切断电源，锁好开关箱防止误操作。

7）施工现场采用建设行业管理部门规定的有准用证的厂家生产的铁制标准式配电箱。配电箱和开关箱装设在坚固的支架上，其下底面与地面的垂直距离宜大于 1.2m，小于 1.5m。

8）施工现场的配电线路敷设方式采用架空线路，动力线路和照明线路分开设置。

9）外电防护搭设前与供电部门联系，履行验收，以保障安全和符合规范。

10）室外照明灯具的金属外壳必须保护接零，其灯具距离地面不得低于 3m，路灯灯头接做防水弯。油库除通风良好外，其灯具必须为防爆型，拉线开关安装于库门外面；室内灯具装设不得低于 2.4m，任何电器、灯具的相线必须经开关控制，不得将相线直接引入灯具、电器。对员工的临时宿舍的照明装置及插座要严格管理。

11）建立健全施工现场用电档案，其内容主要包括：用电施工组织设计、技术交底、检查和验收、接地电阻测试记录、定期检查表、电工维修记录等。

（4）高处作业及"洞口"与"临边"安全技术措施

1）工程项目技术负责人针对本工程特点编制高处作业专项安全施工方案并履行编、审、批签字。

2）在进行高处作业前，由工程项目负责人及安全部门负责人向有关现场作业人员进行书面安全技术交底。高处作业人员穿戴好人身劳动防护用品，方可进行现场作业。

3）对患有心脏病、高血压、恐高症等疾病人员不可安排从事高处作业。

4）作业人员在周边悬空状态下进行的高处作业，应有牢靠的立足处，并视作业条件设置栏杆、防护网，系牢安全带等安全措施。

5）构件就位安装的作业人员，应提前设置作业平台及安全设施。

6）支、拆模板人员作业要站在操作平台或脚手架上作业，不准站在模板支撑和梁的侧模上作业；绑扎梁的钢筋时需搭设作业平台，绑扎柱钢筋时不得站在骨架上作业或攀登骨架上下；浇筑混凝土作业，高度在 2m 以上的墩台、梁柱等应搭设作业平台，不准直接站在模板或支撑上操作。

7）高处作业无外脚手时挂安全网和系牢安全带。

8）在施工现场各层，上下立体交叉作业时，不得在同一垂直方向上操作。下层作业的位置，必须在上层高度可能坠落范围半径之外。当达不到要求时，设置隔离层。隔离层可采用木脚手板，按照防护棚的搭设要求进行。

9）对临近的人与物有坠落危险性的其他竖向的孔、洞口，均应予以加盖防护，并有固定其位置措施。

10）边长在 150cm 以上的洞口四周应设防护栏杆，洞口下方张设安全平网。

11）施工现场通道附近的各类洞口与坑槽等处，除设置防护设施与安全标志外，夜间还应设立红灯警示。

（5）作业起重吊装安全技术措施。

1）起重吊装作业前必须编制专项施工方案，做到编、审、批签字。

2）起重机安全装置要齐全，须经当地质量技术监督部门检测合格取得准用证后方可使用。

3）起重机司机及信号指挥人员，必须持证上岗。司机在操作起重机进行起升、回转、变幅、行走等动作前，应鸣声示意。

4）起重机作业时，重物下方不得有人停留或通过，起吊重物禁止进行斜拉或起吊地下埋设的重物，不得在重物上堆放零散物件。

5）当起重机满负荷或接近满负荷起吊时，先将重物吊离地面 20～50cm 后停止提升，检查起重机的稳定性及重物绑扎的牢固性，确认无误方可继续提升。

6）重物升降速度要均匀，左右回转要平衡，当回转未停稳前不得做反向动作；起重机行走转弯不得过急，当转弯半径过小时，应分次转弯。下坡严禁空挡滑行。

7）起重机臂杆伸缩按顺序进行。在伸臂的同时要相应下降吊钩。当限制器发出报警时，立即停止伸臂。臂杆缩回时，仰角不宜过小。

8）起重机行驶前必须按规定收回臂杆、吊钩及支腿。行驶保持中速，避免紧急制动。行驶时，严禁人员在底盘走台上站立、蹲坐及堆放物件。

9）起重机不得在架空线路的下方工作，当在一侧工作时，臂杆（包括重物）与边线的水平距离不小于 2m。

10）高处吊装作业人员必须系好安全带，独立悬空作业人员除去有安全防护网外，还应以个人防护（安全带、安全帽、防滑鞋等）作为补充防护。

11）在进行的板梁的装、运、安等项工作中，如发现问题应及时采取措施，处理好，再继续起吊。

（6）雨季施工安全技术措施。

1）各种露天使用的电气设备应选择较高的干燥处放置。机电设备（配电盘、闸箱、电焊机、水泵等）应有可靠的防雨措施，电焊机应加防护雨罩。

2）雨期前应检查照明和动力线有无混线、漏电、电杆有无腐蚀，埋设是否牢靠，检查施工现场电气设备的接零、接地保护措施是否牢靠，漏电保护装置是否灵敏，电线绝缘接头是否良好。

3）应做好施工现场及生活区防雷击措施，做好河道边坡坍塌处理措施，做好防雨用品材料计划。

10.4.5.4 安全管理措施

（1）项目部按照公司制定的安全管理目标进行管理分解、班组分解，责任到组、到人。所属分公司、项目部定期和不定期进行检查、督促，并按时考核、兑现，从而保证项目安全生产目标的实现。

（2）强化项目自身管理，分公司安全科监督，保证施工现场的有序化、基础管理的标准化、安全管理的程序化、资料管理的规范化。

（3）加强安全生产责任制管理，认真落实各项安全文明管理制度。加强安全教育培训、安全技术交底、班组班前活动，安全检查隐患整改及违章处罚力度。加强施工机械、设备、机具的安全设施的检查验收。加强安全措施经费的投入，做到计划合理、落实有力。

（4）安全管理做到"二严三及时四不放过"。二严：一是严肃认真，一丝不苟；二是严格按规程和制度办事。三及时：一是及时检查；二是及时汇报；三是及时研究处理。四不放过：一是不放过任何情况下的违章；二是不放过任何理由下的改变措施；三是不放过任何形式下的不安全状态和行为；四是不放过任何程度的异常情况。

10.4.5.5 文明施工措施

文明施工是企业信誉的窗口，质量的依托，安全的保证，效益的源泉。

严格贯彻执行国家有关文明施工的规定，编制本工程创建文明建设工地实施方案。项目部成立文明施工管理领导小组（组织机构同安全组织机构管理网络），由一名副经理分管定期组织监督检查评比。

具体措施如下。

1. 施工现场

（1）封闭管理施工。入口处迎面砖砌 2.5m 高围墙，出入口设置材料进场、人员入场专用大门，设置门卫值班室制定门卫管理制度，进入现场施工人员必须统一着装，佩带安全帽和证明其身份的胸卡上岗证。

（2）现场门楼标牌。进口处搭设规范灯箱门楼。门楼上方书写横幅标牌，印制公司统一标识。门楼两边书写竖联。大门两侧砖墙粉白，一边设置镶有不锈钢管边框的"一图五牌"（施工现场总平面布置图、工程概况、安全生产十项措施、文明施工十条标准、消防保卫措施、公司质量方针目标牌），一边是工程透视效果图、墙面美化图。施工现场设置广播室、安全文明宣传橱窗，明显处悬挂大幅安全文明标语牌，各作业场所、通道口、危险区悬挂安全技术操作规程牌及警示标识牌。

（3）现场道路。现场路面平整，修筑主干施工道路硬化地坪。便道保持通畅，陡坡处砌筑混凝土台阶踏步，料场必建混凝土地坪。现场无大面积积水，设置施工废水二次沉淀排水设施，不得随意排放造成污染。

（4）材料堆放。现场工具、构件、材料的堆放必须按总平面图规定的位置放置。不同材料分类堆码整齐，挂上产品标识牌。砂石场砌筑块石分隔墙，机械设备分区停置。机电设备有防雨设施并有接地（避雷）装置。易燃易爆物品禁止混放，垃圾、废料实行"袋装化"集中外运指定地点。

（5）现场消防。按照不同作业场所如木工房、配电房、仓库、易燃易爆处合理配置消防器材，购置灭火器、消防砂池、消防水池、消防桶等。根据安全管理消防要求，对施工现场实施动火审批制度，严格遵守政府关于森林防火方面法规、条例，并按规定设监护人员。

（6）治安保卫。施工现场建立治安保卫制度，协调好周边群众关系，并有专人负责进行检查落实情况，创造良好的施工和生活环境。

2. 办公区

（1）办公区与施工现场隔离。搭设彩钢板楼房作为办公活动用房。

（2）项目部配置电话、电脑、复印机、传真机、饮水机、空调、会议桌椅、办公桌椅等办公设备。

（3）各办公室墙上悬挂铝合金镜框中用电脑打印的《各级岗位职责》《有关工作图表》。

（4）会议室墙面设置悬挂规范的项目部组织机构管理网络图、安全文明组织机构管理网络图、质量管理组织机构网络图；设置工程总体效果图、工程总进度计划、公司简介、工程简介、工程承诺等有关宣传内容牌。

3. 生活区

（1）生活区与办公区、施工现场严格分开设置。生活区砌筑 2.5m 高砖体周边围墙，生活区道路硬化畅通，环境加以绿化。

（2）住宿。搭设二层活动楼房供职工和施工人员住宿。宿舍符合卫生通风、照明要求。项目部统一购置高低铁床、蚊帐，不断改善员工住宿环境。建立宿舍管理岗位责任制度，宿舍内床铺及各种生活用品放置整齐干净。

（3）生活设施。

——盖建符合卫生要求的厕所（含施工现场），厕所地、墙、槽面贴瓷砖，均为水冲式，有专人负责管理。

——食堂配"三纱"（纱门、纱窗、纱罩），购置锅炉、蒸饭车、冰箱等设施，炊事员有卫生防疫部门颁发的体检合格证，统一穿白色工作服，生熟食应分别存放，食堂卫生符合要求定期检查。

——淋浴室设置合理适用，寒冷季节应有暖气、热水，有专人管理。

——职工学习、文体活动室配有彩电、书刊杂志、棋牌；设置乒乓球室，在生活区修建小型篮球场等文体娱乐设施。

——备有保健药箱及一般常用药品和急救器材（如担架等）。在流行病发季节及平时定期开展卫生防病的宣传教育。教育职工洁身自爱，养成良好的生活卫生习惯。

（4）设置必要的室外照明、排水设施，消防设施固定布置在较醒目地点。

（5）生活垃圾及时清理，集中运送装入容器至指定地点，并设专人管理。

4. 加强精神文明建设，爱岗敬业，注重职业道德与岗位技能培训

这是新时期建设精神文明的要求，也是适应市场经济的迫切需要。为此项目部党、政、工、团必须齐抓共管。通过工地黑板报、宣传橱窗、搞现场服务、开展"青年文明号"、各种评比创优、岗位技能培训等活动，不断提高职工的思想道德水平和业务素质，体现人生价

值。制定有关规划和具体措施，并作为经常化、制度化的硬任务落实到实处。

开展高雅向上，积极健康的职工文体娱乐活动，搞好计划生育工作。保障职工安全、健康、充满激情和生机。坚决打击黄、赌、毒等丑恶现象，杜绝打架斗殴等不良行为，创造安定良好的施工与生活环境。

10.4.5.6 环境保护措施

环境保护是我国的一项基本国策，搞好环境保护工作关系到国家、集体和个人的切身利益。

认真执行《中华人民共和国环境保护法》《中华人民共和国环境噪声污染防治法》等有关法律、法规。尊重当地政府环保部门的现场指导，并积极主动与所在地（乡、镇、村）联成环境保护网络。

定期联系听取意见，接受监督检查，对合理意见处理及时，工作有记录。

项目部确立一名副经理负责抓环保工作，并在施工前编制《环境保护实施计划》，包括施工弃渣的利用和堆放；施工场地开挖的边坡支护和水土流失防治措施；防止水资源污染措施；生产生活的噪音、粉尘、废水、废气、废油、垃圾等治理措施；完工后的场地清理等。

根据本工程特点，制定以下针对性的环保措施：

（1）严格按业主征地范围布置生产、生活设施，保持征地范围外的环境原样，若需增加征地范围，需经业主及环保部门同意后，方可在新增施工区施工。

（2）针对施工工艺，积极采取消声、防震措施，使噪音和振动达到环保标准。

（3）做到施工不扰民。按合肥市环保规定，在允许的施工时间外必须夜间施工时，做到先申报取得主管部门（或环保部门）批准，并张贴安民告示，做好周边市民思想工作，取得他们谅解与支持后方可继续夜间施工。

（4）施工现场不得焚烧有毒有害物质，机械使用过的润滑油及其他废油、废物要装在容器中，按有关规定集中处理。

（5）施工现场与生活区的污水需经二次沉淀后，排放到专门设置的临时污水处理设施（化粪池等），防止污水直接排入下水管道，污染环境。

（6）在生产、生活区等产生的所有生活垃圾、施工弃渣，袋装后集运至弃渣区堆放，严禁倒入河流、水塘等水域内，造成环境污染。

（7）施工机械车辆施工时要慢行，不准鸣高音喇叭，施工土路要经常洒水，保持路面湿润，避免和减少粉尘污染。

（8）工程完工后，立即拆除施工临时设施和生活设施，做到"工完、料尽、场地清"。

10.4.6 工程进度计划与措施及施工网络图

10.4.6.1 施工进度计划

1. 合同工期

招标文件要求本工程合同工期为 120 个日历天（90 天内工程全线通车）。具体开工时间以业主签发的开工令为准。

2. 编制施工进度计划时工期

本工程计划工期为 120 个日历天（90 天内工程全线通车）。具体开工时间以业主签发的开工令为准。

3. 针对本工程的特点

本工程是一个市政道路工程，工程项目较多，可全方位开展施工，但施工时要合理安排，进行交叉流水作业。

4. 施工方案的制约

在进行施工进度计划制定时，充分考虑主要单元工程的施工方法和施工程序的制约。

5. 关键性线路的选定

本工程关键性线路选定时，将控制性工期制约的工程项目放在关键性线路上，另外选定工程量较大，结构复杂，施工难度大，施工周期长的工程项目组成关键性线路。

6. 技术上的要求

在本工程施工进度计划编制时要充分考虑技术上的可行性，施工工序安排上组织交叉流水作业，充分利用有限的空间和时间。

7. 降低成本的需要

在进行进度计划编制时，尽量做到均衡连续施工，避免人力、物力过分集中造成浪费。

10.4.6.2　施工进度计划网络图

根据上述原则编制工程施工进度计划网络图，详见《施工进度计划网络图》。（略）

10.4.7　确保工程进度计划及技术组织措施

根据招标文件规定的工期，本工程工期紧，任务重，为了能够保质、保量、按期完成全部合同内容，必须建立各项切实可行的技术组织措施，优化整合各项资源，合理安排流水施工。针对本工程的具体情况，拟从以下方面确保工期目标的实现。

（1）建立精干、高效的项目部领导班子，实行项目经理负责制，坚决做到项目经理、技术负责人在工地的时间每月不少于 26 天，并抽调经验丰富、年富力强的技术管理骨干组成项目管理集体，做到分工明确、责任到人、管理到位，确实有效保证工程正常施工。对作业层的生产人员进行内部选拔，选拔操作熟练、工作积极、素质较高的工人作为主要施工操作人员，施工期间，加强技术交底，确保工程顺利进行。

（2）配备充足的施工机械，同时加强施工机械的维护保养，提高机械完好率，配备充足的机务人员和维修人员，配备充足的配件和易损件。

（3）优化施工程序，加强现场调度，发挥机械效率，充分利用人、财、物等资源，尽量缩短工期。

（4）做好进度控制，合理划分施工流水段，按照施工总进度计划进行控制，安排好月、旬、日计划，按流水作业施工。

（5）加强计划控制，做好施工准备，严格按计划组织物资供应，确保各种物资运输工作提前进行，尽早到场，做好各种物资的合理调配，以满足连续施工要求。

（6）加强各方面的协调工作，使各个环节密切配合，减少施工干扰，提高施工效率。

（7）做好施工排水与道路养护工作，尽量减少冬、雨季对工程施工的影响。

（8）节假日照常施工，假期实行轮休制。

（9）加强资金管理，合理运作，确保工程资金的需用。

（10）以控制性工期作为主要控制目标，制定工程施工奖罚管理办法，把奖金用在招标文件中指定时间内必须完成的控制性项目上，确保工程计划进度的实施。

（11）抓住关键性线路进行施工：进点开工后，紧紧抓住工程主攻方向，即工程关键性线路，形成以关键性线路为中心，其他工程进度毫不放松的施工格局，以计划指导生产、检查生产、控制施工的全过程。

（12）加强材料管理，按照材料计划进行材料的采购、运输和管理工作，材料进场前要按有关规定进行检验、验收工作，不合格的材料杜绝进入工地，质量合格的材料要按计划要求进入工地，绝不能出现停工待料现象。

（13）加强施工的监督和质检工作，各道工序要有专人把关，加强中间过程的控制，杜绝返工，保证工程进度。

10.4.8 资源配备计划

资源配置主要是根据施工方法和施工进度计划，计算出主要施工项目的施工强度，再根据定额和以往的施工经验，计算出材料供应计划，配置主要工程项目的施工机械、劳动力数量等。

10.4.8.1 主要机械设备计划

根据施工进度计划和施工方案以及具体工程量，编制本工程的主要机械设备计划，详见表 10.15。

表 10.15　　　　　　　　　　　拟投入本工程的主要施工机械表

序号	机械设备种类	型号规格	额定功率/kW	数量	新旧程度/%	是否自有	用于施工部位	备注
1	装载机	ZL40		4 台	80	自有	土方工程	
2	大型挖掘机			12 台	90	自有	土方工程	
3	振动压路机	18t 以上		6 台	90	自有	路基	
4	静压压路机	18～21t		4 台	80	自有	路基	
5	静压压路机	21～25t		4 台	80	自有	路基	
6	水稳拌和楼	600t/h		1 座	90	自有	路基	
7	水稳摊铺机			2 套	90	自有	路基	
8	沥青拌和楼	400t/h		1 座	90	自有	路面	
9	沥青摊铺机			2 套	90	自有	路面	
10	胶轮压路机	26t 及以上		3 台	90	自有	路面	
11	振动（双钢轮）压路机	11t 及以上		4 台	90	自有	路面	
12	洒水车			2 辆	90	自有	路面	
13	平地机			2 台	80	自有	路基	
14	稀浆封层专用摊铺机			1 辆	90	自有	路面	
15	旋挖机			3 套	80	自有	桥梁工程	
16	自卸汽车	5t		60 辆	60	租赁	土方工程	
17	推土机	120kW		2 台	60	自有	土方工程	
18	推土机	95kW		2 台	60	自有	土方工程	
19	砂浆搅拌机	JS200	5.5	2 台	100	自有	砌体	
20	木工设备			3 套	80	自有	桥梁、井工程	
21	钢筋加工设备			3 套	90	自有	桥梁、井工程	
22	混凝土振捣设备			10 套	90	自有	桥梁、箱涵、井	
23	农用自卸车	1.5t		2 辆	60	租赁	运输	

续表

序号	机械设备种类	型号规格	额定功率/kW	数量	新旧程度/%	是否自有	用于施工部位	备注
24	发电机		125	2 台	85	自有	备用电源	
25	各种水泵			10 台	100	自有	排水	
26	蛙式打夯机		2.2	10 台	100	自有	土方工程	
27	张拉设备			2 套	80	自有	桥梁工程	
28	履带起重机，50t			2 台		租赁	桥梁工程	
29	旋挖钻机			1 台		租赁	桥梁工程	
30	架桥机			1 台		租赁	桥梁工程	

10.4.8.2　主要试验检测设备表

主要试验检测设备表见表 10.16。

表 10.16　　　　　　　　主要试验检测设备表

序号	名称（规格、型号）	数量	备　注
1	万能试验机	1 台	
2	标养室	1 间	不少于 40m²
3	钢筋位置检测仪 ZBL－R620	1 台	
4	混凝土坍落度检测仪	3 台	
5	标准恒温恒湿养护箱 SKYH－40B	1 台	
6	数显回弹仪 ZB1－S210	2 台	
7	混凝土保护层探测仪 HYB－84	1 台	
8	混凝土炭化深度尺 TS－10	2 把	
9	裂缝显微镜 WEXHAN35X	1 台	
10	数字测温仪 SDW－B	2 台	
11	焊接检测尺 KH45	2 把	
12	干燥箱 HY28	1 台	
13	天平 200g、2kg、5kg、3kg	1 台	
14	电子秤 JCS－1	1 台	
15	案秤 10kg	1 台	
16	环刀带取土器	10 套	
17	灌沙桶	3 台	
18	灰剂量检测设备	1 套	
19	含水率测定仪	1 台	
20	砂子分析筛 0.16～5mm	1 台	
21	石子分析筛 2.5～100mm	1 台	
22	针、片状规准仪	1 台	
23	集料压碎值试验仪 SYZC－40	1 台	

续表

序号	名称（规格、型号）	数量	备 注
24	电光分析天平称量 200g、1000g、5000g	1 台	
25	击实仪	1 台	
26	路面平整度仪 YLPY‐E	1 台	
27	提抽仪	1 台	
28	震动台	1 台	
29	取芯钻机	1 台	
30	混凝土拌和机 0.5m³	1 台	
31	数字万用表 MF500、MF14	1 台	
32	兆欧仪 ZC25B‐3	1 台	

10.4.8.3 劳动力计划

根据施工进度计划和施工方案以及工程量编制本工程劳动力计划，详见表 10.17。

表 10.17　　　　　　　　　劳 动 力 计 划 表　　　　　　　单位：人

工种级别	按工程施工阶段投入劳动力情况			
	第 1 月	第 2 月	第 3 月	第 4 月
管理、技术人员	20	20	20	20
土方人员	80	80	40	40
路基人员		40	40	30
路面人员			30	30
排水管、井人员	40	40		
供电排管人员	30	30		
路灯照明人员				30
绿化人员				30
桥涵人员	40	40	40	
交通工程人员			20	20
辅助人员	50	50	50	50
合 计	260	300	240	250

注 本计划表是以每班 8h 工作制为基础编制的。

10.4.8.4 施工设备及劳动力进退场计划

施工设备及劳动力进退场计划见表 10.18。

表 10.18　　　　　　　　　设备、人力进退场计划

分类	进 场 计 划		退 场 计 划
人员	管理、技术人员	2 天内	竣工后 3 天内
	土方人员	2 天内	竣工后 3 天内
	路基人员	35 天内	竣工后 3 天内
	路面人员	70 天内	竣工后 3 天内

分类	进 场 计 划		退场计划
人员	排水管、井人员	2 天内	竣工后 3 天内
	供电排管人员	2 天内	竣工后 3 天内
	路灯照明人员	90 天内	竣工后 3 天内
	绿化人员	90 天内	竣工后 3 天内
	桥涵人员	2 天内	竣工后 3 天内
	交通工程人员	80 天内	竣工后 3 天内
	辅助人员	根据工作安排，随机调动	竣工后 3 天内
设备	土方设备	2 天内	竣工后 3 天内
	排水设备	2 天内	竣工后 3 天内
	路基设备	35 天内	竣工后 3 天内
	路面设备	70 天内	竣工后 3 天内
	桥涵设备	2 天内	竣工后 3 天内
	其他设备	根据工作安排，随机调动	竣工后 3 天内

10.4.8.5 材料供应计划

本工程所需材料除甲供材外均自行采购。

由于本工程质量要求高，所以对原材料的产地、厂家进行调查，质量严格把关，按规范要求使用前分批量抽检，并经过业主监理工程师的认可，并有必要的质保资料和复试报告，方可使用。

对于钢材产品，只要是马合公司能生产的产品，质量合格，价格合理，服务及时，将尽量使用马合公司生产的钢材产品。

所有材料场通过汽车运至施工现场，原材料供应按工程质量要求的规格、计划用量、预算价格、货源、进场时间等方面，列出详细的材料供应计划见表 10.19。

表 10.19 材料供应计划表

序号	材料名称	单位	数量	使用计划	备注
1	水泥	t	988	根据需要随时进场	
2	水稳 2%～4%	m³	17853	根据需要随时进场	
3	水稳 4%～6%	m³	38724	根据需要随时进场	
4	商品混凝土	m³	13917	根据需要随时进场	
5	碎（砾）石	m³	75121	根据需要随时进场	
6	黄砂（砂砾）	m³	8604	根据需要随时进场	
7	机砖	千块	955	根据需要随时进场	
8	各型排水混凝土管材	m	4366	根据需要随时进场	
9	各型排水塑料管材	m	1545	根据需要随时进场	
10	MPP 管 160×10	m	2424	根据需要随时进场	
11	涂塑钢管 165×4.5	m	20408	根据需要随时进场	

序号	材　料　名　称	单位	数量	使　用　计　划	备　注
12	无碱玻璃钢管 160×6	m	33991	根据需要随时进场	
13	细粒式沥青混凝土	m³	4088	根据需要随时进场	
14	中粒式沥青混凝土	m³	6041	根据需要随时进场	
15	粗粒式沥青混凝土	m³	7314	根据需要随时进场	
16	钢筋	T	1545	根据需要随时进场	
17	钢绞线	T	116	根据需要随时进场	

10.4.9　工程施工的重点和难点及保证措施

本工程地处新站区，庐阳区、长丰县内，全线现状基本为农田、荒地、现状道路、厂区及村庄，其中有塘、沟、洼地等且有板桥河，场地地势起伏较大，并且安全文明施工要求高，质量要求严，工期要求紧迫，针对本工程的具体情况，认为主要重点、难点有以下九个方面：①清表及换填工程量大；②沟、塘处理施工保障措施方案，箱涵施工保障措施方案及临时导流方案；③雨季施工时质量、进度、安全文明的保证措施；④桥梁及附属施工方案及措施；⑤如何做好工程协调工作；⑥下穿铁路段施工方案及措施；⑦公司如何做好保障工程进度、质量、安全等措施；⑧如何配合综合管线施工方案；⑨为完成在 90 天内工程全线通车要求，采取的保障措施等。

10.4.9.1　清表及换填施工控制措施

本工程清表及换填工程量大，在施工过程中，首先进行彻底清表，按照设计要求，对于表层不符合路基要求的土层予以彻底清除，对于低于设计路床底面的部位利用级配碎石进行换填。在级配碎石填筑过程中，严把原材料质量关，对于碎石的粒径、含泥量严格把握，并采用振动压路机进行分层压实，确保换填层的密实度达到设计要求。

由于本工程位于城郊，且附近居民区较为集中，在清表及换填土方的外运过程中，注意对道路的保护工作，避免土方在运输过程中的漏洒现象，做到文明施工。

10.4.9.2　沟塘处理施工保障措施、箱涵施工保障措施及临时导流方案

1. 沟塘处理施工保障措施

本工程地处新站区内，道路为东西走向，全线现状基本为农田、荒地、现状道路、厂区及村庄，其中有塘、沟、洼地等且有二十埠河和板桥河，路基处理难度较大，且对于道路的质量影响很大，因此需要切实做好沟塘部位的路基处理。

在道路穿越河塘、暗沟、暗塘处，填塘路基先筑坝、抽水和清淤，清淤采用先抽水并控干后，采用推土机打堆，然后用挖掘机挖装，自卸汽车运至弃土场，清淤做到彻底，以清至硬质原状土为标准，然后在基底填筑道渣石 40cm 后，再按正常路段进行填筑。

2. 箱涵施工保障措施及临时导流方案

由于箱涵多位于沟渠及低洼地带，在施工时，首先需要对施工部位进行排水并彻底清淤，对于清淤后箱涵底板以下部位仍存在软弱土层的，需要采取换填进行处理，然后才能浇筑垫层及底板。

对于整体式箱涵尽量采取一次性浇筑，以增强箱涵的整体结构性，在回填土时，严格按照设计要求的填料进行质量控制，做到对称、分层回填，并严格按照设计的压实度，采用合适的压实机具进行压实。

箱涵的分段尽量按照设计图纸施工，如遇特殊地段需要重新分段的，在请示监理和业主后，确定分段方案，并做好箱涵的接缝处理。

对于沟渠部位施工时，需要做好施工区段的导流措施，在施工段外围开挖导流沟，并在施工区间的上下游填筑挡水围堰，在围堰内的基槽开挖截水沟和积水坑，利用水泵将坑内积水进行抽排。

10.4.9.3　雨季施工时质量、进度、安全文明的保证措施

（1）密切注意雨情预报，尽量不在雨天进行土方工程施工。对于已经碾压成型的填筑面用雨布覆盖，防止雨水进入土层，保持填筑土层干燥。

（2）雨前用快速压实表面层松土，雨后填筑面晒干或处理经检查合格后，方可复工，做好填筑面保护，下雨及雨后不许践踏填筑面，禁止车辆通行。

（3）使填筑面向两侧倾斜，以利于排水。

（4）开挖好的沟槽及时进行下步工序施工，防止雨水对槽底的浸泡，如果出现上述不利情况，雨后在积水抽干后，对松软土层予以彻底清除，然后用低标号混凝土或砂石予以回填，以保证回填质量。

（5）避免在大雨、暴雨或大风过境时摊铺基层。

（6）遇雨天时对刚摊铺好的基层用雨布覆盖，避免直接遭受雨淋或冲刷。

10.4.9.4　桥梁及附属施工方案及措施

1. 桥梁施工措施

桥梁施工的重点主要为桩基、墩台、台背回填以及上部梁板的施工质量控制。

在桩基施工时，首先对钻孔的孔位进行精确放样定位，并严格控制钻孔的孔径、垂直度、孔深等指标，对于钢筋笼、混凝土的质量需要符合设计及相关规范的规定。

墩台是桥梁的主要承重结构之一，且设计为清水混凝土，因此，墩台的内在及外观质量均非常重要。对于墩台的质量控制主要从以下几个方面：①确保支撑排架的可靠性，支撑排架是墩台定位定型的关键，拟采用钢管搭设满堂整体排架，确保排架的稳定；②确保模板质量，墩台模板根据设计墩台尺寸制作定型钢模板，以防漏浆变形；③混凝土采用商品混凝土，并落实振捣责任制，杜绝蜂窝麻面等质量缺陷。

台背回填是桥梁工程容易出现质量缺陷的部位，在回填时严格控制填料质量，采用透水性材料进行回填，在填筑时，严格分层夯实，以杜绝不均匀沉降，避免出现桥头跳车现象。

上部结构梁板分为预制和现浇两种，对于预制梁板主要做好预制场地的硬化处理，防止在制作过程中出现梁板变形和断裂现象，为此，对于预制场地先进行平整，然后对底部土层进行充分压实，再在上面铺筑块石垫层并浇筑混凝土面层。在预制构件达到设计强度的75%以上时方可移位、吊装和运输。因本工程工期较紧，可在混凝土中适当掺加早强剂；对于现浇混凝土梁板，主要控制支撑排架的质量，排架采用整体式满堂排架，排架的底部采用混凝土墩上面铺厚松木板进行支撑，以防出现不均匀沉降，满堂排架成型后进行充分预压，根据预压后的高程变化情况，在顶面进行超平处理。

具体桥梁施工控制措施见前面桥梁施工措施专章阐述。

2. 附属设施施工措施

河道整治工程主要对于河道边坡及截面的控制，严格按照设计尺寸进行土方开挖和边坡修整，砌石工程严格控制块石的块径以及砌筑砂浆的配比以及砂浆用量，确保砌体的砂浆饱满。

10.4.9.5 如何做好工程协调工作

本工程全线现状基本为农田、荒地、现状道路、厂区及村庄，且本工程分为二个标段同时施工，因此，在工程实施阶段存在多方协调问题，既有与当地政府、群众、单位之间的外部协调，又存在相邻标段之间的协调问题，因此需要予以重视，方能确保本工程顺利实施。

为此，我们将成立以项目经理为首并以项目副经理专职负责的协调小组，专门从事各项协调工作，为施工创造一个良好的外部环境。

对于相邻标段之间的协调，在现场监理和业主的统一安排之下，尽量与友邻标段对于存在的问题进行协商，诸如施工便道等，在互惠互利的原则下，尽量做到共享。

10.4.9.6 下穿铁路段施工方案及措施

本工程下穿淮南铁路专线，根据设计方案，该段下穿部分采用钢筋混凝土箱涵，箱涵由铁路部门实施，本次只实施浆砌块石挡墙路堑部分。

在施工中，注意对铁路路基的保护，防止因施工原因，造成铁路路基发生沉降变形等现象。施工中采取埋设观测点，对开挖路堑边坡进行支撑防护等措施。

具体衔接桩号及时与建设单位及铁路部门联系，避免出现超范围施工的情况。

10.4.9.7 公司如何做好保障工程进度、质量、安全等措施

工程的进度控制、质量控制和安全控制，是施工管理的基本要素，为此，本公司具有完整的控制体系，在前面章节均有专章阐述，在此不予赘述。

10.4.9.8 如何配合综合管线施工方案

本工程综合管线主要有电力、煤气、供热、弱电、给水、中水等，在路床土方施工期间，根据工程进度安排以及各种综合管线的埋深、位置情况，提前通知各相关单位，要求根据施工进度，尽快实施各综合管线的埋设工作。我方负责管线沟槽土方的开挖、回填等配合工作，并为各相关单位提供有效工作面，以便于综合管线的埋设。

10.4.9.9 为完成在90天内工程全线通车要求，采取的保障措施

本工程总工期为120个日历天，但招标文件要求在90天内具备全线通车条件，因此，工期紧，任务重，需要根据既定工期以及所需完成的工作内容，制定科学合理的施工计划。针对本工程实际情况，拟采取以下措施：

(1) 进场后首先实施快车道范围内的各种管线，并随后尽快实施路床土方，使之具备实施基层及面层条件。

(2) 进场后随即组织桥梁的各项施工工序，一方面抓紧实施基坑开挖、灌注桩施工以及墩台、现浇梁板的浇筑工序；另一方面抓紧实施预制梁板的预制工作，两方面同时施工，使桥梁工期能够与道路快车道基本同步，以不影响全线通车。

(3) 加大人员、机械设备、各种材料的投入，在人员和机械设备配备方面，考虑配备2套人员和设备，做到24小时连续作业，在消耗性材料方面，提前与供货商签订供货协议，商定供货时间与批量，做到随用随到，并在现场腾出料场，考虑充分的备用。在桥梁施工中的周转性材料方面，根据总体进度安排，合理考虑周转次数，如工期不允许周转，可考虑一次性投入，不考虑周转，以确保桥梁按期完工。

（4）在实行项目经理负责制的前提下，公司将委派一名分管副总，直接参与本工程的各项管理，并根据工程需要，在全公司范围内抽调人员、设备、材料参与本工程的建设，倾全公司之力，确保如期完成本工程的进度、质量及安全文明方面的各项任务。

10.4.10　施工总平面图及临时用地表

10.4.10.1　施工总体布置原则

施工总布置遵循因地制宜、经济合理、使用便捷、利于生产、便于管理的原则，分片布置，相对集中，布置在发包方规划的场地内，并严格执行有关安全、消防、卫生、环保等相关规定。

根据招标文件提供的资料及现场踏勘的具体情况，施工现场不具备布置大型综合临时设施的条件，因此主办公及生活设施拟在附近租用民房，在板桥河桥附近设现场办公室及必要的生产性设施及梁板预制场。水泥混凝土使用商品混凝土，现场只考虑布设砂浆搅拌机，用于排水施工。沥青混凝土及水稳混合料利用现有拌和设备，在郊区租赁场地建站，然后运至现场摊铺。其他小型简易临时设施，根据生产需要及现场地形，在满足交通及文明施工的前提下，在施工现场因地制宜地布设。

具体如图 10.20 所示。

10.4.10.2　施工供电系统

1. 施工供电

本工程施工用电尽量就近从系统电接引，在生产区设配电房一间，生产和生活用电可以直接从配电房接引。但为了防止意外停电，确保施工正常进行，考虑配备柴油发电机作为备用电源，具体配备数量见"主要施工机械表"。

2. 照明系统

在拌和场布置一盏 3.5kW 节能探照灯，局部施工点照明采用 1kW 碘钨灯，施工道路夜间施工时按 50m 间距布置路灯。

3. 用电安全

施工过程中特别重视安全供电和安全用电。动力、照明设施必须严格按照规范规程设计、实施、运行和管理。项目部安排有丰富实践经验的专业工程师和电工负责施工供电的技术和安全工作，做好供电设施的防雷接地。

10.4.10.3　施工供水系统

本工程生活及生产用水可直接从城市供水管网接引。

10.4.10.4　施工通信

为满足工程施工需要，办公室设固定电话一部，手机 4 部。

10.4.10.5　拌和系统

本工程混凝土现场拌制量很小，但灰土及水泥稳定碎石基层拌和量较大，拌和场布置 JS500 强制式拌和机 1 台、稳定土拌和站 1 套、沥青混凝土拌和站 1 套用来拌制水泥稳定碎石混合料、零星混凝土以及沥青混凝土等。现场只布设 2 台砂浆搅拌机用于砌筑砂浆的拌和。

10.4.10.6　仓库及料场布置

（1）在生产区附近的加工厂位置布置综合仓库，主要存放备用小型设备及机具，材料及劳保设施等。

（2）工地现场于拌和站旁设临时工具房。

（3）水泥库：拌和机附近设水泥库 80m²，用于现浇混凝土及拌和水稳材料时使用。

（4）砂石料堆场：砂石料堆场、拌和系统、水泥库、现场施工周转材料的临时堆放场地等详见拌和系统布置图。

10.4.10.7　平面布置图

施工现场平面布置图如图 10.21 所示，拌和站布置示意图如图 10.22 所示。

图 10.21　施工总平面布置图

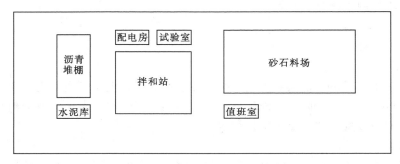

图 10.22　拌和站布置示意图

说明：1. 办公及生活设施拟在附近租用民房，在板桥河桥附近设现场办公室及
　　　　　必要的生产性设施及梁板预制场。水泥混凝土使用商品混凝土，现场
　　　　　只考虑布设砂浆搅拌机，用于排水施工。
　　　　2. 沥青混凝土、水稳混合料及路床灰土利用现有拌和设备，在郊区租赁
　　　　　场地建站，然后运至现场摊铺。
　　　　3. 其他小型简易临时设施，根据生产需要及现场地形，在满足交通及文
　　　　　明施工的前提下，在施工现场因地制宜地布设。

10.4.10.8　临时用地计划表

临时用地计划表见表 10.20。

表 10.20　　　　　　　　　　　　　　　**临 时 用 地 计 划 表**

序　号	工　程　项　目	占地面积/m²	备　　注
一	主要生产设施	3450	
1	拌和站	3000	含砂石料场、水泥库、预制场等
2	试验室	100	
3	工地临时机具仓库等	100	
4	木工房	100	
5	钢筋场	100	
6	配电房	50	

序　号	工 程 项 目	占地面积/m²	备　注
二	管理及生活福利用房	450	租赁民房
1	办公室、会议室等设施	100	
2	宿舍	300	
3	食堂等其他设备	50	
	合　计	3900	

考 证 训 练 题

单选题

1. 下列哪种施工方式工期最短 （　　）。

    A. 依次施工　　　　　B. 平行施工　　　　　C. 流水施工　　　　　D. 三者相等

2. 下列哪项不是流水施工的优点 （　　）。

    A. 充分利用工作面　　　　　　　　　B. 连续均衡性施工

    C. 各班组一定时期连续均衡施工　　　D. 人员分配均匀

3. 下列哪个字母表示施工段 （　　）。

    A. n　　　　　　　　　B. m　　　　　　　　　C. t　　　　　　　　　D. b

4. 下列哪项不是确定流水节拍应考虑的因素 （　　）。

    A. 最小劳动组合　　　　　　　　　　B. 技术间歇

    C. 最小工作面　　　　　　　　　　　D. 工作班制要恰当

5. 下列施工中会产生窝工现象的是 （　　）。

    A. $m=n$　　　　　　　B. $m>n$　　　　　　　C. $m<n$　　　　　　　D. $m\leqslant n$

6. 在施工段不变的情况下流水步距越大，工期 （　　）。

    A. 越长　　　　　　　　B. 越短　　　　　　　　C. 不变　　　　　　　　D. 视情况而定

7. 当施工规模较小，施工工作面有限时 （　　） 是适用的，常见的。

    A. 流水施工　　　　　B. 依次施工　　　　　C. 平行施工　　　　　D. 以上三种

8. 流水施工的实质是 （　　）。

    A. 分工协作与成批生产　　　　　　　B. 连续均衡施工

    C. 组织平行搭接施工　　　　　　　　D. 每个施工过程组织独立的施工班组

9. 施工过程的划分与哪项因素有关 （　　）。

    A. 施工进度计划的作用　　　　　　　B. 施工方案

    C. 劳动力组织及劳动力大小　　　　　D. 最小工作面

10. 组织工程流水施工中范围最小的流水施工 （　　）。

    A. 专业流水　　　　　B. 细部流水　　　　　C. 项目流水　　　　　D. 综合流水

11. 当 $t_i>t_{i+1}$ 时，异节拍流水步距的确定为 （　　）。

    A. $t_i+t_j-t_d$　　　　　　　　　　　B. t_i

    C. $\sum t_i+\sum t_j-\sum t_d$　　　　　　D. $mt-(m-1)t_{i+1}+t_j-t_d$

12. 某工程有 A、B、C 三个过程，划四个施工段。$T_a=2$ 天，$T_b=4$ 天，$T_c=3$ 天。则依次施工、平行施工、流水施工的工期为 （　　）。

    A. 36，21，9　　　　　　　　　　　B. 9，36，21

C. 21，9，36   D. 36，9，21

13. 流水施工中，一个施工过程总时间为（　　）。

    A. mT_n B. t_i C. T_n D. nT_n

14. 对同一个施工项目按施工段依次施工和按施工过程依次施工的工期（　　）。

    A. 相等   B. 不相等   C. 不一定相等   D. 不确定

15. 下面流水步距表示正确的为（　　）。

    A. $K_{i,i+2}$ B. $K_{1,3}$ C. $K_{i+2,i+3}$ D. $K_{i+1,i}$

16. 无间歇全等节拍流水施工特征（　　）。

    A. $T_1=T_2=T_n$，$K_{1,2}\neq K_{2,3}\neq t_i$ B. $t_1\neq t_2\neq t_n$　$K_{1,2}=K_{2,3}=t_i$

    C. $T_1=T_2=T_n$，$K_{1,2}=K_{2,3}=t_i$ D. $t_1\neq t_2\neq t_n$　$K_{1,2}\neq K_{2,3}\neq t_i$

17. 在流水施工中流水步距的数目等于（　　）。

    A. $n-1$ B. $\sum B_{i,i+1}$ C. mt_n D. n

18. 下列哪个字母表示搭接时间（　　）。

    A. t_i B. t_j C. t_d D. t_n

19. 能表示所有全等节拍流水方式的计算工期公式为（　　）。

    A. $\sum K_{i,i+1}+T$ B. $(m+n-1)\,t$

    C. $\sum K_{i,i+1}+mt_n$ D. $(m+n-1)\,t_i+\sum t_j-\sum t_d$

20. 平行施工完成 M 幢房屋需要总时间（　　）。

    A. $M\sum t_i$ B. $\sum t_i$ C. $\sum K_{i,i+1}+T_n$ D. $(m+n-1)t_i$

21. 有间歇全等节拍流水步距为（　　）。

    A. $t_i+t_j-t_d$ B. t_i

    C. $\sum t_i+\sum t_j-\sum t_d$ D. $mt-(m-1)t_{i+1}+t_j-t_d$

22. 建设工程组织非节奏流水施工时，其特点之一是（　　）。

    A. 各专业队能够在施工段上连续作业，但施工段之间可能有空闲时间

    B. 相邻施工过程的流水步距等于前一施工过程中第一个施工段的流水节拍

    C. 各专业队能够在施工段上连续作业，施工段之间不可能有空闲时间

    D. 相邻施工过程的流水步距等于后一施工过程中最后一个施工段的流水节拍

23. 为了有效地控制工程建设进度，必须事先对影响进度的各种因素进行全面分析和预测。

    其主要目的是为了实现工程建设进度的（　　）。

    A. 主动控制   B. 全面控制   C. 事中控制   D. 纠偏控制

24. 建设工程组织流水施工时，相邻专业工作队之间的流水步距不尽相等，但专业工作队数

    等于施工过程数的流水施工方式是（　　）。

    A. 固定节拍流水施工和加快的成倍节拍流水施工

    B. 加快的成倍节拍流水施工和非节奏流水施工

    C. 固定节拍流水施工和一般的成倍节拍流水施工

    D. 一般的成倍节拍流水施工和非节奏流水施工

25. 某分部工程有两个施工过程，各分为 4 个施工段组织流水施工，流水节拍分别为 3、4、

3、3 天和 2 天、5 天、4 天、3 天，则流水步距和流水施工工期分别为（　　）天。

  A. 3 和 16   B. 3 和 17   C. 5 和 18   D. 5 和 19

26. 累加斜减取大值法是确定（　　）。

  A. 全等无间歇流水施工的步距   B. 全等有间歇流水施工的步距

  C. 异节拍流水施工步距   D. 无节奏流水步距

27. 工程网络计划的计算工期应等于其所有结束工作（　　）。

  A. 最早完成时间的最小值   B. 最早完成时间的最大值

  C. 最迟完成时间的最小值   D. 最迟完成时间的最大值

28. 在某工程双代号网络计划中，工作 M 的最早开始时间为第 15 天，其持续时间为 7 天。该工作有两项紧后工作，它们的最早开始时间分别为第 27 天和第 30 天，最迟开始时间分别为第 28 天和第 33 天，则工作 M 的总时差和自由时差（　　）。

  A. 均为 5 天   B. 分别为 6 天和 5 天

  C. 均为 6 天   D. 分别为 11 天和 6 天

29. 某分部工程双代号时标网络计划如下图所示。请问，其中工作 A 的总时差和自由时差（　　）天。

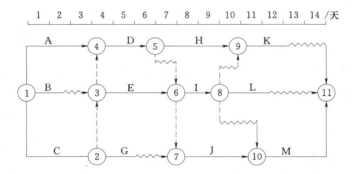

  A. 分别为 1 和 0   B. 均为 1

  C. 分别为 2 和 0   D. 均为 0

30. 某分部工程双代号时标网络计划如下图所示。其中工作 C 和 I 的最迟完成时间分别为第（　　）天。

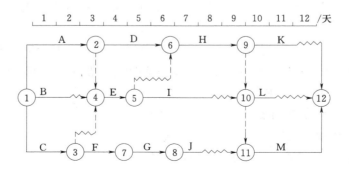

  A. 4 和 11   B. 4 和 9   C. 3 和 11   D. 3 和 9

31. 某分部工程双代号网络计划如下图所示，其关键线路有（　　）条。

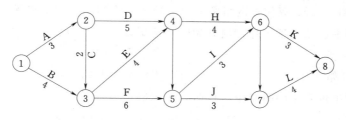

| A. 2 | B. 3 | C. 4 | D. 5 |

32. 在网络计划中，关键工作的总时差值为（　　）。

   A. 零　　　　　　B. 最大　　　　　C. 最小　　　　　D. 不定数

33. 在下列所述线路中，（　　）必为关键线路。

   A. 双代号网络计划中没有虚箭线的线路

   B. 时标网络计划中没有波形线的线路

   C. 双代号网络计划中由关键节点组成的线路

   D. 双代号网络计划中持续时间最长

34. 某工程双代号网络计划如下图所示，其关键线路有（　　）条。

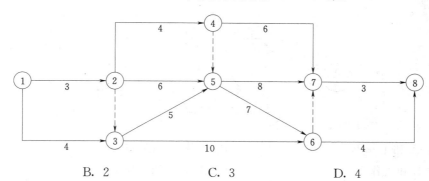

| A. 1 | B. 2 | C. 3 | D. 4 |

35. 标号法是一种快速确定双代号网络计划（　　）的方法。

   A. 关键线路和计算工期　　　　　B. 要求工期

   C. 计划工期　　　　　　　　　　D. 工作持续时间

36. 对关键线路而言，下列说法中（　　）是错误的。

   A. 是由关键工作组成的线路　　　B. 是所有线路中时间最长的

   C. 一个网络图只有一条关键线路　D. 关键线路时间拖延则总工期也拖延

37. 下图中的单代号网络计划，A 为开始工作，则 D 的最早完工时间为（　　）天。

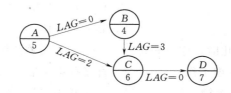

| A. 22 | B. 23 | C. 24 | D. 25 |

38. 网络图中由节点代表一项工作的表达方式称作（　　）。

A. 时标网络图　　　B. 双代号网络图　　　C. 单代号网络图　　　D. 横道图

39. 单代号网络图中，若 n 项工作同时开始时，应虚设：（　　　）。

A. 一个原始结点　　　　　　　　　B. 多个原始结点

C. 虚设一个开始工作　　　　　　　D. 虚设两个开始工作

40. 单代号网络中出现若干同时结束工作时，采取的措施是：（　　　）。

A. 虚设一个虚工作　　　　　　　　B. 虚设一个结束节点

C. 构造两个虚设节点　　　　　　　D. 增加虚工序表示结束节点

41. 某单代号网络图中两项工作的时间参数如下图，则二者的时间间隔 LAG 为（　　　）。

A. 0 天　　　　　　B. 1 天　　　　　　C. 2 天　　　　　　D. 3 天

42. 某工程单代号搭接网络计划如下图所示，节点中下方数字为该工作的持续时间，其中关键工作是（　　　）。

A. 工作 A 和工作 B　　　　　　　　B. 工作 C 和工作 D

C. 工作 B 和工作 E　　　　　　　　D. 工作 C 和工作 E

43. 搭接网络计划的计算图形与单代号网络计划的计算图形差别为（　　　）。

A. 单代号网络计划必须有虚拟的起始节点和虚拟的终点节点

B. 搭接网络计划必须有虚拟的起始节点和虚拟的终点节点

C. 单代号网络计划有虚工作　　　　D. 搭接网络计划有虚工作

44. 单代号搭接网络计划描述前后工作间逻辑关系符号有（　　　）个。

A. 2　　　　　　　　B. 3　　　　　　　　C. 4　　　　　　　　D. 5

45. 当计算工期不能满足合同要求时，应首先压缩（　　　）的持续时间。

A. 持续时间最长的工作　　　　　　B. 总时差最长的工作

C. 关键工作　　　　　　　　　　　D. 非关键工作

46. 在进行网络计划费用优化时，应首先将（　　　）作为压缩持续时间的对象。

A. 直接费用率最低的关键工作　　　B. 直接费用率最低的非关键工作

C. 直接费用率最高的非关键工作　　D. 直接费用率最高的关键工作

47. 不允许中断工作资源优化，资源分配的原则是：（　　　）。

A. 按时差从大到小分配资源　　　　B. 非关键工作优先分配资源

C. 关键工作优先分配资源 D. 按工作每日需要资源量大小分配资源

48. 网络计划的工期优化的目的是缩短（　　）。

A. 计划工期　　　B. 计算工期　　　C. 要求工期　　　D. 合同工期

49. 在工程网络计划工期优化过程中，当出现两条独立的关键线路时，在考虑对质量和安全影响差别不大的基础上，应选择的压缩对象是分别在这两条关键线路上的两项（　　）的工作组合。

A. 直接费用率之和最小　　　　　　B. 资源强度之和最小

C. 持续时间总和最大　　　　　　　D. 间接费用率之和最小

50. 在费用优化时，如果被压缩对象的直接费用率或组合费用率等于工程间接费用率时（　　）。

A. 应压缩关键工作　　　　　　　　B. 应压缩非关键工作的持续时间

C. 停止缩短关键工作　　　　　　　D. 停止缩短非关键工作的持续时间

51. 工程总费用由直接费和间接费两部分组成，随着工期的缩短，会引起（　　）。

A. 直接费和间接费同时增加　　　　B. 直接费增加，间接费减少

C. 直接费和间接费同时减少　　　　D. 直接费减少，间接费增加

52. 建设工程物资供应计划的编制依据之一是（　　）。

A. 物资加工计划　　　　　　　　　B. 物资采购计划

C. 物资储备计划　　　　　　　　　D. 物资运输计划

53. 在施工进度计划实施过程中，为缩短工程总工期，可以采用的技术措施有（　　）。

A. 采用先进的施工方法　　　　　　B. 改善外部配合条件

C. 改善劳动条件　　　　　　　　　D. 增加每天的施工时间

54. 某分项工程实物工程量为 1500m³，该分项工程人工产量定额为 5m³/工日，计划每天安排 2 班，每班 10 人完成该分项工程，则其持续时间为（　　）天。

A. 15　　　　　　B. 30　　　　　　C. 60　　　　　　D. 75

55. 单位工程施工进度计划步骤包括：①计算工程量；②计算劳动量和机械分班制；③确定施工顺序；④确定工作项目的持续时间；⑤绘制、检查和调整施工进度计划；⑥划分工作项目，它们正确的顺序是（　　）。

A. ①②③④⑥⑤　B. ⑥③①②④⑤　C. ③①②④⑤⑥　D. ③④①②⑥⑤

56. 在施工阶段编制及调整工程进度计划，确定各项工作之间的关系时，首先必须考虑（　　）的要求。

A. 施工组织　　　B. 施工方法　　　C. 施工机械　　　D. 施工工艺

57. 在施工进度计划实施过程中，为了加速施工速度，可以采取的组织措施是（　　）。

A. 改善施工工艺和施工技术　　　　B. 采用更先进的施工机械

C. 增加劳动力和施工机械的数量　　D. 改善劳动强度

58. 施工平面图是施工方案及（　　）在空间上的全面安排。

A. 施工进度计划　B. 施工组织设计　C. 施工准备计划　D. 时间安排计划

59. 某工作的最早开始时间为第 17 天，其持续时间为 5 天。该工作有三项紧后工作，它们

的最早开始时间分别为第 25 天、第 27 天和第 30 天，则该工作的自由时差为
（   ）天。

    A．13   B．8   C．5   D．3

60．施工组织总设计是以（   ）为对象而编制，是指导全局性施工的技术和经验纲要。

    A．单项工程   B．单位工程   C．分部工程   D．整个建设工程项目

61．单位工程施工组织设计是以单位工程为对象而编制，在施工组织总设计的指导下，由直接组织施工的单位根据（   ）进行编制。

    A．施工方案   B．施工计划   C．施工图设计   D．施工部署

62．当采用匀速进展横道图比较工作实际进度与计划进度时，如果表示实际进度的横道线右端点落在检查日期的左侧，该端点与检查日期的距离表示工作（   ）。

    A．拖欠的任务量   B．实际少投入的时间

    C．进度超前的时间   D．实际多投入的时间

63．当采用匀速进展横道图比较法比较工作实际进度与计划进度时，如果表示工作实际进度的横道线右端点落在检查日期的右侧，则检查日期与该横道线右端点的差距表示（   ）。

    A．进度超前的时间   B．超额完成的任务量

    C．进度拖后的时间   D．尚待完成的任务量

64．横道计划作为控制建设工程进度的方法之一，其局限性是不能（   ）。

    A．反映出建设工程实施过程中劳动力的需求量

    B．明确反映出各项工作之间错综复杂的相互关系

    C．反映出建设工程实施过程中材料的需求量

    D．直观地反映出建设工程的施工期限

65．当采用 S 曲线比较法时，如果实际进度点位于计划 S 曲线的右侧，则该点与计划 S 曲线的垂直距离表明实际进度比计划进度（   ）。

    A．超前的时间   B．拖后的时间

    C．超额完成的任务量   D．拖欠的任务量

66．应用 S 曲线比较法时，通过比较实际进度 S 曲线和计划进度 S 曲线，可以（   ）。

    A．表明实际进度是否匀速开展

    B．得到工程项目实际超额或拖欠的任务量

    C．预测偏差对后续工作及工期的影响

    D．表明对工作总时差的利用情况

67．当利用 S 形曲线进行实际进度与计划进度比较时，如果检查日期实际进展点落在计划 S 形曲线的左侧，则该实际进展点与计划 S 形曲线的垂直距离表示工程项目（   ）。

    A．实际超额完成的任务量   B．实际拖欠的任务量

    C．实际进度超前的时间   D．实际进度拖后的时间

68．当利用 S 形曲线进行实际进度与计划进度比较时，如果检查日期实际进展点落在计划 S 形曲线的右侧，则该实际进展点与计划 S 形曲线的水平距离表示工程项目（   ）。

A. 实际进度超前的时间　　　　　　B. 实际进度拖后的时间

C. 实际超额完成的任务量　　　　　D. 实际拖欠的任务量

69. 香蕉曲线是由（　　　）绘制而成的。

A. ES 与 LS　　　　B. EF 与 LF　　　　C. ES 与 EF　　　　D. LS 与 LF

70. 不属于常用的进度比较方法的是（　　　）。

A. 横道图比较法　　B. 网络比较法　　　C. S 形曲线比较法　　D. 香蕉曲线比较法

71. "香蕉"曲线是由 ES 和 LS 两条曲线形成的闭合曲线，不能利用"香蕉"曲线实现（　　　）。

A. 进度计划的合理安排　　　　　　B. 实际进度与计划进度的比较

C. 对后续工程进度预测　　　　　　D. 分析出进度超前或拖后的原因

72. 在某工程施工过程中，监理工程师检查实际进度时发现工作 M 的总时差由原计划的 2 天变为－1 天，若其他工作的进度均正常，则说明工作 M 的实际进度（　　　）。

A. 提前 1 天，不影响工期　　　　　B. 拖后 3 天，影响工期 1 天

C. 提前 3 天，不影响工期　　　　　D. 拖后 3 天，影响工期 2 天

73. 在工程施工过程中，监理工程师检查实际进度时发现某工作的总时差由原计划的 5 天变为－3 天，则说明工作 M 的实际进度（　　　）。

A. 拖后 2 天，影响工期 2 天　　　　B. 拖后 5 天，影响工期 2 天

C. 拖后 8 天，影响工期 3 天　　　　D. 拖后 7 天，影响工期 7 天

74. 在某工程网络计划中，已知工作总时差和自由时差分别为 6 天和 4 天，监理工程师检查实际进度时，发现该工作的持续时间延长了 5 天，说明此时工作 M 的实际进度将其紧后工作的最早开始时间推迟（　　　）。

A. 5 天，但不影响总工期　　　　　B. 1 天，但不影响总工期

C. 5 天，并使总工期延长 1 天　　　D. 4 天，并使总工期延长 1 天

75. 在某工程网络计划中，工作 M 的总时差为 2 天，监理工程师在该计划执行一段时间后检查实际进展情况，发现工作 M 的总时差变为－3 天，说明工作 M 实际进度（　　　）。

A. 拖后 3 天　　B. 影响工期 3 天　　C. 拖后 2 天　　　D. 影响工期 5 天

76. 在列表比较法中，如果工作尚有总时差大于原有总时差，则说明（　　　）。

A. 该工作实际进度超前，超前的时间为两者之差

B. 该工作实际进度拖后，拖后的时间为两者之差

C. 该工作实际进度拖后，拖后的时间为两者之差，且影响总工期

D. 该工作实际进度拖后，拖后的时间为两者之差，但不影响总工期

77. 在工程网络计划的执行过程中，监理工程师检查实际进度时，只发现工作 M 的总时差由原计划的 2 天变为－1 天，说明工作 M 的实际进度（　　　）。

A. 拖后 3 天，影响工期 1 天　　　　B. 拖后 1 天，影响工期 1 天

C. 拖后 3 天，影响工期 2 天　　　　D. 拖后 2 天，影响工期 1 天

78. 在下列实际进度与计划进度的比较方法中，只能从工程项目整体角度判定实际进度偏差的方法是（　　　）。

A. 匀速进展横道图比较法　　　　　B. 前锋线比较法

C. 非匀速进展横道图比较法　　　　D. S 型曲线比较法

79. 在某工程网络计划中，已知工作 P 的总时差和自由时差分别为 5 天和 2 天，监理工程师检查实际进度时，发现该工作的持续时间延长了 4 天，说明此时工作 P 的实际进度（　　）。

A. 既不影响总工期，也不影响其后续工作的正常进行

B. 不影响总工期，但将其紧后工作的最早开始时间推迟 2 天

C. 将其紧后工作的最早开始时间推迟 2 天，并使总工期延长 1 天

D. 将其紧后工作的最早开始时间推迟 4 天，并使总工期延长 2 天

80. 在建设工程进度监测过程中，监理工程师要想更准确地确定进度偏差，其中的关键环节是（　　）。

A. 缩短进度报表的间隔时间

B. 缩短现场会议的间隔时间

C. 将进度报表与现场会议的内容更加细化

D. 对所获得的实际进度数据进行加工处理

81. 监理工程师按委托监理合同要求对设计工作进度进行监控时，其主要工作内容有（　　）。

A. 编制阶段性设计进度计划　　　　B. 定期检查设计工作实际进展情况

C. 协调设计各专业之间的配合关系　D. 建立健全设计技术经济定额

82. 在工程网络计划执行的过程中，如果某项工作拖延的时间未超过总时差，但已超过自由时差，在确定进度计划的调整方法时，应考虑（　　）。

A. 工程总工期允许拖延的时间　　　B. 关键节点允许推迟的时间

C. 紧后工作持续时间的可缩短值　　D. 后续工作允许拖延的时间

83. 当非关键工作 M 正在实施时，检查进度计划发现工作 M 存在的进度偏差不影响总工期，但影响后续承包单位的进度，调整进度计划的最有效方法是缩短（　　）。

A. 后续工作的持续时间　　　　　　B. 工作 M 的持续时间

C. 工作 M 的平行工作的持续时间　　D. 关键工作的持续时间

84. 在工程网络计划执行过程中，如果发现某项工作的完成时间拖后而导致工期延长时，需要调整的工作对象应是该工作的（　　）。

A. 平行工作　　　B. 紧后工作　　　C. 后续工作　　　D. 先行工作

85. 在工程网络计划执行过程中，当某项工作实际进度出现的偏差超过其总时差，需要采取措施调整进度计划时，首先应考虑（　　）的限制条件。

A. 紧后工作最早开始时间　　　　　B. 后续工作最早开始时间

C. 各关键节点最早时间　　　　　　D. 后续工作和总工期

86. 当出现网络计划中某项工作进度拖延的时间在该项工作的总时差以外，而项目总工期不允许拖延，只能通过（　　）的持续时间来保证总工期目标的实现。其实质是工期优化。

    A. 缩短关键线路上后续工作　　　　　B. 缩短所有后续工作

    C. 缩短非关键线路上后续工作　　　　D. 延长所用后续工作

87. 当工程网络计划中某项工作的实际进度偏差影响到总工期而需要通过缩短某些工作的持续时间调整进度计划时，这些工作是指（　　　）的可被压缩的工作。

    A. 关键线路和超过计划工期的非关键线路上

    B. 关键线路上资源消耗量比较少

    C. 关键线路上持续时间比较长

    D. 施工工艺及采用技术比较简单

88. 为了有效地控制建设工程施工进度，建立施工进度控制目标体系时应（　　　）。

    A. 首先确定短期目标，然后再逐步明确总目标

    B. 首先按施工阶段确定目标，然后综合考虑确定总目标

    C. 将施工进度总目标从不同角度层层分解

    D. 将施工进度总目标直接按计划期分解

89. 在施工进度控制目标体系中，用来明确各单位工程的开工和交工动用日期，以确保施工总进度目标实现的子目标是按（　　　）分解的。

    A. 项目组成　　　　B. 计划期　　　　C. 承包单位　　　　D. 施工阶段

90. 工程项目施工进度计划应在（　　　）阶段编制。

    A. 施工准备　　　　B. 设计　　　　C. 设计准备　　　　D. 前期决策

91. 监理工程师控制施工进度的工作内容包括（　　　）。

    A. 确定施工方案　　　　　　　　　　B. 确定进度控制方法

    C. 编制单位工程施工进度计划　　　　D. 编制材料、机具供应计划

92. 在建设工程施工阶段，监理工程师进度控制的工作内容包括（　　　）。

    A. 确定各专业工程施工方案及工作面交接条件

    B. 划分施工段并确定流水施工方式

    C. 确定施工顺序及各项资源配置

    D. 确定进度报表格式及统计分析方法

93. 在建设工程施工阶段，监理工程师进度控制的工作内容包括（　　　）。

    A. 审查承包商调整后的施工进度计划

    B. 编制施工总进度计划和单位工程施工进度计划

    C. 协助承包商确定工程延期时间和实施进度计划

    D. 按时提供施工场地并适时下达开工令

94. 对某工程网络计划实施过程进行监测时，发现非关键工作 K 存在的进度偏差不影响总工期，但会影响后续承包单位的进度，调整该工程进度计划的最有效的方法是缩短（　　　）。

    A. 后续工作的持续时间　　　　　　　B. 工作 K 的持续时间

    C. 与 K 平行的工作的持续时间　　　　D. 关键工作的持续时间

95. 确定建设工程施工阶段进度控制目标时，首先应进行的工作是（　　　）。

A. 明确各承包单位的分工条件与承包责任

B. 明确划分各施工阶段进度控制分界点

C. 按年、季、月计算建设工程实物工程量

D. 进一步明确各单位工程的开、竣工日期

96. 当采用 S 曲线比较法时，如果实际进度点位于计划 S 曲线的右侧，则该点与计划 S 曲线的垂直距离表明实际进度比计划进度 （　　　）。

    A. 超前的时间　　　　　　　　　　B. 拖后的时间

    C. 超额完成的任务量　　　　　　　D. 拖欠的任务量

97. 承包人应在索赔通知发出后的 （　　　） 天内，向工程师提出延长工期和 （或） 补偿经济损失的索赔报告及相关资料

    A. 14　　　　　　　B. 7　　　　　　　C. 28　　　　　　　D. 21

98. 下列关于建设工程索赔的说法，正确的是 （　　　）。

    A. 承包人可以向发包人索赔，发包人不可以向承包人索赔

    B. 索赔按处理方式的不同分为工期索赔和费用索赔

    C. 工程师在收到承包人送交的索赔报告的有关资料后 28 天未予答复或未对承包人作进一步要求，视为该项索赔已经认可

    D. 索赔意向通知发出的 14 天内，承包人必须向工程师提交索赔报告及有关资料

99. 在施工过程中，由于发包人或工程师指令修改设计、修改实施计划、变更施工顺序，造成工期延长和费用损失，承包商可提出索赔。这种索赔属于 （　　　） 引起的索赔。

    A. 地质条件的变化　　　　　　　　B. 不可抗力

    C. 工程变更　　　　　　　　　　　D. 业主风险

100. 下列关于索赔和反索赔的说法，正确的是 （　　　）。

    A. 索赔实际上是一种经济惩罚行为

    B. 索赔和反索赔具有同时性

    C. 只有发包人可以针对承包人的索赔提出反索赔

    D. 索赔单指承包人向发包人的索赔

101. 索赔是指合同的施工过程中，合同一方因对方不履行或未能正确履行合同所规定的义务或未能保证承诺的合同条件实现而 （　　　），向对方提出的补偿要求。

    A. 拖延工期后　　B. 遭受损失后　　C. 产生分歧后　　D. 提起公诉后

102. 在我国工程合同索赔中，既有承包人向发包人索赔，也有发包人向承包人索赔，这说明我国工程合同索赔是 （　　　）。

    A. 不确定的　　B. 单向的　　　C. 无法确定的　　D. 双向的

103. 不属于索赔程序的是 （　　　）。

    A. 提出索赔要求　　　　　　　　　B. 报送索赔资料

    C. 工程师答复　　　　　　　　　　D. 上级调解

104. 由于承包人的原因，造成工程中断或进度放慢，使工期拖延，承包人对此 （　　　）。

    A. 不能提出索赔　　　　　　　　　B. 可以提出工程拖延索赔

C. 可以提出工程变更索赔 D. 其他索赔

105. 因货币贬值、汇率变化，物价和工资上涨、政策法令变化引起的索赔属于（   ）。

    A. 不可预见的外部障碍或条件索赔 B. 工程变更索赔

    C. 工程变更索赔 D. 其他索赔

106. 以下不能成为承包人向发包人施工项目索赔理由的是（   ）。

    A. 监理工程师对合同文件的歧义解释

    B. 物价上涨，法律法则变化

    C. 由于不可抗力导致施工条件的改变

    D. 承包商做出工程变更

107. 在工程索赔中，各种会计核算资料（   ）。

    A. 不可以作为索赔证据 B. 可以作为索赔证据

    C. 只能作为索赔参考 D. 是索赔的物证

108. 要求发包人补偿费用损失，调整合同价格的索赔是（   ）。

    A. 工期索赔 B. 费用索赔 C. 道义索赔 D. 合同内索赔

109. 当出现索赔事项时，承包人以书面的索赔通知书形式，在索赔事项发生后的（   ）天以内向工程师正式提出索赔意向通知。

    A. 28 B. 14 C. 21 D. 7

110. 工程师对索赔的答复，承包人或发包人不能接受（   ）。

    A. 即进入仲裁或诉讼程序 B. 即进入调解程序

    C. 只能进入仲裁程序 D. 只能进入诉讼程序

111. 反索赔是对提出索赔一方的（   ）。

    A. 回应 B. 上诉 C. 反驳 D. 承诺

112. 监理工程师控制建设工程进度的组织措施是指（   ）。

    A. 协调合同工期与进度计划之间的关系

    B. 编制进度控制工作细则

    C. 及时办理工程进度款支付手续

    D. 建立工程进度报告制度

113. 监理工程师受建设单位委托对某建设工程设计和施工实施全过程监理时，应（   ）。

    A. 审核设计单位和施工单位提交的进度计划，并编制监理总进度计划

    B. 编制设计进度计划，审核施工进度计划，并编制工程年、季、月实施计划

    C. 编制设计进度计划和施工总进度计划，审核单位工程施工进度计划

    D. 审核设计单位和施工单位提交的进度计划，并编制监理总进度计划及其分解计划

114. 工程项目年度计划中不应包括的内容是（   ）。

    A. 投资计划年度分配表 B. 年度计划项目表

    C. 年度建设资金平衡表 D. 年度竣工投产交付使用计划表

115. 建设工程进度控制是监理工程师的主要任务之一，其最终目的是确保建设项目（   ）。

    A. 在实施过程中应用动态控制原理

B. 按预定的时间动用或提前交付使用

C. 进度控制计划免受风险因素的干扰

D. 各方参建单位的进度关系得到协调

116. 在工程网络计划中，如果某项工作的最迟开始时间和最迟完成时间分别为 7 天和 9 天，则说明该工作实际上最迟应从开工后（　　）。

A. 第 7 天上班时刻开始，第 9 天下班时刻完成

B. 第 7 天上班时刻开始，第 10 天下班时刻完成

C. 第 8 天上班时刻开始，第 9 天下班时刻完成

D. 第 8 天上班时刻开始，第 10 天下班时刻完成

117. 当已规定了要求工期 T_r 时，网络计划的计划工期 T_p 应（　　）。

A. $T_p \leqslant T_r$　　　　B. $T_p = T_r$　　　　C. $T_p \geqslant T_r$　　　　D. $T_p < T_r$

118. 专业工作队在一个施工段上的施工作业时间称为（　　）。

A. 工期　　　　B. 流水步距　　　　C. 自由时差　　　　D. 流水节拍

119. 在列表比较法中，如果工作尚有总时差大于原有总时差，则说明（　　）。

A. 该工作实际进度超前，超前的时间为两者之差

B. 该工作实际进度拖后，拖后的时间为两者之差

C. 该工作实际进度拖后，拖后的时间为两者之差，且影响总工期

D. 该工作实际进度拖后，拖后的时间为两者之差，但不影响总工期

120. 从整体角度判定工程项目实际进度偏差，并能预测后期工程进度的比较方法（　　）。

A. S 形曲线比较法　　B. 前锋线比较法　　C. 列表比较法　　　D. 横道图比较法

多选题

1. 在组织建设工程流水施工时，加快的成倍节拍流水施工的特点包括（　　）。

A. 同一施工过程中各施工段的流水节拍不尽相等

B. 相邻专业工作队之间的流水步距全部相等

C. 各施工过程中所有施工段的流水节拍全部相等

D. 专业工作队数大于施工过程数，从而使流水施工工期缩短

E. 各专业工作队在施工段上能够连续作业

2. 某分部工程双代号网络计划如下图所示，其中图中错误包括（　　）。

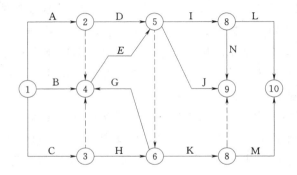

A. 有多个起点节点   B. 有多个终点节点

C. 存在循环回路   D. 工作代号重复

E. 节点编号有误

3. 某工程双代号网络计划如下图所示，图中已标出每项工作的最早开始时间和最迟开始时间，该计划表明（   ）。

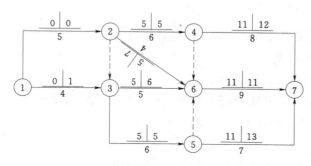

A. 关键线路有 2 条

B. 工作 1—3 与工作 3—6 的总时差相等

C. 工作 4—7 与工作 5—7 的自由时差相等

D. 工作 2—6 的总时差与自由时差相等

E. 工作 3—6 的总时差与自由时差不等

4. 下列关于双代号时标网络计划的表述中，正确的有（   ）。

A. 工作箭线左端节点中心所对应的时标值为该工作的最早开始时间

B. 工作箭线中波形线的水平投影长度表示该工作与其紧后工作之间的时距

C. 工作箭线中实线部分的水平投影长度表示该工作的持续时间

D. 工作箭线中不存在波形线时，表明该工作的总时差为零

E. 工作箭线中不存在波形线时，表明该工作与其紧后工作之间的时间间隔为零

5. 在下图所示的双代号时标网络计划中，所提供的正确信息有（   ）。

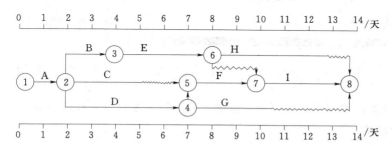

A. 计算工期为 14 天

B. 工作 A、D、F 为关键工作

C. 工作 D 的总时差为 3 天

D. 工作 B 的总时差为 2 天，自由时差为 0 天

E. 工作 C 的总时差和自由时差均为 2 天

6. 属于施工进度控制的工作内容的有（　　　）。

    A. 按年、季、月编制工程综合计划

    B. 编制施工进度控制工作细则

    C. 下达开工令

    D. 调整施工进度计划

    E. 工程验收

7. 下列情况中，监理工程师有必要编制进度计划的是（　　　）。

    A. 单位工程施工的进度计划

    B. 大型建设项目的施工总进度计划

    C. 分期分批发包又没有负责全部工程的总承包单位的施工总进度计划

    D. 大型建设工程的工程项目进度计划

    E. 采用若干个承包单位平行承包

8. 下列关于单位工程施工组织设计的说法中，正确的有（　　　）。

    A. 单位工程施工组织设计是以整个建设项目为对象而编制

    B. 单位工程施工组织设计由直接施工的单位根据施工图设计进行编制

    C. 单位工程施工组织设计是施工单位编制分部分项工程施工组织设计的依据

    D. 单位工程施工组织设计是施工单位编制季、月、旬施工计划的依据

    E. 单位工程施工

9. 某工作计划进度与实际进度如下图所示，从图中可获得的正确信息有（　　　）。

    A. 第 4 天至第 7 天内计划进度为匀速进展

    B. 第 1 天实际进度超前，但在第 2 天停工

    C. 前 2 天实际完成工作量大于计划工作量

    D. 该工作已提前 1 天完成

    E. 第 3 天至第 6 天内实际进度为匀速进展

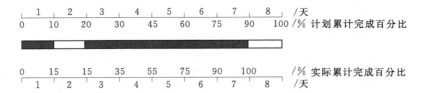

10. 在工程项目进度控制中，常用于实际进度和计划进度比较的管理手段有（　　　）。

    A. S 型曲线法

    B. 横道图法

    C. 计划评审技术法

    D. 双代号网络图法

    E. "香蕉"曲线比较法

11. 常用的进度比较方法有（　　　）。

    A. 横道图比较法

B. 里程碑法

C. S 形曲线比较法

D. 香蕉曲线比较法

E. 网络图比较法

12. 某分部工程时标网络计划如下图所示，当设计执行到第 4 周末及第 8 周末时，检查实际进度如图中前锋线所示，该图表明（ ）。

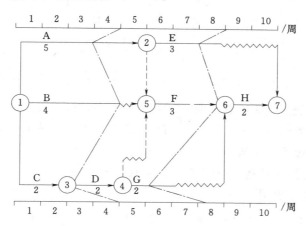

A. 第 4 周末检查时预计工期将延长 1 周

B. 第 4 周末检查时只有工作 D 拖后而影响工期

C. 第 4 周末检查时工作 A 尚有总时差 1 周

D. 第 8 周末检查时工作 G 进度拖后并影响工期

E. 第 8 周末检查时工作 E 实际进度不影响总工期

13. 某分部工程双代号时标网络计划执行到第 3 周末及第 8 周末时，检查实际进度后绘制的前锋线如下图所示，图中表明（ ）。

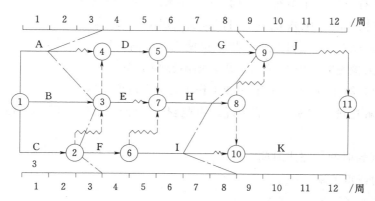

A. 第 3 周末检查时工作 A 的实际进度影响工期

B. 第 3 周末检查时工作 2－6 的自由时差尚有 1 周

C. 第 8 周末检查时工作 H 的实际进度影响工期

D. 第 8 周末检查时工作 I 的实际进度影响工期

E. 第 4 周至第 8 周工作 2—6 和 I 的实际进度正常

14. 某分部工程双代号时标网络计划执行到第 6 天结束时，检查其实际进度如下图前锋线所示，检查结果表明（　　）。

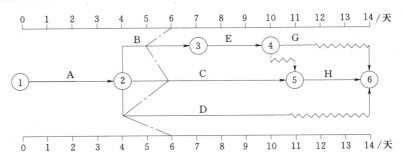

A. 工作 B 的实际进度不影响总工期　　　B. 工作 C 的实际进度正常

C. 工作 D 的总时差尚有 2 天　　　　　　D. 工作 E 的总时差尚有 1 天

E. 工作 G 的总时差尚有 1 天

15. 某工程双代号时标网络计划执行到第 4 周末和第 10 周末时，检查其实际进度如下图前锋线所示，检查结果表明（　　）。

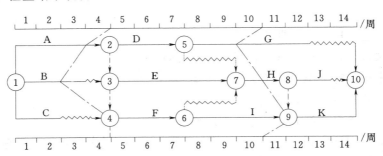

A. 第 4 周末检查时工作 B 拖后 1 周，但不影响工期

B. 第 4 周末检查时工作 A 拖后 1 周，影响工期 1 周

C. 第 10 周末检查时工作 I 提前 1 周，可使工期提前 1 周

D. 第 10 周末检查时工作 G 拖后 1 周，但不影响工期

E. 在第 5 周到第 10 周内，工作 F 和工作 I 的实际进度正常

16. 为更好地了解建设工程实际进展情况，由监理工程师提供的进度报表格式的内容一般包括（　　）。

A. 工作的开始时间与完成时间

B. 工作间的逻辑关系

C. 完成工作时各项资源消耗的成本

D. 完成各工作所达到的质量标准

E. 各工作时差的利用

17. 在工程网络计划的实施过程中，如果某项工作出现进度偏差后，需要调整进度计划的情况有（　　）。

A. 进度偏差大于该工作的自由时差

B. 进度偏差大于该工作与其紧后工作的时间间隔

C. 进度偏差大于该工作的总时差与自由时差的差值

D. 进度偏差大于该工作的总时差

E. 进度偏差小于该工作的自由时差

18. 在工程网络计划的执行过程中，当某项工作进度出现偏差后，需要调整原进度计划的情况有（   ）。

A. 项目总工期不允许拖延，但工作进度偏差已超过其总时差

B. 项目总工期允许拖延，但工作进度偏差已超过其自由时差

C. 项目总工期允许拖延的时间有限，但实际拖延的时间已超过此限制

D. 后续工作不允许拖延，但工作进度偏差已超过其总时差

E. 后续工作允许拖延，但工作进度偏差已超过其自由时差

19. 进度计划的调整方法有（   ）。

A. 调整工作顺序，改变某些工作之间的逻辑关系

B. 缩短某些工作的持续时间

C. 减少一部分不重要的工作

D. 调整项目进度计划

E. 索赔工期

20. 为了全面、准确地掌握进度计划的执行情况，监理工程师应当对其进行跟踪检查，其主要工作有（   ）。

A. 定期收集进度报表资料

B. 现场实地检查工程进展情况

C. 定期召开现场会议

D. 向业主提供进度报告

E. 变更进度计划

21. 在建设工程施工阶段，为了有效地控制施工进度，不仅要明确施工进度总目标，还要将此总目标按（   ）进行分解，形成从总目标到分目标的目标体系。

A. 投标单位　　　　B. 项目组成　　　　C. 承包单位

D. 工程规模　　　　E. 施工阶段

22. 制定科学、合理的进度目标是实施进度控制的前提和基础。确定施工进度控制目标的主要依据包括（   ）。

A. 工程设计力量　　　　　　　B. 工程难易程度

C. 工程质量标准　　　　　　　D. 项目投产动用要求

E. 项目外部配合条件

23. 为了使施工进度控制目标更具科学性和合理性，在确定施工进度控制目标时应考虑的因素包括（   ）。

A. 类似工程项目的实际进度

B. 工程实施的难易程度

C. 工程条件的落实情况

D. 施工图设计文件的详细程度

E. 建设总进度目标对施工工期的要求

24. 监理单位所编制的建设工程施工进度控制工作细则的内容包括（　　）。

A. 工程进度款支付条件及方式

B. 进度控制工作流程

C. 进度控制的方法和措施

D. 进度控制目标实现的风险分析

E. 施工绩效考核评价标准

25. 在建设工程施工阶段，为了减少或避免工程延期事件的发生，监理工程师应（　　）。

A. 及时提供工程设计图纸

B. 及时提供施工场地

C. 适时下达工程开工令

D. 妥善处理工程延期事件

E. 及时支付工程进度款

26. 某工程双代号时标网络计划执行到第 3 周末和第 7 周末时，检查其实际进度如下图前锋线所示，检查结果表明（　　）。

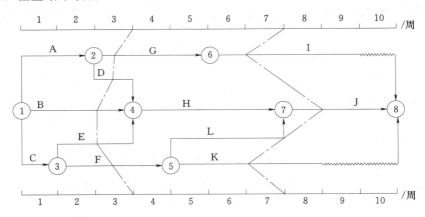

A. 第 3 周末检查时工作 B 拖后 1 周，使总工期延长 1 周

B. 第 3 周末检查时工作 F 拖后 0.5 周，但不影响总工期

C. 第 7 周末检查时工作 I 拖后 1 周，但不影响总工期

D. 第 7 周末检查时工作 K 拖后 1 周，使总工期延长 1 周

E. 第 7 周末检查时工作 J 提前 1 周，总工期预计提前 3 周

27. 监理工程师控制建设工程进度的组织措施包括（　　）。

A. 落实进度控制人员及其职责

B. 审核承包商提交的进度计划

C. 建立进度信息沟通网络

D. 建立进度协调会议制度

E. 协调合同工期与进度计划之间的关系

28. 当监理工程师协助业主将某建设项目的设计和施工任务发包给一个承包商后，需要审核的进度计划有（　　）。

   A. 工程项目建设总进度计划

   B. 工程设计总进度计划

   C. 工程项目年度计划

   D. 工程施工总进度计划

   E. 单位工程施工进度计划

29. 建设工程施工阶段进度控制的主要任务包括（　　）。

   A. 确定建设工程工期总目标

   B. 编制工程项目建设总进度计划

   C. 编制施工总进度计划并控制其执行

   D. 编制详细的出图计划并控制其执行

   E. 编制工程年、季、月实施计划并控制其执行

30. 在建设工程施工阶段，当通过压缩网络计划中关键工作的持续时间来压缩工期时，通常采取的技术措施有（　　）。

   A. 采用更先进的施工方法

   B. 增加劳动力和施工机械的数量

   C. 改进施工工艺和施工技术

   D. 改善劳动条件

   E. 采用更先进的施工机械

31. 在建设工程施工阶段，当通过压缩网络计划中关键工作的持续时间来压缩工期时，通常采取的组织措施有（　　）。

   A. 改善劳动条件

   B. 增加每天的施工班次

   C. 增加劳动力和施工机械的数量

   D. 组织搭接作业或平行作业

   E. 缩短工艺技术间隙时间

32. 监理单位对某建设项目实施全过程监理时，需要编制的进度计划包括（　　）。

   A. 监理总进度计划

   B. 设计总进度计划（设计单位编制）

   C. 单位工程施工进度计划（施工单位编制）

   D. 年、季、月进度计划

   E. 设计工作分专业进度计划（设计单位编制）

33. 横道图和网络图是建设工程进度计划的常用表示方法。与横道计划相比，单代号网络计划的特点包括（　　）。

A. 形象直观，能够直接反映出工程总工期

B. 通过计算可以明确各项工作的机动时间

C. 不能明确地反映出工程费用与工期之间的关系

D. 通过计算可以明确工程进度的重点控制对象

E. 明确地反映出各项工作之间的相互关系

34. 横道图和网络图是建设工程进度计划的常用表示方法，将双代号时标网络计划与横道计划相比较，它们的特点是（　　）。

A. 时标网络计划和横道计划均能直观地反映各项工作的进度安排及工程总工期

B. 时标网络计划和横道计划均能明确地反映工程费用与工期之间的关系

C. 横道计划不能像时标网络计划一样，明确地表达各项工作之间的逻辑关系

D. 横道计划与时标网络计划一样，能够直观地表达各项工作的机动时间

E. 横道计划不能像时标网络计划一样，直观地表达工程进度的重点控制对象

35. 非确定型网络计划，是指网络计划中各项工作及其持续时间和各工作之间的相互关系都是不确定的。下列各项中属于非确定型网络计划的有（　　）。

A. 双代号网络计划　　　　　　　B. 单代号网络计划

C. 计划评审技术　　　　　　　　D. 风险评审技术

E. 决策关键线路法

36. 网络计划中某项工作进度拖延的时间在该项工作的总时差以外时，其进度计划的调整方法可分为（　　）三种情况。

A. 项目总工期不允许拖延

B. 项目总工期允许拖延

C. 项目总工期允许拖延的时间有限

D. 项目持续时间允许拖延

E. 项目持续时间不允许拖延

37. 关于分析偏差对后续工作及总工期的影响其具体分析步骤，叙述正确的是（　　）。

A. 分析出现进度偏差的工作是否为关键工作

B. 分析进度偏差是否大于总时差

C. 比较实际进度与计划进度

D. 分析进度偏差是否大于自由时差

E. 确定工程进展速度曲线

38. 在对实施的进度计划分析的基础上，进度计划的调整方法有（　　）。

A. 改变某些工作间的逻辑关系

B. 缩短某些工作的持续时间

C. 分析偏差对后续工作及总工期的影响

D. 确定工程进展速度曲线

E. 编制进度计划书

39. 在网络计划的执行过程中，当发现某工作进度出现偏差后，需要调整原进度计划的情况

有（　　）。

A. 项目总工期允许拖延，但工作进度偏差已超过自由时差

B. 后续工作允许拖延，但工作进度偏差已超过自由时差

C. 项目总工期不允许拖延，但工作偏差已超过总时差

D. 后续工作不允许拖延，但工作进度偏差已超过总时差

E. 项目总工期和后续工作允许拖延，但工作进度偏差已超过总时差

40. 某分部工程双代号网络计划如下图所示，图中错误为（　　）。

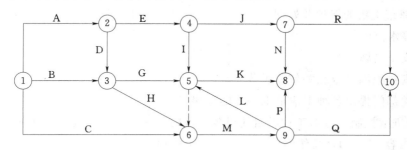

A. 节点编号有误　　　　　　　　B. 工作代号重复

C. 多个起点节点　　　　　　　　D. 多个终点节点

E. 存在循环回路

41. 能比较工程项目中各项工作实际进度与计划进度的方法有（　　）。

A. 匀速进展横道图比较法　　　　B. S 曲线比较法

C. 非匀速进展横道图比较法　　　D. 前锋线比较法

E. 香蕉曲线比较法

42. 标号法是一种快速确定双代号网络计划（　　）的方法。

A. 关键线路　　　B. 要求工期　　　C. 计算工期

D. 工作持续时间　　E. 计划工期

43. 施工过程根据工艺性质的不同可分为制备类、运输类和建造类三种施工过程，以下（　　）施工过程一般不占有施工项目空间，也不影响总工期，不列入施工进度计划。

A. 砂浆的制备过程　　　　　　　B. 地下工程

C. 主体工程　　　　　　　　　　D. 混凝土制备过程

E. 层面工程

44. 在网络计划的工期优化过程中，为了有效地缩短工期，应选择（　　）的关键工作作为压缩对象。

A. 持续时间最长　　　　　　　　B. 缩短时间对质量影响不大

C. 直接费用最小　　　　　　　　D. 直接费用率最小

E. 有充足备用资源

45. 工程网络计划的计算工期等于（　　）。

A. 单代号网络计划中终点节点所代表的工作的最早完成时间

B. 单代号网络计划中终点节点所代表的工作的最迟完成时间

C. 双代号网络计划中结束工作最早完成时间的最大值

D. 时标网络计划中最后一项关键工作的最早完成时间

E. 双代号网络计划中结束工作最迟完成时间的最大值

46. 网络计划中工作之间的先后关系叫做逻辑关系，它包括（　　　）。

    A. 工艺关系　　　　B. 组织关系　　　　C. 技术关系

    D. 控制关系　　　　E. 搭接关系

47. 影响建设工程进度的不利因素有很多，其中属于组织管理因素的有（　　　）。

    A. 地下埋藏文物的保护及处理

    B. 临时停水停电

    C. 施工安全措施不当

    D. 计划安排原因导致相关作业脱节

    E. 向有关部门提出各种申请审批手续的延误

48. 建设工程进度控制是指对工程项目建设各阶段的（　　　）制定进度计划并付诸实施。

    A. 工作内容　　　　B. 持续时间　　　　C. 工作程序

    D. 工作关系　　　　E. 衔接关系

49. 在某单位工程双代号时标网络计划中（　　　）。

    A. 工作箭线左端节点所对应的时标值为该工作的最早开始时间

    B. 工作箭线右端节点所对应的时标值为该工作的最早完成时间

    C. 终点节点所对应的时标值为该网络计划的计算工期

    D. 波形线表示工作与其紧后工作之间的时间间隔

    E. 各项工作按其最早开始时间绘制

50. 对由于承包商的原因所导致的工期延误，可采取的制约手段包括（　　　）。

    A. 停止付款签证　　　　　　　　B. 误期损害赔偿

    C. 罚没保留金　　　　　　　　　D. 终止对承包单位的雇用

    E. 取消承包人的经营资格执照

参 考 答 案

单选题

1. B	2. D	3. B	4. B	5. C	6. A	7. B	8. B	9. B	10. B
11. D	12. D	13. C	14. D	15. C	16. C	17. A	18. C	19. D	20. A
21. A	22. A	23. A	24. D	25. D	26. D	27. B	28. B	29. A	30. B
31. A	32. C	33. B	34. D	35. A	36. C	37. D	38. C	39. C	40. B
41. A	42. D	43. B	44. C	45. C	46. A	47. C	48. B	49. A	50. A
51. B	52. C	53. A	54. A	55. B	56. D	57. C	58. A	59. D	60. D
61. C	62. A	63. B	64. B	65. D	66. B	67. A	68. B	69. A	70. B
71. D	72. B	73. C	74. B	75. B	76. A	77. A	78. D	79. B	80. D
81. B	82. D	83. B	84. C	85. D	86. A	87. A	88. C	89. A	90. A
91. B	92. D	93. A	94. B	95. D	96. D	97. C	98. C	99. C	100. B
101. B	102. D	103. D	104. A	105. D	106. D	107. B	108. B	109. A	110. A
111. C	112. D	113. D	114. A	115. B	116. C	117. A	118. D	119. A	120. B

多选题

1. BDE	2. BCE	3. ABD	4. AC	5. ABE	6. ABC	7. CE	8. BCD	9. ABD	10. ABE
11. ACD	12. ADE	13. AC	14. ABE	15. BD	16. ABE	17. AD	18. ACD	19. ABD	20. ABC
21. BCE	22. BDE	23. ABCE	24. BCD	25. CD	26. AC	27. ACD	28. BDE	29. CE	30. ACE
31. BC	32. AD	33. BDE	34. ACE	35. CDE	36. ABC	37. ABD	38. AB	39. CD	40. ADE
41. ACD	42. AC	43. AD	44. BDE	45. ACD	46. AB	47. DE	48. AD	49. ACDE	50. ABD

参 考 文 献

［1］ 高峰，张求书.公路工程施工组织［M］.北京：北京理工大学出版社，2015.

［2］ 务新超.公路工程施工组织设计与管理［M］.北京：高等教育出版社，2010.

［3］ 吴伟民，刘保军，郑睿，等.建筑工程施工组织与管理［M］.郑州：黄河水利出版社，2010.

［4］ 闫超君，蒋红，张学征.土木工程施工组织［M］.北京：中国水利水电出版社，2013.

［5］ 中国建筑监理协会.建设工程进度控制［M］.北京：中国建筑工业出版社，2015.

［6］ 全国一级建造师执业资格考试用书编写委员会.建筑工程管理与实务［M］.北京：中国建筑工业出版社，2015.

［7］ 中国建筑学会建筑统筹管理分会.JGJ/T 121—2015 工程网络计划技术规程［S］.北京：中国建筑工业出版社，2015.

［8］ 中华人民共和国建设部.GB/T 50326—2016 建设工程项目管理规范［S］.北京：中国建筑工业出版社，2016.

［9］ 中国建筑技术集团有限公司，中国建筑工程总公司.GB/T 50502—2009 建筑施工组织设计规范［S］.北京：中国建筑工业出版社，2009.

［10］ 曹永先，孟丽.市政工程施工组织与管理［M］.北京：化学工业出版社，2010.

［11］ 钱波，郭宁.水利水电工程施工组织设计［M］.北京：中国水利水电出版社，2012.

［12］ 蔡红新.建筑施工组织与进度控制［M］.北京：北京理工大学出版社，2009.

［13］ 闫超君，毕守一.建设工程进度控制［M］.合肥：合肥工业大学出版社，2009.

［14］ 宋春岩.建设工程招投标与合同管理［M］.北京：北京大学出版社，2008.

［15］ 蔡雪峰.建筑施工组织［M］.武汉：武汉理工大学出版社，2008.

［16］ 张迪，徐凤永.建筑施工组织与管理［M］.北京：中国水利水电出版社，2007.

［17］ 建筑工程施工项目管理丛书编审委员会.建筑工程项目施工组织与进度控制［M］.北京：机械工业出版社，2012.

［18］ 李世蓉.流水施工与网络技术计划详解［M］.北京：中国建筑工业出版社，2006.

［19］ 张俊友.建筑施工组织与进度控制［M］.哈尔滨：哈尔滨工业大学出版社，2014.